安徽农业大学马克思主义学院
安徽农业大学经济管理学院
安徽农业现代化研究院（安徽省重点智库）
安徽省乡村产业经济技术体系
安徽乡村振兴战略研究院

品味安徽

农业文化遗产（特产篇）

孙超 著

中国农业出版社
北 京

图书在版编目（CIP）数据

品味安徽农业文化遗产．特产篇 / 孙超著．—北京：中国农业出版社，2022.12

ISBN 978-7-109-30604-2

Ⅰ.①品… Ⅱ.①孙… Ⅲ.①农业-文化遗产-介绍-安徽 Ⅳ.①S

中国国家版本馆 CIP 数据核字（2023）第 061125 号

中国农业出版社出版

地址：北京市朝阳区麦子店街 18 号楼

邮编：100125

责任编辑：贾 彬

版式设计：杨 婧　　责任校对：赵 硕

印刷：北京中兴印刷有限公司

版次：2022 年 12 月第 1 版

印次：2022 年 12 月北京第 1 次印刷

发行：新华书店北京发行所

开本：700mm×1000mm 1/16

印张：11　　插页：4

字数：220 千字

定价：58.00 元

序

国家乡村振兴战略提出了要推动地方名特优农产品提档升级、做大做优；明确了要以市场为导向，紧跟市场消费需求变化，充分挖掘具有地方历史、地理和文化特色的品牌价值；较为精准地给予了以特优农产品提档升级为引领，推动农产品由规模化生产经营向优质、专用、特色生产经营转变，形成独特的市场优势和竞争力的农产品品牌建设的发展框架。在质量兴农部分，国家乡村振兴战略又强调了必须坚持质量兴农、绿色兴农；提高农业创新力、竞争力和全要素生产率，加快实现我国由农业大国向农业强国转变；深入推进农业绿色化、优质化、特色化、品牌化，推动农业由增产导向转向提质导向，把品牌化和绿色化、优质化、特色化并列为农业发展提质的重要驱动要素。可见，推动农业生产经营产品的品牌化是地方名优特农产品发展的一个明确途径。

当前，我国农产品区域品牌建设可以说方兴未艾，但从建设效果来看，还是产品多、品牌少，一般品牌多、知名品牌少。农产品品牌建设的视野单一，成效不足，农产品品牌化建设步伐相对滞后或与农产品市场消费需求步调不一。究其原因，一是从选择性的角度来看，品牌建设总是习惯采用传统产品品牌建设模式，对农产品主体特点重视不足，导致品牌内涵拓展的空间较小。二是从经营性方面来看，在农产品品牌的培育方面，很多经营者虽然绞尽脑汁，投入也不少，但投入效果不如意，如品牌效益优势不强，农产品品牌同质化、分散化现象严重，同一区域一品多牌比比皆是。在农产品品牌建设中，标准化、规范化生产，科技改良，营销优化以及商标的注册和保护等方面都得到了持续的强化，但为什么还会出现品牌建设不强、不佳等现象呢？其重要原因是，农产品品牌建设忽略了产品生成的差异性，特别是很少涉及农业品牌的文化塑造。这种差异性不仅是自然性、地域性的生产环境和生产习惯所致，更来自产品生成的文化特质。

这种文化特质适应并依赖于生产产品的区域文化。农业文化遗产在近年来越来越成为挖掘农业和农产品品牌的“宠儿”。农业文化遗产与区域文化的关系是如何的呢？中国传统文化的独特之处在于，以地域空间划分出各自的不同文化特色，这种不同的特色又是基于地域性特征的农业文化。可以说，农业文化遗产反映了地域文化的渊源，承载了地域文化的各种表现，这种文化遗产与地域文化的缘结最直接、最典型，可以说是地域文化之根源。我国独特的农业种养方式和灿烂的农耕文明，形成了各类优质农业资源，加上许多地域文化资源丰富，为农产品品牌发展储备了巨大的可利用资源，这是品牌强农极可贵的“深藏富矿”。农业文化遗产越来越凸显其重要价值，特别是在品牌强农发展战略中，充分挖掘农业文化遗产的多种价值，可为农产品的合理开发利用提供直接的文化基础。

农业文化遗产何以能为品牌强农提供可利用的价值呢？一个社会的文化背景和技术体系的交互作用，在当代能产生巨大的“产业文化”推动力。乡村振兴中，农业文化产业理应成为中国特色农业农村现代化的一项新兴产业，农业文化遗产也必将成为未来农业创新和可持续发展的宝贵资源。首先，农业文化遗产中，传统技术文化所承载的知识获得方式，思维模式，民族心理、价值取向及审美情趣等，不同程度地体现在各类文化产品之中，如农耕文化的地域农产品、农事活动、农具、饮食，各类“农家乐”中采摘、渔猎活动、烹饪技艺等，这些遗产资源在当今仍然具有很高的经济、生态及文化价值。其次，农业文化遗产中，作为以活态性、复合性、可持续性、多功能性为主要特点的传统农业生产系统，其活态性在现实生产中继续被使用，体现着重要的经济价值；其复合性、可持续性同样也发挥着重要的生态价值，在生态保护和建设中得以发扬光大；其多功能性也愈加聚变成为农业新业态，彰显丰富多彩的文化价值与教育价值。同时，农业文化遗产具有丰富的农业生物多样性、多种生态服务功能，农业文化遗产地农产品具有良好的生态与环境质量，理应成为发展特色生态农产品的资源优势。

如何打造农产品文化品牌？首先，农产品生产经营主体需要树立农产品文化品牌意识，充分挖掘农业多功能性，使农业品牌业态更多元。这就需要农产品生产经营主体在打造农产品生产经营品牌上，在结合品质提高、质量标准、生态安全的同时，开展区域农产品品牌文化建设。加强农业文化遗产保护传承和创新发展，找准农业文化遗产与农产品文化品牌的融合切口，丰富区域公共品牌和特色品牌文化沉淀。其次，推进农业文化遗产资源融入农产品品牌建设。一是依托物种类农业文化遗产资源，挖掘品牌的再生点。物种类农业文化遗产是指在某地域，人们在长期的农业生产实践中驯化和培育的动物和植物（作物）种类，主要以地方品种的形式存在。二是依托聚落类农业文化遗产资源，扩大品牌新的驰名点。结合农业新业态的发展需要，以传统古村落之美名，服务乡村“产业—生态—人文”一体化发展；以传统村落为底本，植入生态农业、休闲度假、文化旅游等业态，打造与之对应的农产品，实行当地农产品品牌的“文化再生产”，带动农产品品牌建设。三是依托景观类农业文化遗产资源，增加品牌新的审美点，充分发挥景观特征在发展休闲农业、乡村旅游中的独特价值。四是依托技术类农业文化遗产资源，突出品牌新的特质点，如对技术类农业文化遗产的运用。此类遗产包括农业劳动者在古代和近代农业时期发明并运用的各种耕种制度、土地制度、种植和养殖方法与技术。独特的制度和生产技术，极易于转化为产品品牌。五是依托民俗类农业文化遗产资源，扩充品牌新的记忆点。在旅游设计中把民俗文化进行综合开发，让人深度了解农耕文化系统的独特性。六是依托文献类农业文化遗产资源，厚植品牌新的内涵点。文献类农业文化遗产资源指古代留传下来的各种版本的农书和有关农业的文献资料。创新农产品品牌，要赋予品牌更多的历史内涵，增强品牌的历史厚重感。通过征集地方农业老品种、老字号和老工艺，加强老品牌保护与传承；发展地方名特优农产品，要善于嫁接地域性历史文化要素，打造一批具有影响力的区域公共品牌，培育具有文化底蕴的农业品牌，使之成为农产品品牌的新内涵和新符号。

走中国特色社会主义乡村振兴道路，坚持农业农村优先发展，推进农业农村现代化进程，全面实现农业强、农村美、农民富的目标任务，必须紧扣提高农业创新力、竞争力主题，深入推进农业品牌化建设，充分利用好农业文化遗产资源。中华农耕文化是我国农业品牌的精髓和灵魂。农业品牌建设中，要不断丰富品牌内涵，树立品牌自信，培育具有中国特色的农业品牌文化。在实施农业文化遗产保护的过程中，建立特色农业文化博物馆、展览馆等；促进政府、企业与社会形成合力，组织专家开展资源、文化、生态、经济等方面的研究，探究农业文化与农产品品牌化有效融合路径。让农产品戴上历史文化的桂冠，披上饮食文化的外衣，携手民俗文化的载体；让消费者置身农业景观，细听农产品起源、发展的精彩故事，体验生产过程，品尝美味佳肴，欣赏经验传承技术，分享农产品的民俗文化。

本书是一本有关安徽农业文化遗产的书籍。安徽农业文化遗产是我国文化资源的重要组成部分，蕴含着丰富的文化价值。研究安徽农业文化遗产，对于传承农耕文化、拓展农业功能、助力乡村振兴具有重要的意义，特别是部分区域农业品牌尚在“睡眠”中，急需以特色和文化“唤醒”。

本书共分五个部分，内容包括水果类、茶叶类、蔬菜类、药材类及加工食品类和养殖类农业文化遗产。

目录

01 一、水果类

（一）砀山酥梨

安徽省砀山县是历史古邑，因芒、砀二山得名，却以盛产酥梨而著名。砀山素有“梨都”之称，以盛产酥梨闻名于世。砀山县属暖温带半湿润季风气候，雨量适中，雨热同期，光热资源好。砀山境内的黄河故道长46.6公里，流域面积277.8平方公里，沿河岸边形成了大面积的沙荒和冲积平地。酥梨产区的土壤多为冲积沙土和沙壤土，土层深厚。特有的沙壤土质为砀山果林的生长提供了得天独厚的条件；水质优良，秋季昼夜温差大，造就了砀山酥梨独特的生长环境。酥梨产区主要位于黄河故道两岸，梨树有2 000多年的栽培历史，砀山境内梨园至今尚有百年以上的老梨树6万余株。砀山酥梨果大核小、黄亮形美、皮薄多汁，果肉洁白如玉、酥脆爽口、浓甜如蜜。“砀山梨，皮儿薄，落到地上找不着。”砀山酥梨之特别在于“梨之酥”，酥梨摔破化成水，落地无渣，堪称一奇。因酥梨之名气，酥梨树为砀山县县树，酥梨花为砀山县县花。

砀山酥梨，属白梨品系，是白梨和沙梨天然杂交而成的优良品种，果大皮薄、色黄美观、汁多酥脆。砀山酥梨主要有金盖酥、白皮酥、青皮酥和伏酥等当家品种，其中以金盖酥品种质量最佳。砀山酥梨自花不孕，要利用异种梨花人工授粉，通过采集马蹄黄、紫酥梨或歪尾巴糙梨等优质丰产的异种梨树花粉，授在砀山酥梨花的柱头上，坐果率达95%以上。疏花通常结合剪枝整形，疏除密集花芽，回缩串花枝条，开花时再疏除花序；生理落果后，进行疏果定果，一般果枝留单果，旺枝留双果，内膛少留，外围多留。

梨之栽培历史在中国较早。《诗经·秦风·晨风》中载：“山有苞棣，隰有树檖。未见君子，忧心如醉。如何如何，忘我实多!”其中，檖指的就是山梨。班固《汉书·货殖传》记载，淮北荥南河济之间千树梨，其人皆与千户侯等，可见当时梨可谓贵重。北魏贾思勰在《齐民要术·插梨篇》详细介绍了梨树栽培之法：“种者，梨熟时，全埋之。经年，至春，地释，分栽之……”梨树该时种植已经很普遍。《本草纲目》第三十卷记载：“砀山酥梨有止渴、生津、祛热消暑、化痰润肺、止咳平喘等功效。”酥梨临床药用也有实效，砀山酥梨被历代中医称为“果中甘露子，药中圣醍醐”。

刘小阳在《砀山酥梨栽培和科学研究的历史进程》一文中述：砀山县种植梨树的最早文字记录见于庄子的《人世间》，其中写道：“夫楂梨橘柚果蔬之属，实熟则剥，剥则辱，大枝折，小枝泄。”庄子是战国时宋国蒙人（今安徽省亳州市蒙城县。又有庄子为河南商丘人说、山东曹县人说），蒙城距砀山不远，据此可知砀山栽种梨树历史之久远。砀山规模栽培酥梨已有400多年的历史。明万历修编的《徐州府志》中有“砀山产梨”的记载，明隆庆年间修撰的《砀山县志》中，也有栽植梨树的记载。清初陈淏子著《花镜》（1688年），也记述了梨树栽培的有关品种。清雍正十一年（1733年）的《铜山县志》，记载更为清晰，此志中有“黄里石榴、砀山梨，义安的柿子居满集”的民谣，表示砀山产梨已成规模。刘小阳在《砀山酥梨栽培和科学研究的历史进程》中记，明万历年间，明神宗朱翊钧探望告假回乡盖屋建房的老师沈鲤（河南商丘人），经砀山时品尝酥梨，大加赞赏。之后，砀山酥梨列入贡品，年年奉京。朱翊钧到沈家后亲自搬砖，助盖屋建房，以示恤下，砀山民间因此有“皇帝搬砖盖高楼”之说。砀山城南的“沈堤”是沈家修筑的便道，后来也成为专门汇集贡品酥梨的车路。清代乾隆皇帝南巡路过砀山时，地方官员以砀山土特产酥梨进贡，乾隆食后赞曰，全国进贡果梨不少，此酥梨乃甲天下矣。

在酥梨产区中，砀山古梨园最为著名。砀山古梨园主要分布在砀山县境内黄河故道下游南岸，以城东15公里良梨镇“乌龙披雪”景区和城东北30公里处的唐寨镇“乾隆御植园”最为著名。砀山县良梨镇“梨树王”景区内，百年以上的古梨树就有近万株。其中“梨树王”已有200年的树龄，树干直径近2米，高7米，单株年产量竟达2 000公斤。梨树虽然已有百岁高龄，但仍然英姿勃发、枝丫遒劲，到了花开时节，则满树冰肌玉骨，花白如银。

清咸丰到同治年间，黄河流经砀山县境，经常泛滥成灾，梨园不断衰败。中华人民共和国成立后，砀山酥梨得以迎来新的发展。从20世纪50年代开始，全县开始治沙改良土壤。农技人员研究发现在沙土地种植梨树能够获得较高的效益后，积极建议大力发展酥梨种植，于是砀山县先后在黄河故道两岸建起了园艺场和果园场。到了20世纪60年代后，每个行政村又建大队农场，大规模种植梨树。自1958年砀山酥梨进入国际市场以来，由于产量大、品质优，1985年砀山酥梨被评为全国名特水果，1992年获全国绿色食品博览会最高奖，1993年获泰国国际博览会“龙马金奖”，1995年、1997年两年获得全国农业博览会金牌奖。改革开放后，砀山县每年都举办梨花节，并开辟了与观梨花相结合的旅游线路，选定梨花观赏新景点，把梨花观赏活动与梨园旅游结合。每年4月前后，万亩①梨花“万树飞雪”的梨花节，9月左右万顷梨园“万果坠地”的采梨节，已成为砀山县文化旅游和乡村文化发展的新名片，堪称酥梨文化的“金字招牌”。古梨园中举行的梨园春擂台赛、“花为媒”黄河故道集体婚礼、“梨都风情”书画展、梨花摄影大赛等文化活动也吸引了无数海内外游客。2017年，“砀山酥梨”获国家农产品地理标志认证，2018年，砀山县被评为酥

① 亩为非法定计量单位，1亩=1/15公顷。——编者注

梨中国特色农产品优势区。2020年，中国林业产业联合会授予砀山县“中国梨都”称号，如今砀山县酥梨面积有50万亩，年产量10亿公斤。

笔者在砀山调研时发现，影响砀山酥梨产量及品质的因素，除了树体负荷、施肥方法、整形修剪方法、果锈之外，环境的不同也会对酥梨产量及品质有所影响。从历史上看，古黄河穿过砀山县境，沿河之地属沼泽地带，气候湿润，适宜梨树和其他树的生存。砀山酥梨属自花不育性物种，由于酥梨树中杂有其他梨树，通过风媒、虫媒等传粉形式，其他品种梨的花粉得以传到酥梨树上，发生异花授粉，使得酥梨高产。1128年至1855年，黄河流经砀山700余年后，改道北徙，在砀山县境内中北部留下一条东西长46.6公里的废河道，即黄河故道。因为原来沿河沼泽逐步消失，治沙成为发展梨树种植的首要工作，同时，果农在黄河故道上栽种梨树，也遇到了结果率很低的难题。新中国成立后，20世纪50年代砀山园艺场与中国科学院郑州果树研究所联合攻关，发明先进的梨树人工授粉技术，该技术推广应用后，梨树的结果率大幅度提高，酥梨产量也随之增加。

从局部土壤环境来看，砀山酥梨最适宜的气候条件在暖温带，最适宜的土壤类型为沙壤土或黄壤土，其pH值为5.8～7.6。砀山酥梨品质和口感与土质极为相关，黏土种植酥梨树较少。有部分乡镇种植的梨树，特别是离黄河故道较远的地方，因土质不同，酥梨虽然高产，但品质有所差异，且色泽、味道皆较差。这种产品因土壤状况不同而品质各异表现得还是比较明显的。黄河故道为砀山酥梨的生长提供了适宜的沙壤土，黄河流经砀山700多年，故道河床淤积形成了厚层沙质土壤，正适合酥梨树根系发达的特点。同时，沙质土壤昼夜变温幅度较大，可增加酥梨含糖量，造就了砀山酥梨质优味美的独特魅力。因为沙土之故，在砀山果园，一年四季是不需要穿雨鞋的。在故道农村有民谚：“故道沙土用处多，婴儿可以当被窝，屙屎尿尿随时换，既节省来又利索。”当地人用细沙土制土法尿布，黄河故道的细沙土，暴晒后细筛，用来做婴儿的尿布，铺在婴儿的屁股下，这种特殊的尿布称作“包包子”。

环境制约着生物，生物也影响着环境，它们相互联系、相互制约，从而形成一个有机整体。地势与土壤对物种的影响在中国很早就有论及。《管子·地员》中，提出了不同海拔高度制约植物垂直分布的原理，也阐述了12种植物随着地势高低的不同，水平分布的情形，其观察可谓细致入微。《周礼·职方氏》所载“九州之土”的农作物和畜禽分布不同，也说明地域分异规律对生物种类分布的影响。《周易·未济·象传》中有所谓“辨物居方”之说。所谓“辨物”指的是要辨别或分辨农业生物的遗传特性，而“居方”则是指在认清生物遗传性的基础上，按照它的遗传特性的要求，给它创造适宜的生存环境。由于生物和环境是对立统一的有机整体，所以人们在协调生物有机体与环境条件的关系时，必须遵循“辨物居方”和“有其类，遂其情”的原则。

自然意义上的“辨物居方”，势必影响到文化意义上的“安土重迁”。《汉书·元帝纪》：“安土重迁，黎民之性；骨肉相附，人情所愿也。”农业可以说是农耕文明时代最基本的经济形式。古代农业经济的基本主要以小农户个体经营为主。这种生产经营方式导致生产者依赖土地，安于本乡本土，也塑造了农民不轻易迁移的生活状况和习惯。《吕氏春秋·上农》说道：“古先圣王之所以导其民者，先务于农。农民非徒为地利也，贵其志也。民农则朴，朴则易用，易用则边境安，主位尊。民农则重，重则少私义，少私义则公法立，力专一。民农则其产复，其产复则重徙，重徙则死其处而无二虑。”白居易的《朱陈村》诗述道，朱陈村在丰县，其实徐州无此地，朱陈村疑在萧县，萧县位置毗邻砀山。诗曰：“徐州古丰县，有村曰朱陈。去县百余里，桑麻青氛氲。机梭声札札，牛驴走纭纭。女汲涧中水，男采山上薪。县远官事少，山深人俗淳。有财不行商，有丁不入军。家家守村业，头百不出门。生为村之民，死为村之尘。”这首诗充分描述了男耕女织的自给自足的自然经济的生活面貌，也深刻地体现了古代重视农业的观念及安土重迁的思想。

除了酥梨，砀山还有黄桃。砀山黄桃色泽金黄，香气浓郁，果肉金黄，无红色素，酸甜适中，适合加工罐头、桃脯、桃汁、速冻桃片等，且做出的罐头不浑汤。

赞砀山酥梨：

花香梨酥世名扬，乌龙披雪宜居方。

揸枝千年仍遒劲，含滋嚼句齿牙香。

（二）三潭枇杷

枇杷，属蔷薇科、枇杷属。三潭枇杷，因主要分布于安徽省黄山市歙县境内新安江沿岸的漳潭、绵潭、瀹潭（俗称“三潭”）而得名。三潭枇杷种植地是安徽枇杷主产区，也是全国枇杷五大产区之一。

位于新安江畔的三潭之境尤佳，其景由高山林、中山茶、低山果、水中鱼与其间的古村落、古民居所构成，远山如黛，近山滴翠。三潭是新安江山水画廊中的最佳点。唐代诗人李白《清溪行》赞曰：“清溪清我心，水色异诸水。借问新安江，见底何如此？人行明镜中，鸟度屏风里。”三潭枇杷主产地主要分布在风景秀丽的新安江上游两岸，地处亚热带北缘，主产区位于北纬 30°，因产地北部黄山山脉、东部天目山山脉对寒流的阻挡，加之新安江水体对温度的调节，独成冬无严寒、温暖湿润的枇杷产地小气候环境。歙县地区四季分明，气候湿润，雨量充沛，年平均温度16.4 ℃，独特的环山临水、环境优美的生态地理条件，孕育了三潭枇杷特有的品质。由于枇杷品质之优，2001年，歙县被评为“中国枇杷之乡”。

歙县是中国保存最为完好的国家历史文化名城之一。歙县始建于秦（前221年），秦筑城于隋，隋设歙州。宋时改为徽州（1121年），府县同城。三潭枇杷种植历史悠久，宋淳熙二年（1175年）《新安志》中就有三潭枇杷的记载，可见歙县种植枇杷历史已有800余年之久。漳潭村三面环水，因江北有漳岭，故名漳潭。漳潭又名环溪、张潭、樟潭，村中有千年古樟、汉柏。漳潭因三面环水，渔业资源丰富，素有“打不完的漳潭鱼”的说法。瀹潭之“瀹”同“月”，有“潭水千秋发，江流万古情”“三潭鲤鱼跃，两岸枇杷山”之誉。瀹潭地处新安江妹滩之下、瀹水之口，妹滩之名源于旧时徽商泛舟走新安下钱塘的驻船码头。徽州大部分处于贫困山区，种地无以生存，由此多商贾。明末清初思想家顾炎武曾述，徽州中家以下皆无田可业，徽人多商贾。徽州行商有民谣“十三四岁少年时，顺着前辈足迹走”。徽人乘舟外出行商，母送子，妻送夫，也不乏妹送兄，在此滩话别，滩名遂谓“妹滩”。徽州妹妹在这里送别远去行商的情哥哥，路途遥远，难舍相别，泪洒江滩。大部分徽商在此一转身就是一生半世。有一首《新安竹枝词》诗曰：“健妇持家身作客，黑头直到白头回。儿孙长大不相识，反问老翁何处来。”安徽诗人叶如强诗曰“九曲回肠漂女痛，五更乡梦妹滩寒”。过去，徽州民间也有“一世夫妻三年半”的说法。妹滩送别，不止十八相送，远及廊桥之别。看惯了伤心的送别，再来赏欢快的戏曲，绵潭村有“绵戏”且久具盛名，当地有“唱不完的绵潭戏”之说。绵戏源于徽商鼎盛之时，遇逢年过节、办喜事时，当地村民经常请有名的戏班子来村中演出。演出的戏种众多，主要有京戏、徽戏、黄梅戏、绍兴戏，可谓汇南北、通四方，被人们称为“戏曲与方言的邂逅”。小小的村子，为何有多种戏曲？因绵潭村为当时新安江重要的商游码头，各地商船必经此地，外乡之人携来各地戏种，村民将家乡方言巧妙运用，模仿多种戏剧腔调（越剧、黄梅戏、京剧、绍剧等）予以互通，使外地各种戏曲剧种与当地方言小调融合，形成了绵潭村独有的绵潭戏曲风格。

著名诗人流沙河曾吟：“浔阳琵琶三弹，歙县三潭枇杷；琵琶三弹涌清波，三潭枇杷挂金霞。”三潭枇杷品种主要有光荣花、歙县大红袍、白玉、塘栖（又名早种）、东来（又名牛砚）、朝宝（又名草包）。此外，还有早熟品种金水、大红花，中熟品种也短柄扁核、长柄扁核以及黄袍、白花、鸭子白等晚熟品种。歙县大红袍为传统种植品种，清代著名画家新安（今安徽歙县）人虚谷著名的《枇杷图》，图上画枇杷数枝，枝干直挺，枇杷果向上，熟枇杷果用赭色、朱膘，生者加汁绿绘制，枇杷极像歙县大红袍之色。“天上王母蟠桃，世间三潭枇杷”，三潭枇杷色泽艳丽、果形大、果味甜、清香可口，收获时节当地可现“一江新安水，万重枇杷山”“江边山岭尽枇杷，摘尽枇杷一树金”之美景。枇杷枝密有锈色或灰棕色绒毛，其叶片革质，呈长椭圆形，枝叶也具美形。改革开放以来，在当地政府的大力培植下，三潭枇杷得到了极大的发展。2015年10月，三潭枇杷获国家地理标志保护产品称号。2008年，歙县人民政府始于新安江水画廊景区举办枇杷文化旅游节，正逢“五月江南碧苍苍，五月枇杷正满林”之时。当地村民依托三潭枇杷文化旅游节，开展古法熬制枇杷膏、枇杷采摘、与“琵琶仙子”互动等活动，推动枇杷与文化旅游产业融合发展。作为三潭枇杷主产区之一的深渡镇，先后荣获国家级生态乡镇、全国“一镇一品（枇杷）”示范镇、全国重点镇、中国美丽宜居小镇等称号。

枇杷，由叶似乐器琵琶而得名，又名芦橘、庐橘、金丸、芦枝。苏轼《惠州一绝》诗曰：“罗浮山下四时春，卢橘杨梅次第新。”吴昌硕在其《枇杷图》上题有：“五月天热换葛衣，家家庐橘黄且肥；乌疑金弹不敢啄，忍饿空向林间飞。”成熟的枇杷味道鲜美，营养丰富，含有各种果糖、葡萄糖、钾、磷、铁、钙以及维生素A、维生素B、维生素C等。中国南方地区民间多传“枇杷树上良药多”，枇杷有兼果兼药之用。《黄帝内经》曰“大毒治病，十去其六；常毒治病，十去其七；小毒治病，十去其八；无毒治病，十去其九。谷肉果菜，食养尽之，无使过之，伤其正也”，指出食物可以补充恢复人体正气。《黄帝内经》又曰：“毒药攻邪，五谷为养，五果为助，五畜为益，五菜为充，气味和而服之，以补精益气。”五谷、五果（枣、李、杏、栗、桃）、五畜、五菜亦可补益精气。《黄帝内经太素》中写道：“空腹食之为食物，患者食之为药物”，也讲述了“药食同源”。传统中药多属天然药物，这其中包括多种植物，此类植物既是食品，也属于中药，有良好的治病疗效。比如水果类的枣、橘、桃、李、龙眼肉、山楂、乌梅等，佐料类的饴糖、花椒、小茴香、桂皮、砂仁、蜂蜜等。在中国传统中医药理论中“药食同源”食疗的具体机理，主要利用食物之不同性味和作用，以其细微偏性来调整人体的气血阴阳，达到扶正祛邪的目的。如山药，其味道甘淡，所以入脾经；皮黄肉白，故可补肺脾；肉质柔滑液浓，故益肾，滋养血脉，强志育神。当然，药膳可谓以食治疗的“最高境界”，药膳可成寓医于食，既将药物作为食物，又将食物赋以药用，药借食力、食助药威，二者相辅相成、相得益彰；既具有较高的营养价值，又可防病治病、保健强身。

作为“药食同源”之食，枇杷较早地体现其兼果兼药的食用功能，《本草纲目》中记载：“枇杷能润五脏，滋心肺。”清初陈淏子在《花镜》中记载：“枇杷一名庐橘，叶似琵琶，又似驴耳，秋蕾、冬花、春结子、夏熟，备四时之气。”枇杷被誉为“果中独备四时之气者”，即秋日养蕾，冬季开花，春来结子，夏初成熟，可承四时之雨露。宋代董嗣杲《枇杷花》曰：“种接他枝宿土干，花开抵得北风寒。蛹须负雪疑蜂蜇，毛叶粘霜若蝟攒。蕤破极冬悬蜡蒂，果收初夏摘金丸。冻香便觉饴如蜜，树掩卢村月色宽。”为食，枇杷果色黄果金，肉软多汁，酸甜适度，味道鲜美，食者称“果中之皇”。为药，枇杷有润肺、止咳的功效，其叶晒干入药，具清肺胃热、降气化痰之功，医者谓“果中之冠”。中医认为，枇杷味甘、酸，性平，枇杷叶和果实入药，有润肺止咳、止渴和胃、利尿清热等功效，用于治疗肺痿咳嗽、胸闷多痰。蒸叶取露的“枇杷叶露”，有清热、解暑热、和胃等作用；大块枇杷叶与其他药材制成的“川贝枇杷膏”、枇杷蜜、枇杷核、枇杷根，也同样具较高的药用价值。清赵瑾叔《枇杷》一诗道：“枇杷叶果似琵琶，阴密经冬开白花。”“胃家止呕姜堪入，肺部消痰蜜更加。”

枇杷的栽种历史较为久远，且在中原地区也早有种植。据《西京杂记》记载，西汉仅长安汉宫果树木类已有二十多种，有枇杷、杨梅、荔枝、林檎、安石榴等；果树优良品种也见于记载，其中有梨十种、枣七种、栗四种、桃十种、李十五种、柰三种、椑三种、棠四种、梅七种、杏二种。唐代杜甫《田舍》诗道：“榉柳枝枝弱，枇杷树树香。”唐代白居易《山枇杷》诗也写道：“深山老去惜年华，况对东溪野枇杷。火树风来翻绛焰，琼枝日出晒红纱。回看桃李都无色，映得芙蓉不是花。争奈结根深石底，无因移得到人家。”如今，随着三潭枇杷智能大棚设施栽培技术和枇杷新品种的推广，集约化生产经营的枇杷园不仅为当地群众提供了就近就业岗位，更成了增收致富的“金果”。

赞三潭枇杷：

五月枇杷正满林，四时之气累丸金。

歙州三潭挂金霞，火树琼枝映明镜。

（三）萧县葡萄

萧县位于安徽省最北部，地处苏鲁豫皖交界处，是我国四大葡萄种植区域之一，有“葡萄之乡”的美誉。萧县葡萄主要分布于安徽省宿州市萧县和淮北市段园镇，核心产区位于白土镇、官桥镇、永堌镇和杨楼镇等。萧县地处黄河故道平原，四季分明，光热条件充足，雨量适中，雨热同期。该地土壤疏松（多为沙质土壤），独特的土壤及气候条件为葡萄的栽培与生长提供了适宜的条件。

萧县葡萄种植已有1 000多年的历史，在明代嘉靖十九年（1540年）所编《萧县志·物产篇》中有载。清代康熙《萧县志》曾将葡萄列为萧县地区果树品种之一，到了乾隆年间，萧县葡萄种植已初具规模，萧县葡萄因为品质优良被列为朝廷贡品。萧县历史悠久，因其地多萧茅而得萧之名，萧县春秋时为萧国，秦时置萧县。萧县是安徽葡萄种植面积最大的地区，种植的葡萄有100多个品种，早熟品种主要有夏黑、维多利亚、金手指、红旗特早玫瑰等，中熟品种有巨玫瑰、醉金香、黄蜜、玫瑰香等。萧县葡萄的传统品种玫瑰香最为有名且品质最佳，其果实紫里透红，具有穗大、粒饱、肉脆、多汁、甘甜、清香、食后生津等优点。古诗云："满筐圆实骊珠滑，入口甘香冰玉寒。"当地亦有民谣："天上王母蟠桃，人间萧县葡萄。"萧县葡萄含有多种维生素和10多种氨基酸，依中医之理，葡萄性平、味甘酸，有补气血、益肝肾、生津液、强筋骨、治痿痹等药用价值。

毗邻萧县东南葡萄主要产区的皇藏峪国家森林公园，属暖温带落叶阔叶林区。该森林公园有皖北地区保存最为完整的原始森林，园区内古树名木种类繁多，树龄100年以上的古树名木有1 000多棵，其中古青檀、银杏、蜡梅、金桂、黄杨等树龄逾千年以上，良好的自然条件为葡萄种植提供了优良的生态环境。

作为安徽省葡萄种植面积最大、产量最高的葡萄种植基地，目前，萧县葡萄种植面积超过10万亩，已建成1 200亩的国家级葡萄标准化栽培示范区，形成了北部黄河故道区中、晚熟葡萄生产基地，东南山区为主的早熟鲜食葡萄基地。"萧县葡萄"先后于2013年、2015年、2017年入选全国名特优新农产品目录，2018年成为国家地理标志保护产品。近年来，萧县把葡萄产业作为促进农民增收致富的重点产业，并结合实施乡村振兴战略，开展了以葡萄为主题的乡村旅游，建立了葡萄主题公园、葡萄绿荫长廊等，每年举办葡萄采摘节，以农业三产融合促进乡村振兴。

谈起萧县葡萄，自然会联想起萧县葡萄酒，可以说，安徽人对葡萄酒的最初体验离不开萧县葡萄酒。萧县葡萄酒的生产有50多年的历史，其发展历程可以说是安徽的葡萄酒业历史发展的代表。萧县葡萄酒品质较高，酒质清亮透明，柔和爽口，具有浓郁的葡萄果香和陈酒的醇香，产品畅销国内外。说起葡萄，须究其名。李时珍《本草纲目》道："葡萄，《汉书》作蒲桃，可以造酒，人酺饮之，则醄然而醉，故有是名。""酺"是聚饮的意思，"醄"是大醉的样子。葡萄之所以称为葡萄，主要是葡萄易酿酒，饮后醄然而醉之故，是以说葡萄自然要谈及葡萄酒。

葡萄，古称"蒲陶""蒲萄""蒲桃""葡桃"等。《诗经》曰："南有樛木，葛藟累之；乐只君子，福履绥之。"《诗经·国风·王风·葛藟》曰："绵绵葛藟，在河之浒。终远兄弟，谓他人父。谓他人父，亦莫我顾。"葛藟为葡萄科植物，果实味酸，是一种野葡萄。《豳风·七月》："六月食郁及薁，七月亨葵及菽。八月剥枣，十月获稻，为此春酒，以介眉寿。"薁就是山葡萄。唐代医家苏敬《唐本草》载：“蘡，山葡萄，并堪为酒。”李华考察，全世界葡萄属植物有80余种，原产于中国的就有42种、1个亚种、12个变种，包括分布在中国东北、北部及中部的山葡萄，产于中部和南部的葛藟，产于中部至西南部的刺葡萄，分布广泛的蘡薁，等等。这说明中国古代有着丰富的葡萄资源，由此，民间常酿制葡萄酒就不足为奇了。

吕庆峰在其博士论文《近现代中国葡萄酒产业发展研究》中述：葡萄广泛种植于汉魏，欧亚种葡萄由张骞带入中原，汉武帝时种植和酿酒都达到一定规模。魏晋南北朝时，葡萄酒的消费和生产又有了恢复和发展。魏文帝曹丕在《与吴质书（二）》中把葡萄酒描述为“蒲萄……又酿以为酒，甘于麴糵，善醉而易醒……”至唐代，《旧唐书·陈叔达传》记载，唐初高祖赐食于御前，得葡萄。唐太宗得马乳葡萄种和葡萄酒法，在皇宫御苑里种植葡萄，并参与葡萄酒的酿制。盛唐时期，民间酿造和饮用葡萄酒也十分普遍。王翰《凉州词》中有“葡萄美酒夜光杯，欲饮琵琶马上催”的名句。李白《襄阳歌》道：“……，鸬鹚杓，鹦鹉杯，百年三万六千日，一日须倾三百杯。遥看汉江鸭头绿，恰以蒲萄初酦醅。此江若变作春酒，垒曲便筑糟丘台。”元朝是葡萄酒业和栽植较为鼎盛的时期，元世祖在宫城中建葡萄酒室，促进了葡萄酒业的发展。成于元代的最早官修农书《农桑辑要·蒲萄》载“蒲萄”种植之要：“蒲萄井蔓延，性缘，不能自举，作架以承之。叶密阴厚，可以避热（十月中，去根一步许，掘作坑。收卷蒲萄，悉埋之……）”至明代，随着蒸馏酒和绍兴酒的兴起，葡萄酒销售量有所下跌，据《明史·食货志》载，酒按“凡商税，三十而取一”的征税标准征收。1892年，张弼士在烟台创办了烟台张裕酿酒公司，为中国第一个近代新型葡萄酒厂。1915年，在巴拿马万国博览会上，张裕葡萄酒荣获金质奖章，烟台葡萄酒名声大振。此后，太原、青岛、北京、通化相继建成葡萄酒厂。

赞萧县葡萄：

萧城骊珠满甘甜，香冰玉寒冠世间。

葛藟酦醅酿为酒，醉金蜜香无需言。

（四）怀远石榴

安徽省怀远县有“石榴之乡”之美誉。该县地处北亚热带至暖温带的过渡带，属暖温带半湿润季风气候区，四季分明，雨量适中，阳光充足，适宜石榴的生长。县城南侧有荆、涂二山隔淮河对峙，石榴主产区即在荆、涂二山山麓，种植区分布于上洪、杜郢、涂山、兴昌、乳泉、永光等地。

石榴又称安石榴、渥丹、丹若、天浆，属石榴科、石榴属植物，是世界上栽培较早的果树之一。石榴原产于亚洲中部，是张骞出使西域带回来的，在我国已有 2 000 多年的栽培历史，已经在国内形成新疆叶城、陕西临潼、河南荥阳、安徽怀远等八大栽培区域，石榴产量居世界第一。怀远石榴种植历史悠久，石榴自汉代引种以来，经过汉唐的栽培选育，至明代，怀远石榴已在涂山、荆山形成种植规模。《怀远县志》记载，唐代怀远石榴已有较大名声。宋人寇宗奭在《本草衍义》中赞石榴“子白莹澈如水晶者，味亦甘，谓之水晶石榴”。怀远石榴种植可考的文字记载，见于明代嘉靖年间，时任巡按御史的张惟恕游怀远时有《九日登山》诗“泉水细润玻璃碧，榴子新披玛瑙红。落日半山弦管发，百年此会信难逢”，描述怀远石榴之形。清代时，怀远石榴蜚声南北，清嘉庆年间编修的《怀远县志》载：“榴，邑中以此果为最，曹州贡榴所不及也。红花红实，白花白实，玉籽榴尤佳。”石榴圆润，榴籽饱满，“多籽”直喻家庭多子多福之意，深受百姓喜爱。怀远石榴以叶奇美、花鲜艳、品种多而出名。其树形美、果质优，当地称誉之为“榴枝婀娜榴实繁，榴膜轻明榴子鲜”。怀远石榴产量高、用途广、耐贮藏、易繁殖，得以被人们广泛种植。怀远石榴共有 15 个品种（系），分为青皮、粉皮和白皮三大类，石榴传统品种有玉石籽、红玛瑙、薄皮糙、火葫芦等十多个，又有新品白花玉石籽、红花玉石籽等。怀远石榴果皮薄、粒大、味甘甜，可食率、含糖量高，榴籽核小、汁多味美。石榴可观赏，可食用，可酿石榴酒，果实果皮具有生津化食、健脾益胃等药用价值。五月石榴花盛开，荆、涂二山山麓石榴花火红；九月石榴成熟，南北大贾云集怀远，车装舟载，兴盛繁忙。中华人民共和国成立后，怀远石榴曾多次在全国农业展览馆参加展出。据 1960 年《怀远县志》（初稿）记载，怀远石榴曾远销到东南亚、欧洲等地。2010 年，“怀远石榴”获国家地理标志保护产品称号。目前，怀远县大力扶持石榴产业发展，通过扩大种植面积、选育优质品种，在茨淮新河大堤建立占地 300 亩的怀远石榴母本园、采穗圃、育苗基地等。

安徽石榴，可谓名扬天下。蚌埠的怀远石榴、淮北的塔山石榴，均为国家地理标志产品，历史上也皆为贡品。安徽有脍炙人口的五河民歌——《摘石榴》，明畅欢快，散发着浓郁的乡土气息，为国内以石榴为题的“第一歌”。怀远文化历史悠久，文化资源丰富，为石榴产业和石榴文化的发展提供了丰厚的文化拓展要素。怀远县石榴主产区内有汴河洞、白乳泉、望淮楼等名胜古迹，境内荆山与淮河临岸的涂山，共同记载着大禹治水的悠久历史。史载“禹会诸侯于涂山”，相传荆、涂两山原为一山，大禹在此“劈开两岸青山，酿得一瓯白乳”。涂山有禹王宫、圣泉等古迹。大禹治水时来到涂山，娶涂山氏女为妻。怀远至今还流传着“三过家门而不入”“望夫成石”“石裂生子”等传说。2018 年怀远石榴节入选首届中国农民丰收节系列活动。怀远县在实施乡村振兴中，持续开发、保护和弘扬怀远源远流长的石榴文化，以“禹风古韵·榴乡怀远”为节庆主题，建有多子多福玻璃钢石榴造型雕塑，着力构筑石榴文化的交流、旅游推介平台。借助石榴主产区优势，近年来，怀远县大力研发生产以怀远石榴为原料的果酒、饮料、保健品、生物制品等系列产品，其中石榴酒、石榴果醋、石榴多酚等产品备受市场青睐。

石榴不仅花美，果也奇，南北朝梁元帝萧绎咏石榴：“涂林未应发，春暮转相催。然灯疑夜火，连珠胜早梅。西域移根至，南方酿酒来。叶翠如新剪，花红似故裁。还忆河阳县，映水珊瑚开。”唐代武则天封石榴为“多子丽人”，宋代王安石诗赞“浓绿万枝红一点，动人春色不须多”。石榴作为人们情怀的寄托，成为中秋民俗中不可或缺的时令物，它可供、可观，可果、可蔬，可饮、可药，是无可替代的中秋好礼。中国人对石榴的喜爱，远不止于其可入口的味美、入药的养生和染布、酿酒的实用功能，也不仅在于它花果养眼的审美功能，而更在于它所包孕的对未来生活的美好象征。小小的石榴，寄寓了中国人满满的家国情怀。同时，人们以“石榴裙”代称年轻女子，以“榴实登科”寓意金榜题名，以剥开的石榴置于新房案头喜庆共谐连枝，以石榴相赠祝吉祥顺意，将石榴列为清供的诸多传统礼仪中，足可见石榴与古人生活的密切关联。石榴的文化寓意深刻，有着深刻的象征意义。古人常将读音相同、字义相异的谐音用以人们喜庆吉祥的“顺音”表达，如迎娶新娘子时，果篮中须有枣、花生、桂园、莲子，寓意“早生贵子”。石榴多籽音谐“多子”，比喻子孙满堂，在以果相寓的祝福中，取石榴的喻义是相当多的。《北齐书·魏收传》载，文宣帝太子安德王延宗娶魏收女为妃，魏收之妻献石榴 2 枚，文帝问其意，魏笑曰：恭喜陛下，石榴多籽。比喻多子多福，后人以石榴喻“子孙满堂”。

谈及石榴多籽与多子多福的中国传统观念，离不开古代农业生产结构的特点。商代青铜器上已记“万年无疆”“子孙永昌”，《诗经·閟宫》亦有“俾尔昌而炽，俾尔寿而富”“宜尔子孙，振振兮”“桃之夭夭，有蕡其实。之子于归，宜其家室”。贞观时期有诏“若能是婚姻及时，鳏寡数少，量准户口增多……”，是把人口增长作为地方官政绩考核标准之一。郭子仪七子八婿，被称富贵寿考冠绝古今。“多子多福”“儿孙满堂”“养儿防老”之说众多，究其根本，在于农业生产劳力所需。古代农业生产结构特点是农桑分作，需要投入大量的劳力。中国农业由于地理环境的制约，主要是以作物生产的农耕方式，生产的效率比较低。就粮食单产来说，《淮南子·主术训》提到“不过十亩，中田之获，卒岁之收，不过亩石”。要想保持应有的收成，势必需要采用精耕细作的生产管理技术，以增单位面积产量，而精耕细作则需要大量的劳动力（详见本书第四部分“水东蜜枣”内容）。劳力不足的问题是中国农业发展历史中永恒的话题，多子多福，其实质就是能够拥有更多的劳力。随着人口的增加，劳力问题看似解决了，但劳力本是人，对衣食的消费，即便是最基本的填饱肚子、衣够蔽体，也会导致对衣食需求的大量增加。同时，如果人口的增长速度大于粮食的增长速度，还会出现人多地少、衣食供给极为不定的局面，形成一种恶性循环。就耕地来说，自汉代以来，耕地就一直不足。汉代赵过发明的“代田法”开始改变过去的耕地使用的休耕制度，开启了耕地连年使用的新耕方法。现在看来，也属无奈之举。代田法是从“甽亩法”发展而来的，在技术上有以下特点：一是沟垄相间。种子播种在沟中，待出苗后，结合中耕除草将垄土壅苗。其作用是防风、抗倒伏和保墒抗旱，实际上体现了甽亩法中“上田弃亩”的原则。二是沟垄互换。垄和沟的位置逐年轮换，这也就是“代田法”得名之由来。由于代田总是在沟里播种，垄沟互换就达到了土地轮番利用与休耕的目的，体现了“劳者欲息，息者欲劳”的原则。三是耕耨结合。代田法每年都要整地开沟起垄，等到出苗以后，又要通过中耕除草来平垄，将垄上之土填回到垄沟，起到抗旱保墒、抗倒伏的作用。

为了解决最基本的吃饭问题，救荒便屡次出现在众多历代农书典籍之中，历代农家始终“热衷于”从众多的野生植物种类中，选出一些可以在荒年充饥的植物种类。《救荒本草》（明代安徽凤阳人朱橚著）可以说是一部记载食用野生植物的专书，全书分为 5 部，计草部 245 种，木部 80 种，米谷部 20 种，果部 23 种，菜部 46 种。《救荒本草》图文配合相当紧凑，以便民众寻找食物，在救荒方面起了巨大的作用，甚至影响了大批学者纷起仿效，形成了野生可食植物的流派。如王磐的《野菜谱》一卷，所记野菜 60 余种，每种亦都有附图。周履靖的《茹草谱》四卷，所记野菜 105 种，都有附图。屠本畯《野菜笺》一卷，记野菜 22 种。鲍山的《野菜博录》三卷，记野菜 435 种。姚可成的《救荒野谱》一卷，记野菜 120 种。顾景星的《野菜赞》，记野菜 44 种等。徐光启《农政全书》将《救荒本草》和《野菜谱》全文收载。

赞怀远石榴：

荆涂玉籽缀绿丛，映水珊瑚圣泉涌。

动人榴色不须多，榴子新披玛瑙红。

（五）西山焦枣

西山焦枣产于安徽省池州市棠溪镇西山村、东山村，为枣类加工品。西山枣林面积已近万亩，大部分分布在海拔 400 米以上的山地上。生长区土壤类型为石灰岩石砾土壤，土壤有机质含量≥2%，pH 为 6.5～7.5，土壤疏松，土层深厚肥沃。产地四季分明，雨量充足，无霜期长，日照充足，且枣林分布区紧靠九华山山脉，山清水秀、水质纯净、云腾雾涌，形成枣树生长独特的优越条件，西山焦枣也被当地誉为“云间仙枣”。

制作西山焦枣特有的枣品种为晶瓜枣、牛蜂枣。西山焦枣是经采摘、清洗、杀青、晾晒、蒸制、焦炙、回软等多道独特传统技艺，加工而成的一种“色如紫晶、形似玛瑙”的特殊熟枣。晶瓜枣，皮薄、肉厚、糖多、核小、个大，形似冬瓜，故当地人又称“冬瓜枣”，成熟期鲜枣含糖量达40%以上，每100克鲜果含维生素达350毫克以上。加工后的焦枣色紫晶莹，焦而不黑，呈半透明状，果实表面有深浅不一的纹理，口感质腻酥嫩。《贵池县志》载，西山焦枣始于五代时期，迄今已有1 000多年历史，长期的栽植历史和世代承延的精细加工工艺，形成了焦枣“形美色晶味殊”的独特品质，元、明、清三代西山焦枣均为朝廷贡品。当地有赞誉焦枣之美句：“千载枣瓜，常到帝王桌上坐；万枝红玉，直朝仙子脸边融。”西山焦枣为贵池著名特产，有“西山焦枣，贵池之宝；色如紫晶，形似玛瑙；风味独特，国内稀少”之称誉。西山焦枣可谓“天然之精源，人工之睛点”，其形味之殊，在于其精细的加工。焦枣加工的方法是将枣先蒸后烘，采用清洗、分级、烫红、晾晒、清蒸、烘干的独特工艺，得成枣，色如紫金，通体呈半透明状，味甜爽口。成品的焦枣色如玛瑙，胶黏细腻，甘甜溢香，含多种维生素，具有益阳补血、调理生机、养心定神、软化血管等功效。

池州文化底蕴深厚，境内的古文化遗址、古建筑、石刻等历史文化遗存有200余处。池州又有“千载诗人地”之誉。唐代李白三上九华、五游秋浦，留《秋浦歌十七首》以咏其秀丽景色，有池州山水赞诗；杜牧更是留千古绝唱《清明》之诗。陶渊明、白居易、苏轼、王安石、包拯、文天祥、岳飞、朱熹、陆游、李清照等历代文人名士也曾于池州山水之间留下佳作绝句。焦枣产地棠溪镇有池州傩戏，属中国非物质文化遗产，古风犹存的村庄自然错落，分布广泛。西山焦枣产地周边区域，生态条件极为优越，东面与青阳县陵阳及九华山景区接壤，南面与石台县的七井、贡溪毗邻，其间存有徽州古道，是秋浦仙境的三大景区之一，被誉为池州生态与文化旅游的后花园。每年九月时值“秋风打枣”之时，西山村枣树漫山遍野，红枣满枝，枝繁叶茂，硕果累累，烁耀光泽，美不胜收，当地有“白露枣儿两头红”之说。近几年，西山村全力发展“一村一品”的焦枣产业，贵池区积极推广西山焦枣良种晶瓜枣繁育及丰产栽培技术，实施了西山枣丰产优质技术标准，提高了枣农管理枣树的技能。在焦枣营销的过程中，当地政府加强品牌宣传，成立了贵池区棠溪枣业协会，加工企业组成产业联合体，通过枣产销专业合作社，抱团发展，分工合作。同时，各户扩大枣林面积，增加枣树产枣量，满足市场需求；在增产的同时，改进焦枣的制作工艺，统一生产标准，提高其品质。在焦枣产业发展中，当地政府依托九华山佛教文化，生态文章，做大做强焦枣文化产业，打响文化品牌。2015 年西山焦枣被列为中国国家地理标志产品。

西山焦枣之特，在于其形。原因在于西山焦枣和其他地区焦枣的加工方式迥异。外地焦枣，往往用红枣放入铁锅里面进行翻炒，至红枣的外皮炒焦而成。制成品主要为药用，枣的药效有补血养肝、暖胃、消食化瘀、排清毒素和安神等。西山焦枣在制作上，所体现的功夫和对形色的把握是精细的、精准的，特别是烫红、晾晒、清蒸、烘干的独特制作环节，用当地话来表述是“讲究的、用心的”。西山焦枣的采收须于白露前、枣子成熟时，需观树上枣形，有部分全红，一半以上半红，少量存白时。可及时采收，若采之过早则枣味不甜，过迟则枣过熟。枣子的分级也有标准，采回的枣子分为三级：一级为全红，二级为半红，三级为全白。一级枣即可蒸制，二、三级枣烫红后方能制作焦枣，热烫时间不能超过 3 分钟，经摊晾至枣子全红。这样精心加工后的焦枣，才能达到紫金之色、玛瑙之形。

西山焦枣之美，也因其形。“形”何以致美？为什么要重视“形”？这是中国人的思维习惯。中国哲学重视直觉，提倡感性的思维和审美，在艺术审美上，将“酷肖对象”作为重要的目标，追求“以形写神，形神兼备”的艺术境界。在农业漫长的历史发展中，不乏以形分类，以形找律之处。《诗经》作为中国最早的农业记载文献，其中描述农业生产中作物和农田管理，以形而别、依形而类的较为普遍。《诗经》中描述农业生产生活的，以及与农事直接相关的政治、宗教活动的诗歌颇多，有十多篇专门描述农业生产的诗篇。农业祭祀诗有《小雅》中的《楚茨》《信南山》二篇及《周颂》中的《臣工》《噫嘻》《丰年》《载芟》《良耜》五篇。农业生活诗《七月》，《小雅》中的《甫田》《大田》等，充分描述了当时农业的状况。特别是《豳风・七月》，作为一首完整的农事诗，其中叙述了每月所从事的农务、女工及采集、狩猎等事项。《诗经》中所载农业生产实践中积累的生物学知识，主要是依据“形之特征”来进行动植物分类的，这也是富有中国特色的“宜形”性思维方式。如形之以颜色为准，农作物中的嘉种秬以黑黍来表述，穈以赤苗来称谓，芑以白苗来命名；形之以大小为准，动物有大兕、驹（小马）、童牛之分；形之以器官为准，在农作物的表述上，禾表示植株，粟表示谷实，米则表示去壳之后的胚乳。更有趣的是，《诗经》中述治虫的方法，《诗经・小雅・大田》记载：“去其螟螣，及其蟊贼，无害我田稚，田祖有神，秉畀炎火。”螟、螣、蟊、贼的命名是依照危害农作物的部位而定的，可以说中国古代以危害作物部位之形为准给害虫命名，是世界最早对害虫所做的分类，即食心曰螟，食叶曰螣，食根曰蟊，食节曰贼。

赞西山焦枣：

西山云间枣瓜翠，秋风难曳硕果累。

僧童诵经遗玉漏，箪晒紫晶玛瑙坠。

（六）徽州雪梨

梨，属蔷薇科苹果亚科。徽州雪梨主产于安徽省歙县，歙县与徽州府府县同城，又因梨色雪白，故名徽州雪梨。徽州雪梨集中产地是上丰、许村一带。梨果实多呈圆形或倒卵形，自然生长状态下，果皮呈深褐色；果点较大，果面较粗糙，梗洼浅而狭。

歙县盛产茶果，可谓是“四月随雨绿新茶，五月枇杷挂金霞。八月枝下雪梨脆，十月金桔满树缀”。徽州雪梨栽培历史悠久，迄今已有近千年的历史。雪梨种植始于宋代，大面积种植于明清，据南宋歙县人罗愿《新安志·物产》中载：“梨之类多种大抵歙梨皆津而消，其质易伤，蜂犯之则为瘢，故土人率以柿油渍纸为囊，就枝苞封之，霜后始收，今出丁字桥者，名天下。”明弘治《徽州府志》记载也相同。1934 年，在东南亚国际博览会上徽州雪梨曾获果品银奖。《歙县志》载：“歙县雪梨为上品，色白气香。”

徽州雪梨是古徽州人聪明才智和勤劳进取精神巧妙结合的产物。胡华英记，雪梨果皮雪白，主要因为采用了独特的栽培方法。清明节后，梨实长至纽扣大小，梨农就用柿漆水渍过的毛边纸袋将其包裹住，用棕叶丝将纸袋绑扎在树枝上。四五个月以后，梨子成熟，梨农把纸袋和梨子一起摘下。梨子成熟期内有纸袋包住，可防虫害；纸袋浓褐色，不透水和光，耐日晒雨淋，避免造成梨子瘢痕累累，还能防止果皮中色素变绿发褐。梨实外皮泛白变薄，梨子果皮雪白，果肉白色，肉中石细胞少，肉质脆嫩，汁多味甘。

徽州雪梨幼果用柿漆纸袋套果，既避免病虫害，又保持梨子洁白本色。套袋护果使雪梨个头大，外形浑圆，肉色洁白晶莹，如雪似玉，似以透明的汉白玉雕镂而成。雪梨优质丰产，抗逆性强。徽州雪梨品种繁多、品质独特，现有 30 多个品种，知名梨种有金花早、细皮、大木瓜、涩梨四种。金花早的果肩处有锈黄色斑块，其特点是适应性强，耐旱耐涝，抗轮纹病，果实洁白，汁多味甜，高产早熟；细皮，抗性强，皮细质优，耐贮藏；大木瓜，形同木瓜，皮粗果大，味醇汁甜，耐贮运；涩梨，药用价值极高，去梨核，加冰糖炖熟，有清热去痰、止咳润肺之效。

“凉赛冰雪甜争蜜，清肺止咳脆而香。”徽州雪梨不仅是上乘水果，而且药用价值也较高，具有去热清痰、止咳润肺等药用功效。唐《千金食治》载："梨：削贴烫火疮不烂，易痛，易瘥；又主热嗽止渴。"南宋朱佐《类编朱氏集验医方》一书称，茅山道人"热症，气血消铄，日日食雪梨一个，疾愈"，并说多食雪梨"可望长寿"。明代朱橚《普济方》、李时珍《本草纲目》，清代吴鞠通《温病条辨》等均称雪梨能治小儿疳热、风热目燥，解瘟毒酒毒，治太阴瘟病等疾。徽州民间常将梨核除去，放入冰糖炖熟食用，也有以雪梨做梨汁、梨膏，用以治呼吸道疾病的，可谓"婆娑碧叶晶，枝下脆梨莹。如玉香酥美，甘甜润肺清"。改革开放以来，徽州雪梨的知名度愈加提升，歙县上丰举办多届"品味歙县·自在乡村"徽州贡梨文化节。歙县在雪梨产业拓展中，开发了梨果酱、梨果脯、梨酥、梨拔丝、药梨丝、梨膏、鲜榨梨汁、梨花茶等系列产品。在产业融合中，如"梨王"评选展、梨品种展示、梨园戏曲秀、徽州贡梨宴、果园采摘、贡梨文创汇等新推的众多农旅项目，有效地带动了当地致富和乡村旅游发展。

安徽宣州也产雪梨，当地称为"乳梨"。宋代就有宣州雪梨种植的记载，宋人苏颂《本草图经》载：宣城乳梨，"其味极长"。宣州雪梨果实大而圆，果皮青白色，果肉细嫩，脆无渣。与徽州雪梨相仿，在梨未成熟时，梨农以桐油纸袋包裹，以防病虫害。

一般人认为果实套袋源于日本，其实中国早已有之。前面论及徽州雪梨、宣州雪梨纸袋套果，以防病虫害，由此而见，由于古代农业产品供给量较低，对于有效防止农业灾害，在中国农业生产历史中是极受重视的。中国古代对农业灾害的认识很早，《吕氏春秋·任地》言"五耕五耨，必审以尽。其深殖之度，阴土必得大草不生，又无螟蜮"，通过对土地的多耕、深耕，既能消灭杂草，又能起到防治虫害的效果。《左传·宣公十五年》将灾害的成因归纳为"天反时为灾，地反物为妖，民反德为乱"三个方面。"天反时"一般指春夏秋冬四季的时令不正常带来的灾害；"地反物"是指降水的多少和地势及其对农业生产的影响，如"岗地干旱，洼地水涝"；"民反德"指人们盲目地毁林开荒和围湖造田，造成水旱灾害。东汉王充《论衡·商虫》指出"虫以温湿生才""谷干燥者，虫不生；温湿饐餲，虫生不禁"，是从环境条件来考虑和认识虫害发生的原因。《齐民要术》载以盐水选种，《氾胜之书》主张以附子浸出物处理种子，通过如此处理，能够有效减轻病虫害。对于灾害的类型，《管子·度地》列"五害"之说："水，一害也；旱，一害也；风、雾、雹、霜，一害也；厉，一害也；虫，一害也。此谓五害。五害之属，水最为大。"因此，在防除灾害上，自古以来，兴水利、除水害一直是历代农业所重视的基本问题。在防治虫害和病害方面，古代农业尤其重视防治蝗灾。《尔雅》记述："食苗心螟，食叶螣，食节贼，食根蟊。”据三国时代陆玑《毛诗草木鸟兽虫鱼疏》的解释，“螣”就是蝗虫。从掌握蝗灾发生发展的规律，到采取相应的治蝗措施，古代农业典籍均有较多的记载。

赞徽州雪梨：

徽州八月雪梨脆，凉赛冰雪甜争蜜。

果眠柿纸虫无策，如玉似皎色增味。

（七）来安花红

花红，又称小苹果、沙果、林檎。来安花红，属蔷薇科、苹果属，落叶小乔木，为花果并美的观赏树木，产于滁州市来安县北部舜山镇、半塔镇、张山乡、杨郢乡等山区。花红，古称“林檎”，是我国最古老的水果品种之一，《齐民要术》即有关于柰和花红、林檎、蜜果、海棠、海红果、文林郎果等的记载。来安当地多称花红为林檎、来禽。明人王象晋《群芳谱》释名：“此果味甜，能来众禽于林，故有林檎、来禽、密果之名。”

来安花红由野生海棠长期演变而来，经长期培种，得以广泛种植。来安花红适应在当地 pH 为 6.5～7.0、富含有机质的岩成土和马肝土中生长，每年4月开花，花初粉红，渐而转白，7、8月果渐熟，果小巧玲珑，形似苹果，色泽青黄有红晕，外观艳美。来安花红皮薄肉脆，汁多渣少，酸甜爽口，香味浓郁，有较高的营养价值，是国家地理标志产品。来安花红鲜果内含有人体必需的多种维生素和矿物质，含有蛋白质 0.639%（含量是苹果的 3 倍、梨的 6.3 倍）、磷 0.31%、还原糖 5.35%、可溶总糖 6.57%、无机酸 0.56%。花红具有解渴、防暑、消食健胃等效果。花红性凉、味酸，还具涩精止泻、止咳平喘、清热解毒、生津明目的功效，对于眼目青盲、翳膜遮眼、小儿疥疮等症都有治疗的作用。江淮民间有“桃子饱人杏伤人，李子树下抬死人，唯有花红最养人”之说。夏日果熟，以花红待客，为来安民间风俗，新鲜的花红果子不仅好吃，而且是健身防病的上等营养果品。宋代宣州梅尧臣有诗“右军好佳果，墨帖求林檎”，以记王羲之尤爱来安花红。据《来安县志》记载，来安县早在明代嘉靖年间就有花红栽培，清朝中期为林檎栽植的鼎盛时期。嘉庆年间，来安籍官员将林檎进献给嘉庆皇帝，嘉庆不知林檎为何物，只闻到果子有桂花似的清香，看到果色如红花般鲜亮，遂封其为来安花红，诏令每年进贡。来安花红与怀远石榴、砀山酥梨、萧县葡萄并称安徽四大水果。来安花红除供鲜食外，还可用以沏茶、酿酒。2009 年以来，来安县当地政府在白鹭岛森林公园内的复兴林场扩大花红种植面积，并依托花红，推进第一、第三产业融合，在北部山区打造生态旅游环线，加快农业和旅游业融合发展。

花红之美在于其味。来安花红在皖中也称小苹果。辛培刚在《我国苹果品种溯源、演化及亲缘分类》一文中，认为中国原有山荆子系、苹果系、三叶海棠系、陇东海棠系、滇池海棠系等苹果属植物，品种群有绵苹果类、香果类和沙果类、槟子类、海棠类等。花红主要包括红沙果品种群、白沙果品种群和槟子品种群。有资料显示，1994 年世界人均果品占有量，中国为每年人均 31.3 公斤，当时世界人均果品占有量已达 70.5 公斤。随着中国经济的快速发展，人们收入水平的提高，中国水果消费总量在上升，家庭人均年水果消费量快速增长，消费结构日趋朝多类型、多样化的质量安全型消费结构发展。近百年来，中国从国外引进了大量的苹果品种，国内也通过杂交、选择、诱变等方法选育出了很多苹果新品种，花红的生产和市场销量逐渐减少，花红果也成为百姓水果篮子中的“稀罕物”，中老年消费者欲寻过去那种红里透黄、透白，酸甜口味、吃起来沙沙的“老口味”，也不大容易了。无论如何，花红这种“老口味”在改革开放前，对于老百姓来说可是翘首以待、精品高档的“珍果”，也是在当今中老年人记忆中抹不去的“好味道”。

花红之美还在于其色。鲜花红果子不仅好吃，颜色也如红花般鲜亮，色泽青黄、红晕分明。《滁州志》有载，来安花红果皮因有云霞纹，被人们称为“五彩花红”。这种果色的形成，主要因为每年 7 月后，来安地区会出现高于 33 ℃的连续高温，这利于花红持续着色，因此塑造了来安花红特有的颜色。以花果之色喻人的“精气神”在古诗中描述的甚多，崔护的《题都城南庄》道：“去年今日此门中，人面桃花相映红”。来安花红选育源于野生海棠，一般来说，海棠果实呈卵形，直径 2～2.5 厘米，果皮红色，无灰白斑点；花红果实呈扁圆形，直径 4～5 厘米，果皮为黄或红色。相比之下，可以说海棠之色美在于花，花红之色美在于果，红色喜庆，黄绿陪衬，色泽鲜亮，因此花红常常被称为喜果。宋代梅尧臣《依韵和李宰秋思》诗曰：“一叶与风舞，已知天地情。将令百果实，竞振群虫声。陶令欲收秫，豳人思誓觥。更吟君丽句，谁为写锺评。”“百果实”实指苹果产量高，花红盛果期最高单株产量也能达到 1 000 斤，花红丰收也是来安喜庆秋收的重要主题。朝鲜民歌《苹果丰收》，就描述了苹果丰收时喜摘苹果的劳动场面，“一个个苹果惹人爱，……，人人欢庆丰收年，……，苹果丰收，稻谷丰收”。

花红之美也在于其名。花红好个吉利名，最受做生意的商界欢迎。花红与红利相通。花红就是年终的时候公司拿出一部分钱来分给股东作为奖励，分红一般有现金红利和股票红利两种，花红特指现金分红。花红有时也作赏金之说，如《水浒传》中宋江率领起义军进入淮阳时，宋徽宗下诏给海州知州张叔夜，令其设法招降宋江等人。张叔夜张贴出了榜文：“有赤身为国，不避凶锋，拿获宋江者，赏钱万万贯，双执花红；拿获李进羲者，赏钱百万贯，双花红：拿获关胜、呼延绰、柴进、武松、张清等，赏钱十万贯，花红；拿获董平、李进者，赏钱五万贯，有差。”

赞来安花红：

皖东旧味有林檎，色泽青黄着红晕。

不论商贾几多利，唯有花红最养人。

（八）太和樱桃

太和樱桃主产于安徽省太和县。太和樱桃在唐宋时已有栽培，欧阳修在《再至汝阴》（汝阴：秦置县名，现安徽阜阳，欧阳修曾为颍州太守）中有：“黄栗留鸣桑葚美，紫樱桃熟麦风凉”的诗句。明《颍州志》记载，樱桃以“沿沙河两岸二里许最佳，……往时有桃脯贡，……称上品”。太和县位于安徽省的西北部，地处淮北大平原，境内颍河流经。该区域气候温和，昼夜温差较大，雨量适中，适宜樱桃栽培。太和县土壤多为沙壤土，土层比较深厚，土质肥沃，为樱桃生长提供了良好的土壤条件。

樱桃在植物学上属蔷薇科，李属，有一百多个种。但世界上栽培的食用樱桃主要只有两大类，中国樱桃和欧洲甜樱桃。中国樱桃著名品种有江苏南京的垂丝樱桃、浙江诸暨的短柄樱桃、山东泰安的泰山樱桃、安徽太和的太和樱桃，尤以安徽的太和樱桃最著名。太和樱桃具有早熟、高产、优质、色艳等特点。它先百果而熟，立夏前后即成熟上市；树龄长，产量高，成树每株可产400千克以上；果实酸甜可口，既能生食，又可酿造，营养丰富，且有调中、益脾等医疗保健功能；花如彩霞，果若珊瑚，似白居易所言“如珠未穿孔，似火不烧人”。樱桃是一年中最早成熟的水果之一，被称为“初春第一果”“百果第一枝”。古代，樱桃非常稀少，又不易储藏，所以更加珍贵。

太和樱桃集中产区主要分布在太和城西郊颍河旁的椿樱村、李郑、西徐庄、王郑等地，当地有诗赞“老城西郭颍河东，椿蕊飘香樱果红”。太和樱桃主要品种有大鹰紫甘桃、二鹰红仙桃、金红樱桃（笨樱桃）、银红桃、黄金桃等。太和樱桃花期早，一般四月底成熟，果呈心形，色泽紫红。肉厚色黄白，汁液较多，味道甜酸，果内无仁。太和樱桃除可生食外，还可制成樱桃罐头、樱桃果冻、樱桃酒、樱桃干等产品。樱桃味甘、平、涩，其根、叶、核、鲜果均可入药。

樱桃之名因黄莺好啄食而得。据《说文解字》考“樱桃，莺鸟所含食，故又名含桃”，后来名为“莺桃”，最后演变为樱桃。又有一说，《本草纲目》记樱桃红若宝石、美如桃形，又似古代玉制珠串璎珞，璎和樱同音，遂为樱桃之名。樱桃又名朱樱（《蜀都赋》）、荆桃（《尔雅》）、含桃（《礼记》）、朱果（《品汇精要》）、樱珠、家樱桃（《中国树木分类学》）。西周始，中国就有樱桃种植的历史。《礼记·月令》记“仲夏之月，……天子……羞以含桃，先荐寝庙”；《尔雅》记樱桃为“楔”；汉司马相如的《上林赋》中有樱桃栽培的记述，珍稀的樱桃被“罗乎后宫，列乎北园”；盛唐时赏樱已成为百姓早春生活的内容；元张茂卿有“樱花胜于声色”的传奇故事，更是收于明人编撰的《花史》中，被世人广为流传。樱桃也是历代文人诗客喜爱之果。白居易有诗：“含桃最说出东吴，香色鲜秾气味殊。洽恰举头千万颗，婆娑拂面两三株。鸟偷飞处衔将火，人摘争时蹋破珠。可惜风吹兼雨打，明朝后日即应无。”苏辙有诗写道“盘中婉转明珠滑，舌上逡巡绛雪消”，道出了樱桃的形与味。贾思勰《齐民要术》述樱桃栽植之要：“二月初，山中取栽；阳中者，还种阳地；阴中者，还种阴地。”唐朝时，樱桃树在中国各地皆可见，聊城人孙逖描写长安城“上林天禁里，芳树有红樱”。唐太宗李世民也赞誉洛阳城中樱桃：“朱颜含远日，翠色影长津。”丹阳人丁仙芝诗曰杭州里：“满庭新种樱桃树。”杜甫在巴蜀期间诗述：“西蜀樱桃也自红，野人相赠满筠笼。”

樱桃果皮深红色者曰“朱樱”，果皮黄色者曰“蜡樱”，果小而红者曰“樱珠”，色紫而有黄斑者曰“紫樱”，其中蜡樱味最佳，白居易用“甘为舌上露，暖作腹中春”赞樱桃之味。樱桃为佳果亦为中药材，可益气、祛风湿，治疗瘫痪、四肢不仁、风湿腰腿疼痛、冻疮，古籍医典中多有记载。《备急千金要方》记：“樱桃味甘平，涩，调中益气，可多食，令人好颜色，美志性。”《本草纲目》记：“蛇咬，捣汁饮。并敷之。”南川《常用中草药手册》记：“清血热，补血补肾，预防喉症。”现代研究表明樱桃含有丰富的维生素A、胡萝卜素等营养物质，可以预防视力下降、保护视力、缓解眼睛疲劳，可以缓解皮肤的衰老，有效清除人体内的自由基，预防色斑及色素沉着。樱桃含有丰富的铁元素，含铁量居水果之首，比苹果和梨高20～30倍，能够改善缺铁性贫血的症状，增加红细胞中携带氧气的含量。

“樱桃好吃树难栽”，幸福不会从天降，而是靠辛勤劳动换来的。除去难栽，樱桃果实因皮薄娇嫩，不适宜存储和运输；此外樱桃成熟期，最怕鸟来啄，在樱桃果熟时还要防止鸟偷啄。白居易在《吴樱桃》记：“鸟偷飞处衔将火，人争摘时蹋破珠。”还有“迎风闇摇动，引鸟潜来去。鸟啄子难成，风来枝莫住。莺啄红茸飞，鸟衔红映醉。”晚唐韩偓描述：“蜂偷野蜜初尝处，莺啄含桃欲咽时。”元代倪瓒诗：“杨柳莺啼邃，樱桃鸟啄稀。”明王士骐也有诗云：“小鸟枝头啄欲残，美人珍惜捲帘看。霞烘的的珊瑚碎，露洗垂垂琥珀寒。”人们对于鸟偷樱桃，没办法“爱樱及莺”，因此防啄办法很多，使人轰赶，在树的前后左右挂黑线，树冠上架设网罩或喷杀虫剂，都是极为有效的。

古人夸女孩子脸蛋长相标致，往往用“瓜子脸、柳叶眉、杏核眼、樱桃小口”之准比照。以樱桃形容女子口唇自白居易始。白居易为姬人樊素诗曰：“樱桃樊素口，杨柳小蛮腰”。《杨柳枝二十韵》言：“口动樱桃破，鬟低翡翠垂。”樱桃小口之美，想必来源于樱桃的身形，樱桃不仅小巧红润、美味可口，其玲珑剔透、娇嫩欲滴，更像美人娇艳之双唇。

赞太和樱桃：

颍河飘香樱果红，鸿儒布衣皆为宠。

哪管桃熟麦风凉，争摘明珠满筠笼。

（九）黄里笆斗杏

淮北市相山区笆斗杏，主要分布在淮北市相山区相山山脉西麓黄里村。黄里古属徐州萧县（中华人民共和国成立前萧县一直属江苏徐州，中华人民共和国成立后划归安徽），中华人民共和国成立后，相山划归濉溪县，淮北建市后，划归淮北市相山区。淮北相山“黄里笆斗杏”是农产品地理标志产品，入选全国农业文化遗产普查名录。

淮北相山黄里笆斗杏种植历史悠久。明清时，当地居民就开始种植笆斗杏，笆斗杏是淮北土特名产之一，在清代曾作为宫廷贡品，民间一直流传“黄里石榴笆斗杏，清汤菠菜都上贡”的说法。《濉溪县志》记载：“民国初年，技师丁仰斋采取嫁接法，改良品种，其中最好的一种杏形似笆斗，故称‘笆斗杏’。”《相山区志》“特色农业”篇中也有与此相似的记载。“笆斗”与“芭斗”“巴斗”形近音近，当地人常将这三种名称混用。

相山黄里村土质主要为山红土和山黄土，pH 为 7.2～7.5，是最接近中性的土壤。杏树主产区三面环山、一面环水的独特环境，促使笆斗杏形成了独特的品质。笆斗杏的种植有一套严格的技术规范，选择充分成熟的砧木种核，经采收、洗净、晾干，放入干燥的坑内进行沙藏。春播时，将处理过的种子，在三月下旬取出播种。苗木出土后，经过嫁接，从秋季落叶以后到春季萌芽之前都可起苗。苗木落叶后即可根据需要出圃，随时起苗，随时定植。笆斗杏适应性强，中性或微碱性土壤（pH为6.5～8.0）最适宜其生长。生长期间，根据其生长状况进行严格的土肥水管理，杏园灌水时期和灌水量视不同气候条件、土壤水分状况和物候期而定。树木长大后，要按技术规范进行整形修剪，合理培植授粉树并在花期放蜂或进行人工授粉。黄里笆斗杏个头大、产量高，大树每棵收杏250千克以上，一般单株树收杏100千克左右。杏皮光滑、呈红黄色，杏肉质厚、酸甜可口，杏果香宜人、食而不厌，杏仁甜，可直接食用。

黄里笆斗杏种植区位于相山北麓、凤凰山南侧，西临新濉河，依山傍水，地面辽阔。黄里山势独特，凤凰山与市区北部的相山、老鹰山、老虎山等山体相连，有缓坡、陡壁、三处山隅，面积约630余公顷（1公顷＝15亩），其中山坡地304.3公顷，果园林地227.1公顷，老林地3.6公顷，村庄96.1公顷，至今基本保持良好的原生态自然环境。种植区是生物多样性的宝库，有成片的杏园、石榴园、柿子园、葡萄园、苹果园，林木葱翠，自然幽静，春可赏花，夏秋可尝果，是天然的氧吧，也是市民接近自然、体验天人合一的绝佳场所。除笆斗杏外，这里所出产的葡萄、桃、梨、西瓜、蔬菜俱为淮北市场畅销品，其中软籽石榴等果品美名远扬。这里还是我国软籽石榴的原产地，明代嘉靖年间吴梦骞《隋年》记载："黄里石榴颜色鲜美，气味芬芳，粒大籽软，汁甘而浓……"

淮北相山黄里笆斗杏种植区也是当地最负盛名的黄里风景区，风景区兼具自然景观和人文景观。走进黄里山区，漫山遍野古树仓木，留存有天文台、天藏寺、祭雨台、仙人井、古日晷、石刻岩画等诸多古迹遗址。东边石佛峪里有千年银杏，村内有千年古槐，并素有"三十二座庙、七十二眼井"之说。这里依山傍水，风景极妙，并有"三绝"之称——山水清绝、史迹古绝、春杏美绝，"黄里春杏"榜列过去"淮北十景"第二位。淮北文人诗赞："黄隈寒梅馥夕曛，里中消息靓宜人。暖风撩雨近清明，杏花惹蝶上碧岑。磐石雅拥松竹老，春濉偷染杨柳新。一曲樵唱花雨落，掬得芬芳堪洗心。"风景区之西有我国村名最长的村落——鞭打芦花车牛返村。此地人杰地灵，诞生了孔门七十二贤人中的闵子骞、子张，此外还有东汉哲学家桓谭、明朝开国名将傅友德、现代雕塑大师刘开渠等杰出英才。此地有皖北地区罕见的面积最大、株数最多的古柏树群。黄里风景区柏树群，林地长300米，宽120米，面积约3.6公顷，全为侧柏。这里保留了众多数百年的侧柏古树，树龄最大的有270余年，林相完整，生长茂盛，连碧成云，墨荫盈地，形成安徽省淮北平原唯一一片长绿古树林自然景观。

近年来，淮北把相山黄里笆斗杏作为调整农业产业结构、促进农民增收致富的重点产业，黄里笆斗杏现占地面积 6 000 亩，集中栽培面积 2 700 亩。2015 年举办了首届“相山黄里杏花节”，之后每年续办。杏花节期间，每天有上万游人观杏花、寻春意，央视新闻频道专门以“一段好春藏不住，娇艳杏花俏枝头”为题对黄里杏花节作了特别报道。淮北相山黄里已形成以笆斗杏、软籽石榴为主的现代生态休闲农业示范园，实现产业融合。2015 年黄里笆斗杏注册了有机食品。随着高端农产品市场的快速扩大，农产品电子商务的兴起，农产品物流手段的成熟，黄里笆斗杏产业正迎来无限商机。淮北相山黄里笆斗杏不仅成为当地的摇钱树，杏花绽放时，更是当地一道靓丽的文化风景名片。

论及黄里笆斗杏之源，据丁仰斋侄丁在喜述，笆斗杏开源地当属陕西临潼，其祖当年在临潼尝此杏，觉其味道颇佳，将果条置于西瓜之内保湿，历经千辛万苦将此树移栽至自己园中。民国初年，丁仰斋又将本地杏树品种与之嫁接，形成了今天口味独特的笆斗杏。这不禁使人联想到种业资源之不易。在中国农业史上，甘薯种植传播到中国也实属不易。据载，明代万历年间，福建华侨陈振龙在菲律宾见红薯产量高、适应性强，“朱薯被野，生熟可茹”，便想将薯种引进国内，以济民食。当时西班牙殖民者以保护物种为名，严禁将薯种带到其他国家种植。陈振龙、陈经纶父子便将薯藤缠在绑货物的绳子里（又有说法是海船的绳子），成功通过海关，并带到了中国，在福建广泛种植。因其产量远高于谷物，古书云“一亩数十石，胜种谷二十倍”，至乾隆之时，便“敕直省广劝栽植”，现在红薯几乎遍布全国各地。陈经纶与安徽极为有缘，明代万历年间，陈经纶试验饲鸭治蝗，并获得了显著成效，著《治蝗笔记》。清代乾隆时，陈经伦五世孙陈世元所撰《治蝗传习录》一书中明述养鸭治蝗之法，当时并未推广，在生产上真正得到应用，则是在清乾隆三十八年。彼时陈经纶另一位五世孙陈九振在安徽芜湖做官，陈九振到任后，逢上蝗灾，他便应用这种家传祖法捕蝗，随即见效，终于一举扑灭了蝗害。陈经纶发明养鸭治蝗，陈九振推广于芜湖，兴利除害，造福乡里。

杏树原产中国，杏梅相似，梅字古文为“呆”字，杏甘梅酸，故反呆为杏。最早的一部指导农业生产的历书《夏小正》（前 8 世纪—前 5 世纪）已记：“正月，梅杏杝桃则华。……四月，囿有见杏。”《管子·地员篇》（前 685 年）说“五沃之土，其木宜杏”；《山海经》（前 400—前 250 年）中说“灵山之下，其木多杏”（灵山指今陕西秦岭一带）。西汉《氾胜之书》“耕田”记：“杏始华荣，辄耕轻土、弱土。望杏花落，复耕。”贾思勰在《齐民要术》中则更详细地描述了杏的栽培技术。用嫁接方法繁殖杏树始见于《群芳谱》：“桃树接杏，结果红而且大，又耐久不枯。”杏在古代与桃、李、栗、枣共称“五果”，足见其在当时果树生产中的地位。

杏的“果语”是纯洁；杏的谐音是“幸”，含有幸运之义。同时，中国称医学界又为杏林。晋代葛洪《神仙传》记载，三国时期东吴名医董奉，医术精湛，治病不收报酬，治愈者只需在其宅边、园内栽下5棵杏树，留有“杏林春暖”之佳话。杏具药效，南方甜杏仁，性平，偏于滋润及养护肺气，作用温和，其润肠通便之功效较北方苦杏仁更为显著，能宽胃，祛痰止咳，适用于肺虚久咳或津伤、便秘等症。

安徽与杏颇有缘，池州有杏花村。《中华人民共和国地名大词典》第五卷记载：“杏花村，在贵池市西郊。因村中十里杏林中，春来杏花盈村，故名。隋唐间又以黄公井水酿酒醇香，而以杏花酒肆闻名。……明末左良玉兵围池州，伐尽杏树。……1985年始广植杏树，现已一片杏花胜景。”唐会昌四年（844年），杜牧任池州刺史时，写下“清明时节雨纷纷，路上行人欲断魂。借问酒家何处有？牧童遥指杏花村”一诗。合肥市中心有杏花公园，位于老城区西北隅、水西门内一带，为环城公园的田园风景点。当年李鸿章之侄孙李国栋为游憩，在此建亭台两处，并在四周广植杏树，春季杏花开，芳菲烂漫，景色宜人，此处故称杏花村，后改为杏花公园。

赞黄里笆斗杏：

芦花牛车寻路走，八月黄里买笆斗。

红黄质厚清香溢，最忆杏花俏枝头。

（十）黟县香榧

香榧，古称“柀”。黟县香榧，当地称“玉山果”，属红豆杉目红豆杉科榧树属植物，常绿乔木，主产于安徽省黟县宏村镇泗溪、洪星乡。由于生长环境良好，黟县尚存树龄愈千年的香榧树，洪星乡塘湾有宋代古榧，树龄逾千年，仍可年产1 000公斤鲜榧。黟县香榧树由于寿命长、产量高，得以广泛种植。县内香榧栽植集中区的山坡有“千峰佳木，万壑榧林”之美景。黟县香榧为高山干果，其品质优异，以香、酥、脆“三绝”享誉全国。黟县种植香榧之源，民间传说，明代嘉靖年间，在黟县泗溪甲溪河谷有万春庵，庵尼惜榧果跌落满地，不忍果子霉烂，即捡回寺中，用木桶、空缸腌制后，炒熟食用，发现榧果居然香脆可口，这也是“和尚榧”之名所得由来。

黟县香榧肉色金黄，香脆可口，由于香榧结果后需要历时三年方可成熟食用，故其营养较为丰富。苏东坡曾赞香榧：“彼美玉山果，粲为金实盘。”黟县香榧含油42%，蛋白质10%，碳水化合物28%，并有钙、磷、铁等有益于人体的物质。詹三良记：黟县香榧品种资源丰富，冠于全国，主要种植品种有小圆榧、圆榧、米榧、小米榧、长榧、木榧、羊角榧、转筋榧等。黟县现有不少香榧优良单株，其中“和尚榧”“花生榧”“叶里笑”“羊角榧”品质最佳，被人们称为黟县香榧“四大名旦”，不同品种榧果的果形、果味，甚至果壳皆不相同，各有形味。如“和尚榧”属于小圆榧类，个头小而圆，壳薄，果衣容易脱落，果仁不但香酥可口，而且切片不碎，品质极优；“花生榧”是近年发现的良种，其果实无须盐腌炒制，从树上采下即可食，而且亦能自行脱衣。黟县民间也常以香榧制作各类糕点和菜肴，“菜榧”为黔县特有的香榧品种，菜榧糯性强，可生食，做菜用时，需去壳用开水稍浸泡，膨胀软化后脱衣切片，即可炒食。

王永童在《漫话黟县香榧》中记载，香榧经济寿命特长，一代栽培，数代受益。泗溪车坑村火炮岭，相传有香榧树存活了 1 200 余年，树高 19 米，树围 4.95 米，冠幅 15.8 米×23.8 米，树主人将这棵树当年所产香榧出卖后，竟用所得款造了一幢新房，至今这棵树仍果实累累，高产年份可产鲜果达 1 000～1 500 千克。

黟县香榧用途广泛。香榧乃润肺之佳果，有止咳、顺气、消痔、驱虫等功效。《本草纲目》记：“助筋骨，行营卫，明目轻身；沉五痔，去三虫。”20 世纪 90 年代以来，科研人员借助医药科技，从香榧近缘粗榧树中成功提出树脂碱，其为治血癌的中成药之重要原料。除了榧果质好价高，香榧树材也是上等木料，香榧木纹理通直、致密、软硬适中，富有弹性，具有香气，初时黄白，经久红润，是建筑、造船、造家具及雕刻工艺的良材。香榧种皮冷榨提取，还可制得香气持久的香精。

历史上黟县香榧以野生为主，改革开放以来，黟县香榧人工育植发展较快，种植规模也有扩大。安徽省为推动香榧造林，发展香榧产业，将黟县香榧列入《安徽省木本油料产业发展规划（2016—2025 年）》。近年来，黟县大力发展香榧产业，帮助农民增收致富，每年安排 200 万元专项资金扶持香榧产业，明确香榧基地造林补助 800 元/亩，鼓励农户在房前屋后用大苗进行零星造林，并给予苗木款 50%的补助。一系列激励政策极大地激发了适产区林农以及社会资本发展香榧产业的积极性。目前，全县香榧总面积 1.2 万亩，其中历史传承下来 4 000 多亩，新发展 7 000 多亩。且黟县香榧产量逐年提高，销售额也不断刷新。

古黟县以“黑多”而知名，黑色农产品日益成为黟县农产品开发利用的重要资源禀赋，如近年来推进的黑茶、黑果、黑谷、黑鸡、黑猪等“五黑”产业，在产业品种、种养模式、经营体制、生产加工、品牌营销等方面进行全链条式升级。黟县着力打造“五黑”品牌，有效提升了农业产业的附加值和知名度，修订的《黟县“五黑”农业特色产业扶持政策（2020年修订版）》，提出来专项扶持“五黑”产业生产基地、产业精深加工、品牌创建、营销推广、技术支撑与科技创新、金融保险等有效措施；编制完成《黟县“五黑”产业发展规划》，科学划定适宜发展区域，细化明确区域布局、产业和产品结构，形成“五黑”发展“532”空间布局和实施技术路线图。目前，全县“五黑”产业规模经营主体带动农户从事生产、加工、销售人数占全县农业人口数量的65%以上，以五溪山、弋江源为代表的茶叶生产主体，荣获“全国十大生态产茶县”“全国重点产茶县”等称号；建成朱村等四大高标准蔬菜基地，其中2个基地成功跻身国家级蔬菜标准园，本地蔬菜供应率达65%；实现了销售区域品牌化，“黟县香榧”“黟县石墨茶”“黄山黑鸡”入列为国家地理标志农产品，一大批特色农产品获省级名牌称号。

王永童在《漫话黟县香榧》一文中述：黔县香榧树奇特，叶似杉，木如柏，理如松，香榧果橄榄般的果实挂满枝头。香榧树龄长，树龄四、五百年照样枝叶纷披，硕果累累。榧树生长缓慢，常需20年以上始能挂果。王永童记：黔县香榧一般在4月中下旬开花，花期延至5月，第二年9月前后果实方能成熟。自开花受精后，到果实成熟，历时长达480～500天。由于花果交错生长，集三年中所生的花果于一树，即能看到当年采收的果实、在来年采收的幼果、为后年结果的花芽原基或小果芽，同长在一株树上，十分有趣，因此当地老百姓又称香榧树是“三代同堂”“三代相见”的“公孙树”。香榧结出果实，在山野中吸收三年养料，接受三年之雨露精华，大概这算是香榧营养价值高的一个原因。每年寒露过后，满山的榧树枝头沉甸，串串似橄榄般的果实风吹落地，景色极为可观。

中国传统文化很重家庭观念，数世同堂既体现了生生不息的大家族，又反映家族人丁兴旺、祖辈高寿。古代徽州人同姓族人多聚族而居，往往数世同堂，或同一姓氏的支派、分房，集中居住于某一处或相近数处庭堂、宅院之中。徽州宗族社会的特点是聚族而居，宗族社会坚持以父家长为中心的严格的血缘关系，并与地缘结合，一般一族聚居一村，也有按房系分居几村，有的累世同居。清赵吉士在《新安名族志》中言：“新安各族聚族而居，绝无一杂姓搀入者，其风最为近古。出入齿让，姓各有宗祠统之；岁时伏腊，一姓村中千丁皆集，祭用朱文公家礼，彬彬合度。父老尝谓新安有数种风俗胜于他邑；千年之塚，不动一抔；千丁之族，未尝散处；千载之谱系，丝毫不紊。”张云彬等述：聚族而居的宗族作为团结统一的群体，其组织制度和物质构成便于族人相互协作，同舟共济。在传统宗族文化的影响下，宗族村落的各房各支以血缘关系为联系纽带，聚集成一个个自给自足、相对封闭，但又稳定有序、上下不紊的小聚居。徽州有诗曰：“相逢哪用通名姓，但问高居何处村。”古代徽州的村落与居住于此的宗族族姓几乎是绑在一起的，即使村内偶有外姓，也是或为亲戚，或为佃仆。

赞黟县香榧：

纷披杉叶榧林峙，欲尝佳果须有时。

千年树有三代果，祖孙相见本相识。

02

二、茶叶类

（一）六安瓜片

六安瓜片，中华传统名茶，因茶叶形似葵花或西瓜子，遂称瓜子片、瓜片、片茶，主要产于六安市裕安区、金安区、金寨县、舒城县和霍山县5个区县所属的26个乡镇现辖行政区域，产区海拔多在100～300米。六安瓜片品质数金寨县齐山、里冲、裕安区黄巢尖、红石等地所产为最佳。齐头山的自然环境得天独厚，生态条件极佳，这里林木参天，山泉潺潺，云雾弥漫，小环境昼夜温差大，3月中旬白天温度在20℃左右，晚上降至4～5℃，对茶树的生长十分有利。清代乾隆年间袁枚《随园食单》言，六安瓜片于清代中叶从六安茶中的“齐山云雾”演变而来。当地人流传“齐山云雾，东起蟒蛇洞，西至蝙蝠洞，南达金盆照月，北连水晶庵”的说法。在齐头山南侧高山悬崖上有蝙蝠洞，齐头山所产茶中，又以蝙蝠洞周围茶园为最好。

六安瓜片之特在于其形。相传当年麻埠茶农以产量为要，采茶一般用“蹲山捋茶”采法，单采肥硕嫩叶，不采芽，单以叶为料，逐渐形成了独特的“叶茶”之形。瓜片茶与其他茶形的区别：一是瓜片茶明显大于其他大多数绿茶，形似西瓜籽，叶大而扁平，边缘略微卷曲；二是茶叶无茎无芽，是国内唯一不用茶茎、茶秆、叶芽的绿茶；三是叶片鲜艳呈祖母绿色。

六安瓜片之特在于鲜叶采摘，这是茶成瓜片之形的重要基础。瓜片鲜叶的采选非常讲究，似绣花般精细，可谓艺术塑造，又恰顺天时序。瓜片的黄金采摘期在谷雨前后的十余天内，立夏之后，已无瓜片。六安瓜片采摘时专挑春茶的第二、三片嫩叶，遵循求“壮”不求“嫩”之标准。为提高茶叶中的有益成分，采摘时须待顶芽开展、嫩叶生长成熟时。麻埠当地茶农对鲜叶有着十分严格的分类和不同的待遇，每年4月初，茶树一芽一叶静悄悄地初展，上旬第二个叶片顺势出现，中旬第三个叶片不甘寂寞地也开始展叶，待到谷雨前后长出第四片叶。第二片鲜叶为叶中极品，称其为“瓜片”；第一片叶为“提片”；第三和第四片叶均为“梅片”，茶叶芽头称为银针。采回的鲜叶剔除梗芽，即“扳片”（即将芽、叶、茎拆散），再分别炒制，以使茶品叶质均一，烘焙均匀。

六安瓜片之特在于炒制火工。炒制过程分为扳片、炒生锅、炒熟锅、拉毛火、拉小火、拉老火六道工序。炒制时，须将嫩叶、老叶分开炒制，用小帚（当地称为茶把子）精心炒制，用炭火烘焙；炒制过程中，把握好烘焙“火候”极为重要，老一分则苦，嫩一分则涩。瓜片杀青即分为生锅和熟锅，生锅温度较高，主要作用是除去水分，熟锅温度较低，先炒生锅后炒熟锅。炒生锅片，鲜叶必须触及锅底，炒时用1分多钟，待叶片发软变暗后扫入并排的熟锅，炒熟锅是给叶片整理形状。熟锅杀青后立即进入“拉毛火”阶段，也就是用烘笼烘焙茶叶，烘顶温度约 100 ℃，需要 2～3 分钟翻一次，茶叶颜色由暗绿变为翠绿后可成。拉毛火后的茶当地称为“毛坯茶”，放置 1～2 天后，还需经过拉小火，即用特制的大烘笼（称为抬篮）在栗炭火上短时、多次烘焙。放置 1～2 天后，制作成品茶还需要进行一次复烘，称拉老火，至此才能完成炒制全程。炒制影响茶叶外形塑造，炒制得好不好，以茶冲泡出来是否如同翠绿的瓜子片为准。只有炒制的火工恰当，色、香、味、形俱佳的片状茶叶才能制成。六安瓜片的采摘技艺和加工工艺实为中国茶叶烘焙技术之一绝，杀青要经过“头锅”“二锅”两次完成，是不经“揉捻”的炒制。

六安历史悠久，始于夏朝皋陶后裔封地——英、六，西周至春秋，六安先后属英、六、舒蓼、舒鸠、舒庸等侯国。六安瓜片在唐代就非常有名，唐代陆羽《茶经》记有“庐州六安（茶）”。唐代李白诗云：“扬子江中水，齐山顶上茶。”《罗田县志》和《文献通考》记载，宋太祖乾德三年（965 年）官府曾在麻埠、开顺设立茶站，可见当时茶叶交易已颇具规模。金寨县开顺镇南接大别山，东靠史河，西临长江河，与河南固始隔河相望，具得天独厚的地理优势，为“鸡鸣三省、狗叫两县之处”。开顺自古商铺云集，茶叶贸易发达。宋代叶清臣《述著煮茶泉品》中也提及：“吴楚山谷间，气清地灵，草木颖挺，多孕茶薜。”六安瓜片在唐代被称为“庐州六安茶”，在宋代，全国设立的 13 个山场专营茶叶，六安茶产区就有 3 个。《茶经》中写有：“天下名山，必产灵草。江南地暖，故独宜茶。大江以北，则称六安。”明代李东阳、萧显、李士实联手诗赞六安瓜片：“七碗清风自六安，每随佳兴入诗坛。纤芽出土春雷动，活火当炉夜雪残。陆羽旧经遗上品，高阳醉客避清欢。何日一酌中霖水？重试君谟小凤团。”据《六安州志》记载：“茶之极品，明朝始入贡。”明人屠隆《考槃余事》中称，茶明代有六品，即虎丘、天池、阳羡、六安、龙井、天目，“六安茶”为六品之一。《红楼梦》《金瓶梅》等中国古典名著中也多次提到六安茶，据统计，《红楼梦》中 80 多处提到六安瓜片。明清两代时六安瓜片均为宫廷贡茶。作为贡茶，六安瓜片始于明嘉靖年间，至清咸丰年间（1851—1861 年）贡茶制度终结。明清之时，六安瓜片在茶叶市场地位极高，徐光启在《农政全书》中称：“六安州之片茶，为茶之极品。”明代陈霆其《雨山默谈》也称：“六安茶为天下第一。”道光《寿州志·物产》载：“唐宋史志，皆云寿州产茶，盖以其时盛唐（指六安）、霍山隶寿州、隶安丰军也。今土人云：寿州向亦产茶，名云雾者最佳。”中华人民共和国成立后，六安瓜片一直被作为特贡茶和国品礼茶馈赠佳客。原安徽农学院教授陈椽、王泽农著《中国名茶研究选集》《中国名茶及其生产特性》，书中对六安瓜片评价极高，称之为历史传统著名绿茶。1992 年，王泽农诗《满庭芳二阕》赞：“更喜齐山密林，巍崖下，婉转溪流，得天厚，六安瓜片，甘香润吻喉。”

六安瓜片也能药用，其主要功用有清心明目、提神消乏、活血化瘀、解毒利尿等。明代闻龙《茶笺》记载：“六安精品，入药最效。”瓜片茶含有磷、钾、硫、镁、锰、氟、铝、钙、钠、铁、铜、锌、硒等多种元素。茶叶中富含氨基酸、咖啡因、茶碱、茶多酚、有机酸、维生素、皂苷、甾醇等有机化合物，对预防动脉硬化、抑菌抗龋有着较好功效。

就其他地区而言，茶树为珍，但茶树在皖西大别山区是最普通的植物，石缝里、竹林中、山坡上过去都生长着野生茶树。在金寨麻埠当地，有茶铺能够“一铺养三代”之说。一棵茶树栽种 3 年后即可采茶，倘若茶树养护得当，可采摘七八十年，用以出售，换得油盐酱醋，好年头茶农还能多挣点，购些布料灯油。虽有“春雷昨夜报纤芽，雀舌银针尽内衙。柳外龙旗喧鼓吹，香风一路贡新茶”之欢快忙碌之时，但是制茶是相当辛苦的。每岁谷雨到夏至期间，茶农每天只能睡三、四个小时，茶厂同样连夜收茶赶工，尤其女茶工居多，“下田会栽秧，上山能采茶”，也是皖西茶乡人评价女性能干的一条重要标准。宋代梅尧臣《茗赋》言：“当此时也，女废蚕织，男废农耕，夜不得息，昼不得停。”也有诗叹道：“催贡文移下官府，那管山寒芽未吐。焙成粒粒似莲心，谁知侬比莲心苦。”在安徽，茶为皖西、皖南之宝，是当地民生之所依。在山区物质匮乏时代，茶、木（竹）、炭几乎成了那个时代农村的“支柱产业”。皖西茶乡一般不采秋茶，俗语有“春茶苦、夏茶涩，秋茶好喝摘不得”和“卖儿卖女，不摘三水，采了秋露白，来年没茶摘”的说法。近年来，在金寨老区致富产业的发展中，安徽农业大学茶叶专家积极开展夏秋茶的利用研究，在传统金寨红茶的基础上，推广机采、机剪和茶园病虫绿色防控技术，开发了“响洪甸 1 号”“金寨红”“桂花红茶”“金寨蓝茶”等系列红茶新品，为茶农增收和茶叶产业拓展作出了贡献。

千百年来，皖西地区留存下了许多有关茶的习俗。关传友在《皖西地区的茶俗》中写道，皖西山区新开辟的茶山一般要三年才能开园采摘，叫作“破庄”；老茶山每年开始采摘时，称为“开山”。旧时“开山”时节，主人家还要奖励请来的摘茶“尖子手”，一般要奖大钱一串。皖西茶乡采茶时节，遍山茶歌，“茶山的歌挤破喉，茶叶满篓歌满篓，茶山为啥多茶歌，采茶的姑娘十八九，个个姑娘是歌手”“大别山上云雾罩，茶棵青青是我们的宝”。按照茶叶的价格（当地称“金贵”）来配置装盛物。皖西茶乡销售瓜片茶多用白铁圆桶盛装，每桶装 5 千克或 25 千克，封口焊牢，贴上标签即入茶市。其他茶叶多用篓编箱状的“花箱”装盛。二交（第二轮）春茶的包装就没有瓜片茶那么讲究了，一般用“虎皮”装盛，即两箱一连，再包以大篾包包住，每两大包配为一担重量。三交（第三轮）茶及子茶单独不连，以大篓筐装盛，内衬箬叶。看来茶品好坏和市价高低，予以的“包装”待遇也有很大的区别，又能看出茶农和茶商对质佳价高的瓜片茶尤有宠爱。

瓜片茶的商贸自古就极为兴隆，麻埠街、流波、独山街、毛坦厂、霍山城、诸佛庵等都有老茶行或茶庄。每逢茶季，茶商（当地人称茶客）云集，现“近城百里尽茶山，估客腰缠到此间”之景象。关传友述：茶客来源主要分为山东和下江两路。山东一路包括济南、东昌府及河南的周家口；下江一路则包括江浙与湖广。各茶行也会纷纷从南京、六安、安庆等地请来唱京剧、庐剧、徽剧的戏班，连唱数天数夜。选茶和定价一直是茶叶收购交易之关键，或许是受中医“四诊”之启迪，或因官感之自然之法，皖西茶的买卖主要通过“望、闻、问、呷”来进行鉴定、谈价。“望”，干看茶形，湿看汤色。“闻”嗅茶香，有冷闻、温闻和热闻。“问”寻采摘时间。“呷”最关键，深吸新泡茶雾气，再略吮呷品。“四诊”之后，瓜片茶买卖之价、量即可敲定。

茶客运茶方式主要用船、筏沿淠河而下淮河，经寿州正阳关、蚌埠中转，运至全国各地。正阳关是以古代的税关命名的关隘，古称颍尾，阳石，地处淮河、颍河、淠河三水交汇处，有“七十二水通正阳之说”。该地“舟车四达，物盛人众”“帆船竞至，商贾沓来”。明代成化元年正阳关设收钞大关，直属户部，收取茶商、木商、船民赋税，“正阳关”因此得名。在寿州正阳关，至今还流传堪称诚实守信之范的“广嗣宫巷白银相让”的故事。相传镇上广嗣宫巷有一家理发店，有茶客理发，将身上带的搭膊丢在店里。数年后，那位茶客重至正阳卖茶叶，再到这家理发店剃头，仍然看到挂在墙角灰尘积厚的他的搭膊，二百两银子一两不少。茶客极为感动，要将银子全部赠送给理发店老板，老板推辞，二人相让，成为佳话。

赞六安瓜片：

齐山天厚毓瓜片，尖手捋茶谷雨前。

莫道皖茶皆名茗，七碗清风自六安。

（二）黄山毛峰

黄山毛峰属绿茶烘青类茶，嫩芽肥壮，外形微卷，状似雀舌，绿中泛黄，微有银毫。因茶叶白毫披身，芽尖峰芒，且鲜叶采自黄山诸峰，遂名为黄山毛峰。黄山地处北纬30°左右，属于亚热带气候，阳光充足，雨量较多且集中，土壤类型主要为黄红壤、黄棕壤、黄壤等，土壤的pH为5～6，土壤中腐殖质丰富，有效磷含量也比较高。黄山的高山云雾和土质所提供的优异生态环境，造就了黄山毛峰独特的色、香、味、形。

黄山毛峰茶产于汤口、杨村、富溪、充川、岗村、芳村、长潭等地，歙县、太平等地也有大量栽植。黄山风景区的桃花峰、云谷寺、慈光阁等地茶的品质最好。《中国名茶志》载，“自 1952—1979 年徽州地方毛峰和烘青收购量统计表”注明：“黄山毛峰产区由歙县统领，特级黄山毛峰为歙县收购。黄山毛峰绝大部分产于歙县黄山源，太平、石台有少量收购。烘青除太平少量外，均产于歙县。”1937 年《歙县志》记：“毛峰，芽茶也，南则陔源，东则跳岭，北则黄山，皆地产，以黄山为最著，色香味非他山所及。”

毛峰源于黄山云雾茶，云雾茶最早产自松谷庵、莲花庵等悬崖险地，采摘非常不易，且产量极低，十分珍贵，当地称云雾茶“价与黄金”。清代江澄云《素壶便录》记述，黄山有云雾茶，产高山绝顶，烟云荡漾，雾露滋培，其柯有历百年者，气息恬雅，芳香扑鼻，绝无俗味，当为茶品中第一。《黄山志》载：“莲花庵旁就石隙养茶，多清香冷韵，袭人断腭，谓之黄山云雾。”陈宗懋《中国茶经》载“毛峰茶源自云雾茶”，丁以寿在《历史和发展》中说：黄山毛峰茶“源于明清云雾茶”且“创制定名于晚清”。黄山毛峰选摘“黄山种”“黄山大叶种”等茶树种的初展肥壮嫩芽，经手工炒制而成。茶叶带有金黄色鱼叶，俗称黄金片，入杯冲泡雾气结顶，汤色清碧微黄，叶底黄绿有活力，滋味醇甘，香气如兰，韵味深长。当代有诗赞曰：“黄山毛峰有显名，一芽一叶雀舌形。白毫显露嫩芽壮，金黄芽片有分明。”黄山毛峰富含咖啡碱、茶多酚、氨基酸等成分，饮用有提神益思、缓解困乏、利尿生津的功效，及抗氧化、缓解口腔异味、促进消化的作用。

黄山茶最早可以追溯到一千多年前的盛唐时期。《徽州府志》记载：“黄山产茶始于宋之嘉祐，兴于明之隆庆。”明代徽州人程信《游黄山》述汲泉烹茶的感受：“黟山深处旧祥符，天下云林让一区。千涧涌青围佛寺，诸峰环翠拱天都。烹茶时汲香泉水，燃烛频吹炼药垆。为问老僧年几许，仙人相见可曾无?”明代的黄山茶不仅在制作工艺上有很大提高，品种也日益增多。据明孝宗弘治十五年（1502 年）《徽州府志・土产》记：“近岁茶名细者有雀舌、莲心、金芽，次者为下白、为走林、为罗公，又其次者为开园、为软枝、为大号，名号殊而一。”就黄山茶之形和味来推究，可由“雀舌”而知形、由“金芽”而知色，较之现在“形如雀舌之状、色如象牙而黄”的黄山毛峰，可知两者极为相似。至清代，黄山茶的名气也越来越大，成为茶之名品。清代袁枚《坐光明顶上老僧送茶至》诗曰：“方学渴猊思饮海，忽见老僧来送茗。和云带露一吸干，满腹金茎仙露冷。”郑毅在《黄山云雾茶溯源》中记述：黄山云雾茶的制作方法为采摘、摊青、杀青、揉捻、子烘、过筛、老烘、拣剔八道工序，突破了传统“松萝法”制作工艺，以“先炒后烘”代替了“边炒边烘”的技法，既“承袭”了“炒”的基础技术，又“变革”了“烘”的关键工艺。这种工艺还演变出“子烘”“老烘”以及“复烘”的焙茶技艺和众多精致的焙炒方法，不仅提高了制茶效率，也提升了茶叶品质。同时，黄山云雾茶还以自己独特的工艺促进了黄山毛峰茶的诞生。傅宏镇在《国际贸易导报》（1934年）中撰文介绍：“黄山松萝、天都云雾、汤口毛峰号称仙品。盖黄山高，出云雾，所产之茶，雨雾润渥，香味芬芳，故为珍品。”1941年，傅宏镇在祁门茶业改良场工作时，曾编撰《茶名汇考》书稿，文中记载：“黄山茶产于安徽徽州歙县黄山，该山峻岩峭壁，为中国新兴名胜之一，其地产茶，驰名遐迩，有毛峰、雀舌、珍眉、雪蕊、瑞草、云雾、紫笋，兴国岩茶，太平嘉瑞等数种，其口味之香艳、叶身之精细，居全国产茶之冠。”

徽州茶商恪守“无俭不富、无仁不旺、无智不明、无勤不固”之训。黄山毛峰的由来体现了徽商的创业精神、创新能力，可以说是“无智不明”的典型写照。据《徽州商会资料》记载，黄山毛峰起源于清光绪年间，歙县茶商谢正安办“谢裕泰”茶行，定位是创制量少质高的高档茶，针对的是当时茶叶消费市场中的“高消费群体”。谢正安于清明前后，待采茶人至充川、汤口等高山茶园选采肥嫩芽叶，同时，精细化炒制，以期上乘佳品。蒋文义在《黄山毛峰的起源及其沿革》中述：鲜叶要经过下锅炒（即用五桶锅杀青）、轻滚转（手轻揉）、焙生胚（毛火），盖上园簸复老烘（足火、显毫）这几道工序的精心炒焙，制成别具风格的新茶。待茶制成，见白毫披身，芽尖似峰，取名“毛峰”，后冠以地名为“黄山毛峰”。歙县茶厂余怡生《歙茶工艺》也载：“清朝光绪年间谢裕大茶号在黄山富溪（原称漕溪）创制黄山毛峰，至今已有100多年历史了。”这种茶叶上市后，深受人们喜爱，“谢裕大茶号”后入上海，英商品尝称好，即往欧洲出口，享有“名震欧洲四五载”之誉。后“谢裕大茶号”运往关东（东北营口），也深受消费者欢迎，黄山毛峰遂名扬天下。除了精于采摘和炒制创新外，黄山毛峰的创制还离不开谢正安在茶叶商贸上注入的现代营销方式。蒋文义在《对“谢裕大茶行”和“黄山毛峰”的初步考证》一文中写道：裕大茶行讲究茶叶精制，且经营有方。谢正安对茶的种、采、制、售都很精通。裕大茶行在上海以黄山毛峰同英商打通“屯绿”外销，与英商“怡和洋行”茶叶交易多。其又在东北营口设“奉庄裕大”，主销花茶，甚至远到海参崴同沙俄茶商做茶叶交易。就安徽省内而言，在皖北运漕新街（含山运漕镇）设有“谢永馨店”兼销茶叶。在拓皋北门（巢县拓皋镇）设“天成茶叶店”，专销茶叶，且种类繁多，除烘青茶之外，还有贡针、白毫、雀舌、银针、双尖等茶叶佳品。裕大茶行对外销茶叶包装也较为讲究，一律使用茶箱装盛，且特制贴上“谢裕大茶行”三角形的“信誉单”，单上注明品名、数量和质量。同时，裕大茶行在上海有三个商业律师，以维护该行茶叶经营利益。

黄山毛峰茶叶种类多，相应的价格也大有不同，以适应不同的消费群体所需。毛峰为上品，何能近人平易？从其极具精确的分类，可观徽州茶商“无仁不旺”的经营之道。黄山毛峰分特级一等、特级二等、特级三等和一级、二级、三级等六个等级。特级的黄山毛峰，以一芽一叶（当地称“麻雀嘴稍开”）、二叶初展的新梢的鲜叶制成，品质优良，白毫显，分量重，百姓有说“好茶掂斤重”。一级至三级的黄山毛峰鲜叶采摘标准为：一芽一叶、一芽二叶初展和一芽二、三叶初展，十分精细。茶叶的分级与消费群体极为相关，索牵强之意，可谓：“特级入大户豪宅，他级飞入寻常人家”。黄山市是安徽省最大的茶产区，茶园面积占全省 3 成左右，茶叶出口量则占全省的 7 成，曾有数年，黄山毛峰开园之日，为全省春茶生产之时，可见黄山毛峰在安徽茶界的影响之大。各级茶叶近年来的价格大约是：单价最高的约为 1 680 元/千克，最低的为 540 元/千克，其他价格均在 800～1 200 元/千克。

徽州常被称为“程朱阙里”，素有“东南邹鲁”之誉。徽州地区种茶范围十分广泛，可谓茶园无村不有，茶也渗透到每个徽州人的生活之中。赵自云在《徽州民间传统习俗中茶文化遗产的保护与传承策略》中写道：徽州人“朝可不食，不可不饮”，对茶饮非常讲究，茶饮分为“朝茶”“午茶”和“夜茶”。一般地，他们晨起洗漱后便会泡茶、饮用，配以五香豆、茶干、笋干等；午茶以浓为要，利于健胃消食；“夜茶”以淡为准，须饮于庭院，消一天劳作疲倦。徽州人逢年过节，茶更是不可或缺的年品，连除夕守岁时都要喝茶。年初一早上第一件事便是一家人坐下来喝茶，以枣和板栗熬成的“枣栗茶”为主，“枣栗”谐音“早利”，以期能够“早早得利”。徽州茶俗，以婚俗“四道茶”最为讲究。第一道茶是新娘要给公婆奉的茶，茶中加有红糖、菊花、桂花、橘皮，称孝顺茶；第二道茶是拜堂之后，媒人递给新娘一杯甜茶，茶里有糖、核桃仁和桂圆肉；第三道茶是盼喜茶，新郎新娘送入洞房之后，伴娘端出金漆的喜盘，上面有两盅茶，还有“四喜果品”，即枣、花生、桂圆、莲子，取其“早生贵子”的美好祝愿；第四道茶便是敬早茶，新人第一次以夫妇的身份给父母敬一杯早茶。

凝铸黄山云雾质，飘溢漕溪雨露香。旧时斤茶换升米，今朝国强则茶兴。过去即便在黄山毛峰名扬天下之时，当地茶民仍过着“斤茶兑斤盐”“斤茶换升米”的贫穷日子。清末东至人周馥《闵农·其四》诗曰：“三月招得采茶娘，四月招得焙茶工；千箱捆载百舸送，红到汉口绿吴中；年年贩茶苦茶贱，茶户艰难无人见；雪中芟草雨中摘，千圃不值一疋绢；钱小秤大价半赊，口唤卖茶泪先咽；官家榷茶岁草缗，贾胡垄断术无神；佣奴贩妇百苦辛，犹得食力饱其身，就中最苦种茶人”，道出了过去种茶和采茶人的生活艰辛。新中国成立后，黄山毛峰发展兴旺，1955 年中国茶叶公司对全国优质茶进行鉴定，黄山毛峰进入全国十大名茶之列。改革开放以来，特别是 20 世纪 90 年代，黄山市三区四县连年扩大了黄山毛峰生产。黄山毛峰1982年获商业部名茶称号，1983年获对外经济贸易合作部“荣誉证书”，1986年被外交部定为招待外宾用茶和礼品茶，1987年被商业部授予部级优质名茶，1994年，黄山毛峰原产地小源富溪乡的充头源恢复了特级黄山毛峰出产。安徽的茶叶发展也步入黄金时代，2017年全省茶园面积270.21万亩，茶叶产量13.43万吨，茶产业综合产值334.48亿元，出口5.97万吨，同比增长5.18%；出口金额2.35亿美元，出口量和出口额位居全国第二。到2020年，全省茶园面积突破300万亩，达到人均1亩茶园，干茶产量14万吨，一产产值150亿元，综合产值500亿元。

黄山历史悠久，殷商时期即居山越先民，春秋战国时期黄山属吴，吴亡属越，越亡属楚。秦时实行郡县制，为会稽郡属地。南朝时置新安郡，宋徽宗宣和年歙州改为徽州，“徽者，美善也”。清康熙六年建安徽省，取安庆、徽州二府首字作为省名。古徽州有“山深不偏远，地少士商多”之说，历来文风昌盛，“十家之村，不废诵读”“连科三殿撰，十里四翰林”，有“父子宰相”“四世一品”者并不鲜见。明清时代徽商称雄商界长达二三百年，有“无徽不成镇”之说。

徽州的山区盛产名茶，徽商经营徽州茶当属商营主打。茶叶贸易在唐代就非常兴盛，白居易《琵琶行》曰：“商人重利轻别离，前月浮梁买茶去。”“浮梁”即现在浮梁县，今属江西省，唐代则属于徽州祁门。唐宣宗年间，歙州茶叶销往关西和山东，每年销量“其济于人，百倍于蜀茶”。五代十国时，徽州祁门、歙县、婺源的茶叶远销陕西、河南商丘、北京、太原等地，堪称“数千里不绝于路”。明末清初，徽商发展逐渐进入鼎盛时期，徽州茶叶销售极为兴旺，在徽商经营的食盐、茶叶、木材、典当四大支柱行业中，先期茶叶处于第二位，后来茶业跃过盐业，成为第一位。章传政在《徽商经营茶叶述略》中写道：徽商盛极一时，富堪敌国。清时在扬州从事盐业的徽商，资本有白银四五千万两，时国库存银不过7 000万两。徽商大规模经营茶叶，始于明代，此时徽州茶叶遍及南北二京，以及东北、华北、华东、华南、西南、西北等地区。歙人许承尧记：“吾祖于正统时（约1440年），已出居庸关运茶行贾……”《歙事闲谭·卷一》载：“隆庆中（约1570年），歙人聚都下者，已以千、万计。”西南市场之茶叶经营也颇为红火，歙县汪道昆《太涵集》记：“在荆州，将以贾茶入蜀，……闻者争附之。”江、浙等地，徽籍人开的茶店无数，花色品种甚多，有松萝、大方、毛峰、烘青、炒青等数十种，后又有各种花茶，有“茶叶卖到老，名字记不清”之说。

徽商运茶线路主要有两条：北路以新安江、青弋江、水阳江三条水系出行，将茶叶运到杭州、扬州、淮安、天津、北京等地。清代倪伟人《新安竹枝词》有云：“春风一棹渐江水，直送侬郎下浙西”，王元瑞《黟山竹枝词》曰：

“少小离家动别愁，杭州约伴又苏州”。王振忠在《新安江的路程歌及其相关歌谣》引《屯溪市志》（安徽省方志丛书）中写道：因纤夫拉纤，在新安江有些地段曾发生过争抢生意的纠纷。清嘉庆五年徽州黟县商人余锦文、休宁商人潘湘浦和青阳商人曹心田、宁祥麟等，曾联合具禀，词称：“徽河水流江浙，舟楫络绎，通商大川，沿途从无阻挡，惟舟行宪治水南米滩，即尾滩地河，近有无籍之徒，势籍地利，纠众盘踞，用强邀截客船，不容邦帮牵上滩，霸纤把持，专取其利，任意勒诈，不令商民酌量给力，硬索钱文。稍不遂欲，持刀断纤，并掷石击舟，且百般凌虐。若不用彼纤，即阻舟，不许放行。往来行人，既虑长途日暮，难以羁程，受此荼毒，苦莫言状，至今嗟叹载道，视为畏途……”为此，商人们呼吁应严肃整治。后来得到了官府的干预，在徽州府歙县正堂出示禁碑，由黟县西递人唐恭镌刻，分别在新安江上游沿途的街口、尾滩、横石滩和屯溪镇四处立碑广为告示。

南路先从徽州各地走陆路将茶运至祁门，换船沿徽饶水道的北道阊江直下浮梁，徽州的茶叶要运到江西的浮梁县进行交易，须经徽饶水道。徽饶水道由北道昌江河（阊江）与南道乐安河（婺江）构成，是徽州与饶州之间进行商业往来的重要通道。《休宁县志》载：“天下之民，寄命于农，徽民寄命于商。而商之通于徽者取道有二：一从饶州鄱、浮，一从浙省杭、严，皆壤地相邻，溪流一线，小舟如叶，鱼贯尾衔，昼夜不息。”其中的“饶州鄱、浮”指的就是流经祁门、浮梁、鄱阳的昌江河。浮梁茶市直通九江，再由九江将徽州茶叶转运各地。

毛峰芽似黄山峰，黄山峰如毛峰尖。可谓：毛峰因黄山而名，黄山由毛峰添色。

赞黄山毛峰：

黄山雨雾渥仙品，金黄芽片有分明。

漕溪有智莲心成，天厚尚需固愍勤。

（三）祁门红茶

祁门红茶，以祁门当地槠叶种茶树的芽、叶、嫩茎为原料，经过萎凋、揉捻、发酵、干燥等工艺制成初制茶后，再经过12道精细工序制成。祁门茶树共有8个品种，其中祁门槠叶种是适合制作祁门红茶的当家树种，祁门槠叶种叶形为椭圆或长椭圆形，叶质柔软，发芽整齐，芽头较密。槠叶种鲜叶中茶多酚含量在23.8%左右，儿茶素总量约14%，氨基酸为5.42%。

祁门红茶是以外形条索紧细均直、色泽乌润为主要特征的工夫红茶，产于安徽省祁门、东至、贵池、石台、黟县。茶叶的自然品质以祁门县历口古溪、闪里、平里、贵溪、黄家岭、箬坑一带最优。祁门红茶单条细小如眉，苗秀显毫，色泽乌润泛灰光，俗称“宝光”；茶叶香气浓郁高长，似果香又似兰花香，滋味醇厚，味中有香，香中带甜，回味隽永；汤色红艳，叶底嫩软红亮。祁门红茶具特殊的芳香——“祁门香”。中国农业科学院茶叶研究所王华夫等《祁门红茶的香气特征》的研究表明：在相同的祁红加工过程中，槠叶种中的香叶醇含量在揉捻阶段剧增，与安茶 7 号相比，香叶醇含量高出 30 倍以上。海外称祁门红茶为“祁门香”“王子香”“群芳最”。1915 年，巴拿马—太平洋国际博览会上，祁门红茶曾获得了特等奖金牌，在国际市场名声大起。美国韦氏大辞典还专门收录了“祁门红茶”这一词组。

祁门地处黄山西麓，属北亚热带湿润季风气候，日照较少，雨量充沛，常有山雾，特别适合制作红茶的树种生长。祁门县城城东北有祁山，西南有阊门，此地因而得名“祁门”。祁门境内以山地丘陵为主，土壤多属红褐色砾质黏壤土类，茶园土质较为肥厚，土壤酸度适中。

祁红采制工艺精细，大致分为采摘、初制和精制三个主要过程。祁红采摘一芽、二叶、三叶的芽叶为原料，经过萎凋、揉捻、发酵，使芽叶由绿色变成紫铜红色，后以文火烘焙至干。红毛茶制成后，还须进行精制，精制工序复杂，需经毛筛、抖筛、分筛、紧门、撩筛、切断、风选、拣剔、补火、清风、拼和、装箱等工序。汪珍英在《祁门香形成的要素》一文中指出：红茶初制时的发酵是其品质特征形成的关键工序，也是祁门红茶香气形成的关键。在发酵过程中，多酚类化合物的氧化还原反应，使得芳香类物质的变化极其复杂，“发酵叶”中醇类、醛类、酮类、羧酸类和酚类等香气物质含量均比“萎凋叶”中有显著增加。

祁门红茶具有突出的保健功能。朱云在《祁门红茶的传承与发展》中写道：抗氧化是红茶最突出的一项功效，2 杯红茶（约 300 毫升）的抗氧化物成分，相当于 4 个苹果、7 杯橙汁、5 个洋葱或 12 杯白葡萄酒。祁门红茶中可提取有效成分，制成预防帕金森病的药物。此外，红茶中富含茶色素（茶黄素、茶红素等），具有很强的抗脂及抑制血小板黏附和凝聚作用，在预防心脏病、降血压等方面也有突出功效。

茶味讲究味香，高香茶是一种以红、绿茶胚（或毛茶）为原料，经高温炒制而成的再加工茶类，具有浓厚的焦糖香味。国际市场把“祁红”与印度大吉岭茶、斯里兰卡乌伐的锡兰红茶并列为世界公认的三大高香茶。祁红香气清幽，有蜜韵；印度大吉岭茶产于西孟加拉省北部的大吉岭高原一带，大吉岭红茶普遍发酵偏轻，所以香气清新、高扬，但茶味较清爽，偏果甜，闻之有葡萄香味；锡兰红茶主要产于锡兰的高地山岳地带，茶形碎，口感浓郁，味有苦涩，但回甘明显，闻之有薄荷清凉香。祁门高香茶制作，需要经泼水渥堆，使茶叶吸水均匀，在初制揉捻过程中，叶表面吸水湿润，变黏稠，便于炒制中产生水热作用，形成高香茶特有的色、香、味，通过高温炒制，使黏附在茶叶表面的糖类物质转化为焦糖香味。

祁门产茶历史悠久，唐代就已出名。唐代杨华所著的《膳夫经手录》中记有“歙州、婺州、祁门方茶制置精好，商贾所赏，数千里不绝于道路”，祁门在唐朝已是重要的茶叶产区。张途著《新修阊门溪记》载祁门：“千里之内，业于茶者七、八矣。由是给衣食、供赋役，悉恃此。”祁门茶外运主要通过阊门溪运至鄱阳湖，《祁门县新修阊门溪记》载：“县西南一十三里，溪名阊门，有山对耸而近，因以名焉。水自叠嶂积石而下，通于鄱阳，合于大江……舟航胜载，不计轻重。”可见在九世纪中叶，祁门茶商经营茶叶生意极为兴旺。五代十国时，祁门、歙县、婺源的茶叶，销往梁（今陕西南郑）、宋（今河南商丘）、幽（今北京大兴）、并（今山西太原）诸州，“数千里不绝于路”。

祁门红茶创制于光绪年间，至今近150年历史。据史料记载，在清代光绪以前，祁门不产红茶，而是盛产绿茶。祁门人胡元龙、黟县人余干臣，于光绪初年，结合自己的经历，仿宁红、闽红制法，试制祁红。制成的祁红品质甚好，祁门红茶很快占领国际茶叶市场，至今畅销不衰。胡元龙（1836—1924年），字仰儒，博览书史，兼进武略，年方弱冠，便以文武全才闻名乡里，被朝廷授予世袭把总（把总为清代绿营兵编制，统百兵，秩正七品）一职。胡元龙轻视功名，辞官回乡，以家训“书可读，官不可做”示子孙，并撰厅联一对“做一等人忠臣孝子，为两件事读书耕田”。胡元龙建培桂山房建日顺茶厂，垦山种茶，筹建制茶厂，并请宁州师傅舒基立按江西修水宁红制茶法试制红茶。于光绪八年（1883年），终于制成色、香、味、形俱佳的上等红茶。胡元龙在制茶时，还在家乡发现“太和坑”瓷土矿，开矿兴业，创办新式学校，办新学，带领群众开荒种地，造福百姓，后人尊其为“祁红鼻祖”。

黟县余干臣（1850—1920年），原在福建为官，时任福州府府税课司大使，1874年5月，台湾遭日本侵略，清廷派沈葆桢前往驱逐谈判，余干臣随行。恰报其母去世，余忍痛，念忠孝不能两全，去了台湾。他返回福建后，余干臣遭遇陷害，当时按清朝规定，父母亡而隐瞒不报的官员，必革职。光绪元年，余干臣从福建罢官回籍经商。回乡后，余干臣在至德县（东至县）尧渡老街设茶庄，仿福建“闽红”的方法试制红茶，次年到祁门历口、闪里设茶庄，也带动了石台、贵池茶区的茶农制茶增收，红茶远销海外。东至人周馥，时任清末两江、两广总督，其诗曰：“矮屋黄茅暖，空亭绿阴凉。颓垣见兵燹，客户遍农桑。井口笋衣落，樵肩兰草香。新茶初上市，最喜客评尝。”余干臣之遇可谓“祁红特绝群芳最，清誉高香不二门”。令人嘘唏的是，余干臣晚年对母亲过世深存歉疚，选择了在九华山出家遁世，据说，余干臣在九华山研制出另一名茶“九华佛茶”。余干臣之子余伯陶，于光绪二十二年（1896 年），在屯溪开设福和昌茶号，既钻研精制红茶技术，又改进传统绿茶制作技术，在“珍眉”中提取“抽芯”进行精制，首创“抽芯珍眉”绿茶，成为“屯绿”中的珍品。

祁门有采茶戏，极具茶乡特色。茶为戏源，戏因茶来，采茶戏是伴随清末“祁红”创制之后出现的。祁红制作工序多、作业量大，需大量采茶、制茶工，临近浮梁和安庆的茶工北上南下来到祁门，“女采男制，共兴茶事”，所以，祁门采茶戏既有江西采茶戏之调，又糅安庆黄梅戏之韵，后与祁门的目连戏、傩戏等结合发展，而成特有的地方戏曲。至今，祁门尚存古戏台 11 处，散落在新安、闪里等村落中，也是全国第六批重点文物保护单位。比较著名的戏台有馀庆堂古戏台、大本堂古戏台、聚福堂古戏台、叙伦堂古戏台、会源堂古戏台、新安古戏台等。祁门采茶戏的曲调十分丰富，有西皮、二凡、高二凡吹腔、反二凡、拨子、秦腔、唢呐皮、文词、南词、北词和花调等数十种。原生态的祁门采茶戏以清唱为主，唱戏者不穿戏衣，不戴头面，也不化妆，自弹自唱，随时随地皆可唱。民国时祁门采茶戏已经相当红火，据说有“连演七天七夜”之况。代表性的祁门采茶戏剧目有：《采茶》《海老三种茶》《祁门红茶》《天下的红茶数祁门》《茶场就是我的家》等。《天下的红茶数祁门》创于 1937 年，其脚本创作者竟然是“祁门茶叶改良场”的场长、著名茶叶专家胡浩川先生。尤其值得品味的是，这六幕戏均为祁门茶从生叶采摘到初制，再到精制的完整过程的采茶工艺流程，可谓寓教于乐也。除采茶戏外，祁门也有“采茶扑蝶舞”，采茶扑蝶舞原称扑蝶灯，是祁门县西乡彭龙村的一种传统民俗舞蹈，主要描述采茶姑娘在采茶时，丢下茶篮而去扑捉彩蝶的情景。采茶扑蝶舞入选安徽省第二批省级非物质文化遗产名录，也作为 100 个乡村文化活动项目，荣登 2018 年中国农民丰收节演出节目单。

1875 年祁红创制以来，祁红生产和加工不断发展，也不断创新。1915 年，北洋政府农商部在祁门南乡平里村筹建安徽模范种茶场，以改良祁红生产技术、种植方法。首任场长陆溁，推进中国红茶改良。后安徽模范种茶场更名为祁门茶业改良场。当代茶学的开拓者吴觉农先生 1932 年来到祁门，担任改良场场长，在茶树的栽培和管理上提出科学化、合理化的思路。胡浩川担任场长后，于 1936 年和 1937 年，从中国台湾地区和德国引进机器设备，成功制出红毛茶，再经过精制，使红茶品质得到极大的提升。1950 年，改良场分设为祁门精制茶厂、历口茶厂和祁门实验茶场。1956 年，祁门茶场和历口茶厂合并为“安徽省祁门茶厂”，其间完成多项重大的工艺改革，如“三改脚踩揉捻为木桶揉捻”，建烘炉，采用大型萎凋机、揉捻机和干燥机等。2008 年，红茶制作技艺（祁门红茶）被列入第二批国家级非物质文化遗产代表性项目名录。2017 年，贵池祁门红茶老厂房（贵池茶厂）入选第二批中国 20 世纪建筑遗产名录。

赞祁门红茶：

清誉毓成高香贵，苗秀乌润似细眉。

素面清口唱茶戏，只为祁红群芳最。

（四）太平猴魁

太平猴魁，属于绿茶类尖茶，鲜叶主要为柿大茶品种，产于安徽太平县（现为黄山区）一带，为尖茶之极品。太平猴魁之特在于其形，两叶抱一芽，其形状尖、扁、平，扁平挺直、自然平坦，“猴魁两头尖，不散不翘不卷边”。猴魁似“刀枪云集，龙飞凤舞”自然舒展，白毫隐伏，叶色苍绿匀润，色泽苍绿，条凝梳绿，叶主脉呈猪肝色，叶脉绿中隐红，当地俗称“红丝线”。猴魁香味独具一格，入杯冲泡，芽叶成朵，或悬或沉。品其味则幽香扑鼻，醇厚爽口，回味无穷。头泡香高，二泡味浓，三泡四泡幽香犹存。1982 年，安徽省农业科学院茶叶研究所对黄山七个名茶产区茶树的鲜叶（一芽、二叶）蒸青样进行了比较，茶样中所含影响绿茶品质有效化学成分最高的均为“太平猴魁”茶样。

太平猴魁核心产区位于安徽省黄山市北麓，茶树生长小环境极佳，低温多湿，土质肥沃，云雾笼罩。猴魁茶园主要分布在 350 米以上的中低山区，山地森林覆盖率在 90%以上，属于太平湖环绕山体，水雾充足，年降雨量 1 200～1 400 毫米，相对湿度 80%以上，十分利于茶叶中氨基酸物质的合成。茶园土质多黑沙壤土，土层深厚，富含有机质，土壤属山地乌沙壤土，成土母质为变质页岩，pH 在 5.5 左右。土层深厚肥沃，富含有机质，有利于茶树生长发育。太平猴魁茶核心产区——猴坑村凤凰尖，宜茶环境得天独厚，清代《乾隆太平县志》载，凤凰尖一带“地逼仄或壁立，不能立足，上下如猿猱”，称此处为“猴坑”。该地区最主要的茶树品种为柿大茶（柿叶茶），属灌木型大叶类晚生茶种。猴坑茶园位于黄山市黄山区东新明乡，离城区仅十余公里，距黄山 40 多公里。猴坑村区域面积为 26.19 平方公里，境内崇山峻岭，坑峪幽深，所辖 13 个自然村多分布于太平湖畔，山水相映，风光旖旎。村中茶园面积为 130 公顷，海拔多在 700 米以上，茶园四周植被覆盖率高达 90%，呈现出由黄山森林生态系统、高山茶园生态系统、田园村落生态系统和太平湖湖泊湿地生态系统共同构成的、多元的生态系统和立体农业景观体系。“猴坑山水茶庄”曾荣获 2016 年度“全国三十座最美茶园”称号。茶庄周围得天独厚的优越地理环境，孕育了全国十大名茶之一“太平猴魁”，猴坑村也因此成为太平猴魁茶叶原产地保护的核心区。

太平猴魁采摘和加工工艺极为独特，“三大阶段九道手工采制工艺”的传统手工采制技艺，被茶业界誉为“最高超、最精湛、最独特的制茶技艺”。其制作工艺分采摘、拣尖、摊青、杀青、整形、烘干（子烘、老烘、打老火）等八道手工工序。采摘标准遵循“正向”的“四拣标准”，由远及近，第一拣山（选择高山、阴山、云雾笼罩的茶山），第二拣丛（选择树势茂盛的柿大茶品种的茶丛），第三拣枝（选择粗壮挺直的嫩枝），第四拣尖（鲜叶需要折下一芽带二叶的尖头，要求芽叶肥壮，匀齐整枝，老嫩适度，叶缘背卷，特别是芽尖和叶尖长度要相齐）。除此之外，还需做到“八不采”：一不采无芽，二不采小，三不采大，四不采瘦，五不采弯弱，六不采虫食，七不采色淡，八不采紫芽。太平猴魁制作工艺必须是纯手工制作，除了拣尖、锅炒杀青，人工理条是制作的特色，杀青结束前，要适当理条，理条须毫尖完整、梗叶相连、自然挺直、叶面舒展。炒热的茶还要一根根用手捏紧捏尖，把上下两片筛网夹好，用木桶轻轻滚压，直到叶片平整挺直，后烘干。

太平猴魁源于“太平尖茶”。清咸丰年间，郑守庆就在麻川河畔创制出扁平挺直的“尖茶”。太平尖茶分有“贡、天、地、人、和、元、亨、利、泰、珍”十级。清光绪年间，太平人在南京、扬州、武汉等地开设茶庄、茶店、茶栈，茶商欲树茶叶精品，返乡时广询茶农。猴岗的茶农王魁成在采鲜叶时就开始精挑细制好，遂即在凤凰尖浮水宕茶园内精心选出又壮又挺的一芽二叶，经精心制作，制出的干茶规格好、质量高，称为“王老二魁尖”。1912 年，三门茶商刘敬之购此茶送南京南洋劝业会和农工商部陈列，获优等奖，因茶的品质位于尖茶的魁首，首创人又名叫魁成，加之产地为猴坑、猴岗一带，故此茶称为“太平猴魁”。1915 年，方南山远携猴魁茶叶参加在美国旧金山举办的巴拿马万国博览会，获得一等金质奖章，太平猴魁走出国门。刘常河等在《太平猴魁茶发展历程及对策建议》中记：1954 年中国茶业公司下达太平猴魁收购标准，分为三个等级，这是首个经国家审核的太平猴魁茶标准，太平猴魁茶的发展迈入了成型期。2002 年底，太平猴魁茶的安徽省地方标准制定并颁布执行，太平猴魁茶的生产有了指导标准。2003 年 5 月国家质量监督检验检疫总局（国家质检总局）发布了太平猴魁原产地保护公告，受保护范围扩大至黄山区全境。2007 年，太平猴魁被定为国礼茶，产量大幅增加，太平猴魁进入快速发展期。近年来，太平猴魁又开发红茶制品，形成了以魁红为主的红茶系列产品。太平猴魁采摘与制作季结束时，茶园内仍有大量猴魁的鲜叶，以鲜叶为原料，以祁红制作方法为工艺制作的魁红茶，其味秉猴魁之兰花香，又具祁红之果香，魁红茶汤色明亮，醇厚甘甜，颇受消费者青睐。

太平猴魁茶文化系统的最初起源可以追溯到 1 000 多年前的唐代，到 20 世纪初，太平猴魁茶创制成功，历经千年，而今，太平猴魁茶蜚声中外、延续至今。猴坑村的山林、茶园、湖水、山村形成了人与自然和谐相处、林茶共育、茶园与村镇共荣、茶叶种植加工贸易文化四位一体的太平猴魁茶文化系统。百余年前，太平猴魁的重要创始人方南山，正是在猴坑狮形山茶园研制出的猴魁茶，他远赴美国旧金山参加巴拿马—太平洋万国博览会，一举荣获金奖的茶品均精选于狮形山茶园。他的四言诗《猴魁真经》则成为重要的茶文化遗产，诗曰："山川隐仙，草木犹香。汤清汁翠，叶影水光。猴岗神水，猴坑猴魁，太平两绝，天下无双。"真经集猴魁茶园管理、采制、品质于其中。在猴坑村村头迎面的茶园上，有着一棵 170 多年的"茶王树"，被当地茶农视为神树，每年太平猴魁开采时，均有一个拜茶王树的祭祀仪式，祈求茶神保平安保丰产。

太平猴魁茶文化系统百年传承的《猴茶真经》，印证了太平猴魁茶顶级品质，奠定了历代茶农传承太平猴魁制作技艺的重要农业文化遗产的地位。太平猴魁茶文化系统是以传统的品种选育、种植栽培、采制工艺和茶文化为核心的农业生态系统，经上千年的发展形成茶园栽培、采制技艺、品鉴标准、文化鉴赏等的完整体系，其茶园观光、茶艺欣赏、文化体验等美学与文化价值已为广大消费者所认可。

太平猴魁茶文化系统在历史的积淀中孕育了厚重的茶乡文化，并且衍生出与系统密切相关的乡村宗教礼仪、风俗习惯、民间文艺及饮食文化等。"茶王祭拜""开园仪式"作为每年太平猴魁开园采摘前的重大仪式，也是当地传统的民俗活动，展示的更是百年传统猴魁茶文化与当今市场文化的结合，让古老的太平猴魁茶焕发出青春活力。太平猴魁非遗文化节延续"三祭"：一祭炎帝神农，二祭茶圣陆羽，三祭猴魁始祖王魁成。"开园仪式中"，黄山六百里太平猴魁创始人非遗技艺传承人郑中明致"猴魁百年金奖颂词"，诵厚德堂规，举办与太平猴魁茶有关的茶俗、茶艺、茶诗、茶联、茶谚、茶画等活动。国家非物质文化遗产代表性传承人方继凡，致力于太平猴魁茶文化系统的打造与建设，先后引领建设集太平猴魁茶文化广场、茶文化楼、茶艺表演、品茗于一体的"太平猴魁茶博物馆"。同时，2016 年，黄山市猴坑茶业有限公司申报的集太平猴魁茶文化体验、休闲养生、乡村体验等旅游元素为一体的"太平猴魁茶乡风情游"入选"全国茶旅游精品路线"，"猴坑山水茶庄"荣获"全国三十座最美茶园"。猴坑秀美的山水风光和浓厚的茶文化在 2016 中国茶业经济年会上更是光彩夺目。

安徽农业大学文化研究中心在《黄山区太平猴魁茶文化系统简介》中介绍，太平猴魁茶文化系统具有茶叶及精深加工产品生产、休闲、旅游、生态体验、养老等方面的经济功能，形成茶叶种植、加工、贸易、文化旅游四位一体的产业体系，对促进区域经济发展作出了重要贡献。“太平猴魁”为国家地理标志保护产品，“猴坑”“六百里”牌太平猴魁分别荣获中国驰名商标、“中茶杯”全国名优茶评比一等奖、国际茶业博览会交易会“金奖”，并被选为“国礼茶”之一。“太平猴魁制作技艺”入选 2011 年第二批国家级非物质文化遗产名录，“太平猴魁茶文化系统”入选 2017 年第四批中国重要农业文化遗产名录。猴坑村也曾荣获全国生态文化村、中国美丽乡村建设示范村、全国“一村一品”特色产业示范村、中国名村幸福指数十佳村等多项荣誉。猴坑村十分重视品牌保护，在村口“村规民约碑”上明确规定“任何人一律不准将不属于本村的干茶或鲜叶运到本村加工、包装、销售”，并规定村民“如果茶叶生产不使用生物药品和有机茶，决不允许面对消费者”。连续十一年在春季举行的“茶文化旅游节暨太平猴魁隆重开园活动”，已经是猴坑村乃至整个黄山地区的文化旅游品牌。风景绝佳、历史悠久的猴坑茶园，与现代茶博园、猴坑村太平猴魁茶文化广场、太平猴魁茶文化博物馆、桃源万亩林下茶示范基地，以及多项茶乡风情一起，成为茶旅融合发展的典范，也吸引了越来越多的游客走进茶乡。

太平猴魁茶为“茶之翘楚，极品中的极品”。黄山茶博园有一副楹联题道：“景中胜景除黄山不立，茶中极品非猴魁莫属。”方瑞祥在《孙中山品评太平猴魁》中述：1912 年 10 月，孙中山先生芜湖登岸，作短时间停留，太平茶商苏锡岱指由义兄方南山携太平猴魁去芜湖铁山敬赠孙中山。孙中山先生品茶赞不绝口，题了一条横幅“饮杯猴茶，如得知己，可以无憾”，把太平猴魁茶视如友人，把太平猴魁之品质提高到极高地位。孙中山先生知茶爱茶，他曾经高度称赞“茶为文明古国所即知已用之一种饮料……就茶而言，是为最合卫生最优美之人类饮料”。他在题为《民生主义》的讲演中说：“外国人没有茶以前，他们都是喝酒，后来得了中国的茶，便喝茶来代酒，以后喝茶成为习惯，茶便成了一种需要品。”但在孙中山先生的民生思想中，他提倡饮茶用茶宜简朴，即“不贵难得之货”。孙中山先生还指出，要推广饮茶，从国际市场上夺回茶叶贸易的优势，应降低成本，改造制作方法，“设产茶新式工场”。他在《建国方略》“第五计划”第一部粮食工业中指出：“中国之所以失去茶叶商业者……则中国之茶叶商业仍易复旧”，提倡商品流通，货畅其流，以此来促进茶叶的生产与发展。“吾意当于产茶区域，设立制茶新式工场，以机器代手工，而生产费可大减，品质亦改良，世界对于茶叶之需要日增，倘能以更廉更良之茶叶供给之，是诚有利益之一种计划也。”

赞太平猴魁：

片平梳条凝苍绿，茶之翘楚名实归。

石猴亦念太平魁，北海峰上望故里。

（五）徽州松萝茶

松萝茶属绿茶类，产于安徽省休宁县万安镇轮车村松萝山，为历史名茶，创于明初。松萝山所生茶树为当地“松萝种”，树势较大，叶片肥厚，芽叶壮实，浓绿柔嫩，茸毛显露，是加工松萝茶的上好原料。制成的松萝茶茶条紧卷匀壮，色泽绿润；茶汤色绿明，叶底绿嫩；茶味色重、香气高，滋味浓厚，有茶中罕见的橄榄香味。松萝茶品质极好，民间有“松萝香气盖龙井”之说。松萝茶中氨基酸含量占 4.31%，水浸出物占 42.22%，多酚类占 27.5%，所含儿茶素总量为 103.46 毫克/克。

谈及松萝茶，必言松萝山。松萝山最高峰海拔 882 米，与琅源山、金佛山、天保山相连。松萝山山势险峻，石壁悬空，峰峦耸秀，松萝交映。“松萝雪霁”在历史上曾被列为休宁海阳八景之一。茶园多分布在海拔 600～700 米的群山之间，产区小环境非常适宜茶树生长，这里气候温和，雨量充沛，常年有云雾弥漫，且土壤肥沃，土层深厚。有诗曰：“清明灵草遍生芽，入夏松箩味便差。多少归宁红袖女，也随阿母摘新茶。”“清明灵草”便是松萝茶，尤以谷雨、清明以前采制的茶叶为上品。过去，当地人民每岁逢茶季，就要赶着采摘，这时茶农出嫁的女儿们均纷纷也以探娘家（俗称“归宁”）的名义回来帮助娘家采茶。未嫁小姑也借机脱离深闺大宅，借采茶交友谈心唱山歌。采茶辛劳之时，却成为女人们开心之季，茶山上一片红绿花衫和采茶歌声，成为徽州农事一景。

松萝山在唐朝就有产茶记载，唐代陆羽《茶经》中“茶之出”部分，列举我国产茶的地名中，记有“八道十三州”之多，“歙州”列在“浙西”道名下，时休宁属歙州，为茶产区。宋代茶类，除传统的饼茶以外，出现了蒸青散茶。《宋史·食货志》记载：“茶有两类，曰片茶，曰散茶。”片茶乃是饼茶，散茶则是经蒸青后直接烘干呈松散状的茶。宋代歙人罗愿《新安志》叙述：“茶则有胜金、嫩桑、仙芝、来泉、先春、运合、华英之品；又有不及号者，是为片茶八种。其散茶曰茗茶。”

明代松萝茶开始有名。弘治年间《徽州府志》记载：“洪武时，徽州府有茶 1 965.6 万株。”明人沈周《书岕茶别论后》有“新安之松萝”的记载。明万历《休宁县志》记：“邑之镇山曰松萝，以多松名，茶未有也。远麓为瑯源，近种茶株，山僧偶得制法，遂托松萝，名噪一时。”明代袁宏道有“近日徽有送松萝茶者，味在龙井之上，天池之下”的记述。明代谢肇淛记：“今茶之上者，松萝也，虎丘也，罗岕也，龙井也，阳羡也，天池也。”明人许次纾《茶疏》评松萝茶曰："若歙之松萝，吴之虎丘，钱塘之龙井，香气浓郁，并可雁行，与岕颉颃。往郭次甫亟称黄山，黄山亦在歙中，然去松萝远甚。"以上所记，能看出松萝茶在当时已为茶之珍品。明代冯时可《茶录》载："徽郡向无茶，近出松萝茶，最为时尚……"饮松萝茶已成为时尚。

至清代，松萝茶种植和销售日益兴旺。清歙县江村村志《橙阳散记》记载："近山之民多业茶，虽妇女无自逸暇。"此时期，松萝茶逐渐扩大种植区域，茶产地范围更广，《重修安徽通志》云："（宁国府）宣、泾、宁、太诸山皆产松萝。"清代如皋人冒襄《岕茶汇抄》云："计可与罗岕敌者，唯松萝耳。"歙县柔川村人张潮与冒襄曾经为邻亦是好友，作有《松萝茶赋》曰："新安桑梓之国，松萝清妙之山。钟扶舆之秀气，产佳茗于灵岩。素朵颐与内地，尤扑鼻于边关。方其嫩叶才抽，新芽出秀；恰当谷雨之前，正值清明之候。执懿筐而采采，朝露方晞；呈纤手而扳扳，晓星才溜。于是携归小苑，偕我同人，芟除细梗，择取桑针。活火炮来，香满村村之市；箬笼装就，签题处处之名。若乃价别后先，源分南北。……尔乃驾武夷、轶六安、奴湘潭、敌蒙山，纵搜肠而不滞，虽苦口而实甘。故夫口不能言，心惟自省。合色与香味而并臻其极，悦目与口鼻而尽摅其悃。润诗喉而消酒渴，我亦难忘；媚知己而乐嘉宾，谁能不饮。"此述对松萝茶区环境、采撷时序、制作情景以及闲情品饮等茶事活动，描述得可谓具体、形象而细腻。清代江登云《素壶便录》中对松萝茶产地环境也有较为详细的描述："茶以松萝为胜，亦缘松萝山秀异之故。山在休宁之北，高百六十仞，峰峦攒簇，山半石壁且百仞，茶柯皆生土石交错之间，故清而不瘠，清则气香，不瘠则味腴。而制法复精，故胜若地处产也。"清代吴嘉纪在《松萝茶歌》中有"松萝山中嫩叶荫，卷绿焙鲜处处同"之句，赞誉松萝茶品质佳。清代郑板桥《题画》赞曰："不风不雨正晴和，翠竹亭亭好节柯。最爱晚凉佳客至，一壶新茗泡松萝。几枝新叶萧萧竹，数笔横皴淡淡山。正好清明连谷雨，一杯香茗坐其间。"这个时期，松萝茶也形成了全国范围的销售市场，并占有一定的海外市场。《橙阳散记》记载："歙之巨商，业盐而外唯茶，北达燕京，南极广粤，获利颇丰，其茶统名松萝。"1785年前，英国市场已经有松萝茶售卖，美国学者威廉·乌克斯在《茶叶全书》中记："松萝与功夫，白毫与小种，花香芳馥，麻珠稠浓。"1840年前松萝茶由广东"十三行"出口英国，名噪一时。

松萝茶被誉为"绿茶之祖"，在茶史上分量极重。有人说松萝是"屯绿"的始祖，更有人言松萝茶为绿茶之鼻祖，现就其茶源以考，明人黄龙德《茶说》记载："真松萝出自僧大方所制，烹之色若绿筠，香若兰蕙，味若甘露，虽经日而色香味竟如初烹而终不易。"明万历年间谢陛主纂的《歙县志》记载："茶多出黄山榔源诸处，往时制未得法。二十年来，邑人有薙染、松萝者，艺茶为圃，其法极精。然蕞尔地耳。别刹诸髡采制，归共以取售，总号曰‘松萝茶’。间有艺园中者，制出尤佳，故其法已流布，住在能之。”松萝茶之“统”与“领”在于松萝之制法“其法极精”，歙县茶虽然是“本轶松萝上”，因系仿松萝制法，也概名松萝茶。又如紫霞山茶、北源茶以及婺源茶叶等，也都借用松萝茶名称。新编《休宁志》亦谓：“全国最早名茶之一的琊源（琅源）松萝，于明隆庆时（1570 年），由僧人大方创制。”赵驰等在《松萝茶的成因及其影响》中写道：最初松萝茶为僧人大方，于隆庆年间入松萝庵，在虎丘茶制作方法的基础上制作而成松萝制茶法，使得松萝茶声名鹊起，成为与吴之虎丘茶、钱塘之龙井茶相抗衡的全国名茶之一，大方和尚因而成为松萝茶的始祖。在冯时可著《滇行纪略》中更有明确的记载：“徽州松萝茶，旧亦无闻，偶虎丘有一僧往松萝庵，如虎丘法焙制，遂见嗜于天下。”清代宋永岳《亦复如是》也有记松萝传说，制艺名家焕龙到松萝山，问茶产于何处，僧引至后山，只见石壁上蟠屈古松，高五六丈，不见茶树。僧曰：“茶在松桠，系鸟衔茶子，堕松桠而生，如桑寄生然，名曰松萝，取茑与女萝施于松上意也。”茶人李应光曾述松萝茶“岭头高士时闻味，古寺僧寮竟品茶”。明万历年间，徽州知府龙膺较为详细地记载了松萝茶的加工过程，在其《蒙史》下卷《茶品述》中记：“予理新安时，入松萝，亲见之，为书《茶僧卷》。其制法用铛摩擦光净，以干松枝为薪，炊热候微炙手，将嫩茶握置铛中，札札有声，急手炒匀，出之箕上。箕用细篾为之，薄摊箕内，用扇搧冷。略加揉挼，再略炒，另入文火铛焙干，色如翡翠。”俞志成在《绿茶鼻松萝茶》中记：松萝茶制作工艺在明崇祯三年（1630 年）闻龙著《茶笺》中记载较详：“……炒时，须一人从旁扇之，以祛热气；否，则黄，……炒起铛时，置大瓷盘中，仍需急扇，令热稍退，以手重揉之，再散入铛，文火炒干入焙。盖揉则其津上浮……”现今，松萝茶仍基本按照传统工艺炮制，采摘于谷雨前，采一芽二叶新梢，不带鱼叶，先去尾、梗蒂及其夹杂物，用机械初制，经杀青、揉捻、干燥三道基本制作工艺后，再经筛、簸、拣、剔、汰，除片末、茶头，最后分等级精心包装出售。

明代早期的散茶属于蒸青绿茶，后来为提高茶叶的香气，逐渐改蒸为炒，炒青技术就是鲜叶不经过蒸汽杀青而改用热炒杀青，松萝的独特制法恰恰就表现在“热炒杀青”上。炒青的制法基本就是传统松萝的制法，热炒杀青是制茶技术的关键。安徽农业大学詹罗九教授在《关于安徽茶叶经济的思考》一书中说：茶商自明末清初开始批量出口欧洲，而最早出口的大宗茶是武夷茶和松萝茶。休宁松萝茶，创制于明初，到明代中后期已经远近闻名；清初松萝茶制法已传播到安徽南北及赣、鄂、浙、闽诸省，福建方山、太姥、支提等地从制作方面均承袭了松萝茶制法；清嘉庆、道光年间，松萝茶大量出口，发明了松萝茶精制技术，逐渐演化为屯绿。松萝茶的创制，带来了品质优异的炒青绿茶，对徽茶及中国茶叶的发展产生了极为重要的影响。

松萝茶也为重要的药用茶，具有疏通脾胃的疗效。明末理学家陈龙正在《几亭外书》中记有“噙化丸方”一副，需松萝茶二钱。清代医家张璐《本经蓬源》云：“徽州松萝，专于化食”，久饮能治顽疮、高血压等症。清代乾隆年间王椷《秋灯丛话》载松萝化食的故事：“北人贾某，贸易江南，善食猪首，兼数人之量。有精于歧黄者见之，问其仆曰：‘每餐如是，有十余年矣。’医者曰：‘疾将作，凡医不能治也。’候其归，尾之北上，将为奇货，久之无恙。复细询前仆，曰：‘主人食后，必满饮松萝数瓯。’医者爽然曰：‘此毒惟松萝可解。’然后而返。”松萝茶解毒、通便之用见于浙江吴兴人钱宋和著《兹惠小纶》中：“病后大便不通，用松萝茶三钱，米白糖半盅，先煎滚，入水碗半，用茶叶煎至一碗服之，即通，神效。”松萝茶也可清热解毒，治疗毒疮，当代肇庆人梁宏正岭南医籍《梁氏集验》云：“治顽疮不收口，或触秽不收口，上好松萝茶一撮，先水漱口，将茶叶嚼烂，敷疮上一夜，次日揭下，再用好人参细末拦油胭脂涂在疮上，二三日即愈。”1930 年，赵公尚《中药大辞典》记：“松萝茶产地徽州，功用：消积、滞油腻，消火，下气，降痰。”

中国是茶叶的故乡，传说“茶之为饮，发乎神农氏”。汉代时四川一带即已有茶业种植和交易，出现了茶市和不少以茶命名的地名。西汉时期，佛教传入中国以后，茶与佛教就结下了不解之缘，四川蒙山甘露寺僧人吴理真育培出“蒙山顶上茶”（对于吴理真为西汉茶祖有争议）。南北朝时，禅农经济使得僧人开始种植和培育茶树。唐代陆羽著《茶经》之后，茶叶种植、加工和销售得到加速发展，唐代全国产茶地已有五十多个州郡。唐末五代时期韩鄂《四时纂要》一书中有“种茶”和“收茶子”两节，对茶园的选择、茶树的种植、茶园的管理和茶子的收藏等作了翔实而又较为全面的记述。书中对茶园的选择和管理记述得较详细，其中述，茶有两个特点：一是喜阴，适合种于“树下或北阴之地”，在《茶经》中已指出：“阴山坡谷者，不堪采摘，性凝滞”；二是“怕水”，适合种植在“山中带坡峻”之地，因为山坡上排水良好。《四时纂要》还介绍了种茶法之“区种法”。

唐代寺院的僧人们种茶制茶喝茶的习俗已经十分普遍，唐代茶圣陆羽就是自小在寺院里习得制茶方法，写出了中国第一部茶书《茶经》。《茶经》虽略于栽培，但对于茶叶的采摘和加工却记录得非常详细。陆羽认为：“采不时，造不精，杂以卉莽，饮之成疾，茶之累也。”《茶经》中记有饼茶的加工方法，并认为这是一种创新的加工方法（此前茶叶的服用方法是将野生茶叶放入水中煮沸后饮用）。饼茶加工方法是采来茶叶后，先放入甑中蒸，再用石臼、木杵捣，拍打成饼，焙干后，用荻（芦苇）和蔑（竹条、竹片）穿起来封存。如陆羽所述：“晴采之，蒸之、捣之、拍之、焙之、穿之，封之。”《茶经》对中国茶的历史、茶叶生产技术、茶艺和茶文化进行了全面介绍，并探讨了饮茶艺术，特别是把儒、道、佛文化融入饮茶中，首创中国茶道精神。

唐代茶文化的形成与佛教的兴起有关，因茶有提神益思之功，寺庙崇尚饮茶，植茶树，制茶礼、设茶堂、选茶头，开展各式茶事活动。马小川在《“茶禅一味”——探寻中国寺院里的茶文化》一文中写道：茶道与佛教的关系是相辅相成的，僧人在种茶制茶饮茶的过程中促进了茶文化的传播，同时他们又从茶叶的本质、茶道的精神中参破禅机，顿悟佛学真谛。《茶经》中记载：“钱塘天竺、灵隐二寺产茶。”安徽黄山茶则产于云谷寺、松谷庵、吊桥庵、慈光阁等地。江西庐山僧人们在白云深处栽种茶树，成庐山云雾茶。南京栖霞寺、苏州虎丘寺、东山碧螺庵、普陀山普济寺都产名茶，该时期制茶高手多为寺院僧人，各式制茶技术也出现较多。唐代刘禹锡在《西山兰若试茶歌》中描述山僧炒青的制茶过程：“山僧后檐茶数丛，春来映竹抽新茸。宛然为客振衣起，自傍芳丛摘鹰觜。斯须炒成满室香，便酌砌下金沙水。”

赞松萝茶：

新安新茸谷雨时，松萝清妙大方制。

一壶新茗谁不饮，炒青制艺始于此。

（六）安茶

安茶，俗称“软枝茶”，茶类介于红茶、绿茶之间，是初制完成后，再经半发酵、紧压，用箬叶、竹篓包装，紧结匀齐，经陈放后转化成黑茶的传统工艺名茶。安茶之特，在于其与其他徽州茶不同，茶刚制成时不直接饮用，还需将茶陈化，储存数月，甚至两三年，方能饮用。安茶也是安徽茶收藏陈茶做药的典型代表，安茶尤其以陈为贵，妙处就在“陈”字上，茶陈而不霉，陈而不烂，越陈味越醇。安茶形条粗紧，茶骨重实，茶色黑褐尚润，墨绿略黑。茶汤色橙黄或微红，茶味具花香，滋味浓醇，有槟榔香或花香。安茶鲜叶主要采自以祁门槠叶群体种及以此为母本选育的“安徽1号”“安徽3号”等无性系良种茶树。

安茶产于祁门南乡芦溪、溶口一带，祁门民间也将安茶称作“软枝茶”。明永乐年间编撰的《祁阊志》有“软枝茶”的记载，其卷第十《物产·木果》云：“茶则有软枝，有芽茶，人亦颇资其利。”软枝茶在古徽州所属各县均有生产，但衍化成安茶后，却只有祁门有了。清代雍正三年（1725年）左右，安茶始创。安茶之所以可为药，是因为其具有很高的药用价值。陈年安茶火气褪尽，祛湿解毒之效显著，茶性温和，味涩生津，祛邪避暑，非常适合南方热带的居民饮用，岭南中医诊方常用此茶作引，在广东和东南亚地区安茶被称为圣茶。20 世纪 30 年代，每年行销于两广的安茶约 3 000 担左右，以祁门“孙义顺茶号”茶品为优，产品在粤东颇受欢迎，岭南医士诊方，常以孙义顺安茶为药引。胡浩川《祁红制造》记载：“以仿照六安茶之制造，遂袭称‘安茶’。”运销祁门安茶的广东商人程世瑞称“安茶”即安徽之茶之意。两广及东南亚一些人士对安茶仍念念不忘，这也是改革开放后，安茶由淡忘衰败又复出兴旺之因。

汪琼等在《祁门安茶的历史与当代发展》中记：祁门安茶，明代问世，清末民初鼎盛，抗战时期湮没，改革开放后复兴。1984 年，华侨茶业发展基金会理事长关奋发先生，出于对安茶的思念，给安徽省茶叶公司寄出一篓安茶，此茶产于 20 世纪 30 年代，茶篓藏有茶票：“具报单人安徽孙义顺安茶号，向在六安采办雨前上上细嫩春芽蕊，加工拣选，不惜资本，加工精制，向运佛山镇北胜街经广丰行发售，历有一百八十余年……”关奋发先生在信中表示希望复产安茶。同年，祁门县派茶叶科技人员深入南乡安茶旧产地芦溪一带，遍访当年安茶的制作、经营者，经过艰辛努力，终于试制成功，安茶得以恢复生产。安茶从一上市，就得到广大消费者的喜爱，荣获了大量的赞誉。1988 年“安徽省名优茶评比会”上，安茶荣获特等奖，对安茶的鉴评结论为：外形紧结匀齐，色黑褐尚润，香气高长有槟榔香，滋味鲜爽味中含香，汤色橙黄明亮，叶底黄褐尚亮。1990 年，安茶传统产区祁门芦溪乡创办第一家安茶企业——江南春安茶厂，1997 兴办第二家茶企——老字号孙义顺厂，两厂年产茶量 10 余吨。此后，安茶生产规模逐渐扩大，2013 年，安茶生产实施安徽省级地方标准；同年，安茶制作技艺被列为安徽省第四批非物质文化遗产名录，国家质检总局批准“安茶”为地理标志保护产品。2014 年，安茶荣获全国茶叶博览会黑茶类金奖。至 2019 年，祁门全县在工商注册的安茶厂家共有 12 家，其中以江南春、孙义顺、一枝春、春泽号、国盛等品牌较有名望，另有广东等地的茶叶代加工企业，全县大小安茶厂近 20 家，年产量近 300 吨。

从外形而观，安茶近似乌龙茶，叶形较大，滋味浓醇，但实际上“安茶”制作工艺与乌龙茶相比不尽相同。制作上品安茶，须在谷雨前后不超过 10 天的时段采摘，鲜叶标准为一芽二、三叶或对夹叶。安徽省质监局修订发布的地理标志产品“安茶”记：安茶的制作分初制和精制两部分，初制分晒青、杀青、揉捻、干燥 4 道工序。晒青的加工要点是摊青，摊开厚度 3～5 厘米，要每隔 30 分钟翻动一次。杀青的温度在 120～60 ℃，先高后低，时间 15～20 分钟，揉捻时间为 42～47 分钟。干燥过程的笼烘毛火温度为 90～100 ℃，足火温度 70～80 ℃；烘干机烘，毛火温度为 100～110 ℃，摊叶厚度 1～2 厘米，下机摊凉 50～70 分钟，再足火用 80～90 ℃烘干，上叶厚度 3～4 厘米。精制过程主要有筛分、撼簸、拣剔、拼和、复烘、露茶、蒸软、装篓、打围、烘干10道工序，经陈化后销售。筛分需要用9套竹筛按顺序筛分，茶叶被分为1至9个分号茶。精制加工要点有二。高火：烘笼烘，投料3千克/笼，温度100～110℃，时间5～8分钟，翻动4次。露茶：夜置室外，摊叶厚度8～10厘米，次日晨收。蒸茶用木甑置水锅上蒸软（大约3分钟），趁热装入椭圆形篾篓中，编篓要编有空隙，俗称胡椒眼，目的是利于透气。蒸茶后装篓要用力压实，以手抓茶入篓，手握成拳，以拳压茶，锤打紧实。篾篓要内衬箬叶，当地茶农有“茶是草，箬是宝”之说，陈化的茶叶可吸收箬叶成分，使茶叶品质得以保存，利于茶中各类养分的生成。茶篓制成后，需置于烘茶的烘架上，上面覆棉制厚片，下用木炭烘干。打围环节是将烘好的茶篓用内衬密实箬叶的篾包扎成大件，排累后置于通风、避光、阴凉、干燥处，安茶便进入自然陈化的阶段。经过精心制作的成品安茶一般分为3个等级：贡尖、毛尖、花香。茶需要储存数月之后才能售卖，春茶储存至秋末，夏茶储存至冬季，秋茶储存至次年春末，甚至2～3年或更长时间。

安茶制作“日晒夜露”工艺独特，“露茶”选择晴天夜晚，将茶摊在室外晒簟上，厚约10厘米，每隔20厘米开一沟，次日晨收起。“露茶”工序在国内外茶叶制作上实属独有，夜露实质遵循的是黑茶的渥堆原理，夜间凉爽，朝夕有雾，茶叶得以承受来自自然的雾气和露水。“日晒夜露”的工艺在中国六大茶类中，属唯独的茶加工方法，这也是安茶和其他黑茶制作工艺的明显区别。

祁门一带属安徽古老茶区，唐代就盛产绿茶，制法与六安茶相似。傅宏镇于民国三十年（1941年）著《茶名汇考》记：“安茶”产于安徽祁门县之南乡一带。到民国三十年后因为红茶市价逐步超过“安茶”，此后“安茶”便逐步衰落。1945年，最后一批安茶运送中国香港后，安茶也就销声匿迹了。由于安茶为祁门所独有，产地又仅限于县南阊江水路的两岸地带，茶出售周期较长，获利较缓，安茶便日趋衰微，乃至被后起之秀祁红取代。细究安茶的茶类，像岩茶又像黑茶，又像绿茶。安茶的前期炒青工艺使它像绿茶；其后期的蒸压与存储发酵，使它喝起来的滋味红浓醇陈，带着特殊的粽叶炭火香，又似黑茶。从制作方法与品质上看，安茶兼备了红茶、绿茶、乌龙茶的特点，尤其是安茶祛湿解暑的保健性能，是其他茶叶所不及的。

安茶对于安徽人而言，估计大多不甚知晓，而岭南人大为青睐，可谓“墙内开花墙外香”。究其缘由，历史上安茶平素位低，制茶原料是产于古徽州较粗老、价值较低的茶，又因茶用箬皮大篓装。明弘治《徽州府志》载：“茶，即茗也。旧有胜金、嫩桑、仙枝、来皋、先春、运合、华英之品，又有不及号者，是为片茶，有八种，其散茶号茗茶。近岁，茶名细者有雀舌、莲心、金茅，次者为茅下白、为走休、为罗公，又其次者为开园、为软枝、为大号。名虽殊而实则一。”可见，安茶（软枝）之茶位属“又其次者”。清嘉庆《黟县志》卷三载：“候干燥以锡罐盛之，勿通风，可久藏。其行商，统名松萝，贩者用木箱，箱内锡皮，箱外箬皮、篾衣，不使通风走湿，北至口外，南至澳门。其不及号者用箬皮大篓装。”给予“不及号者”只用“箬皮大篓装”的待遇，安茶属之。

出身微贱，穿着“若（箬）素”的安茶在当时的茶位是十分低下的，也许是“天道眷顾平素者”，也许是“歪打正着”，安茶虽列居次者，却以箬叶、竹篓化成殊味，扭转了自己的平素命运。箬竹，禾本科、箬竹属植物，叶鞘紧密抱竿，叶片在成长植株上稍下弯，宽披针形或长圆状披针形，先端长尖，基部楔形，下表面灰绿色，密被贴伏的短柔毛或无毛，叶缘生有细锯齿。其叶可用作茶叶、斗笠、船篷衬垫等，还可用来加工制造箬竹酒、饲料，造纸，在皖南地区多用以作衬垫茶篓或作各种防雨用品，亦可包裹粽子。《本草纲目》道，叶（箬竹）：甘，寒。清热解毒，止血，消肿。用于吐衄，衄血，尿血，小便淋痛不利，喉痹，痈肿。康浩在《祁门安茶与红茶抗氧化活性比较研究》中认为：祁门安茶提取物的总多酚含量高于红茶，总还原能力及 FRAP 值与红茶两者相当，但安茶对 DPPH 自由基清除能力明显强于红茶。结合前人的研究结果，可以推测抗氧化活性除了和多酚的含量有关以外，应该可能还与多酚的种类有关。黄建琴等在《安茶品质及其化学成分研究》中写道：安茶特有的品质和陈香是在制作过程中后发酵形成的，一定时间后，生茶中的主要化学成分茶多酚、氨基酸、糖类等各种物质发生变化，使得汤色、香味更为理想，称谓熟茶。熟安茶具温和的茶性，茶水丝滑柔顺，茶、竹、箬、炭四味交融，醇香浓郁，更适合日常饮用。另外，箬皮篓装使安茶在储运、销售等环节中，茶多酚类发生氧化（后发酵），熟安茶的香味会变得愈加柔顺、浓郁，并交融箬叶、篓竹的味道，形成非常独特的香味，安茶香味也更加天然。过去安茶销往外洋，须从水路到景德镇，再从九江运至韶关，最后经佛山销往中国香港以及东南亚，路途遥遥，安茶可谓是时间酿成的茶药。旧时广东、东南亚一带的中医常用安茶作药饮，陈年安茶茶性温良，能够祛湿解暑、清热止血，称为珍贵的上品茶，当时两广、东南亚有“楼下喝普洱，楼上喝安茶”之说，可见安茶享誉极高。

与安茶相仿，皖西六安产有“六安篮茶”。六安篮茶以六安、金寨、霍山三县所产之品质最佳。篮茶的加工以瓜片成茶加重焙火后，经过蒸压，用竹叶包裹，后置入小竹篓内，存放较长时间后，即可饮用。篮茶以竹叶而非安茶所用的箬竹叶。蓝茶制法及贮存饮用方法，近似普洱茶，为黑茶类。

赞安茶：

骨实色墨绿尚纳，日晒夜露聚精华。

茶竹箬炭合之契，南洋楼上喝安茶。

（七）霍山黄芽

霍山黄芽，属黄茶类，主产于霍山县西南大别山腹地佛子岭水库上游大化坪镇等地，以大化坪金鸡山、太阳的金竹坪、诸佛的金家湾、姚家畈的乌米尖、东西溪的杨三寨等地的产出最为出名，“三金一乌一寨”产的黄芽品质最佳。黄茶属中国茶类的一种，按鲜叶老嫩、芽叶大小又分为黄芽茶、黄小茶和黄大茶。中国茶叶按照发酵程度和加工工艺的不同分为六大类，有红茶、绿茶、青茶、黑茶、白茶和黄茶。绿茶不发酵、白茶轻微发酵、黄茶轻发酵、青茶（乌龙茶）半发酵、黑茶后发酵、红茶全发酵，成茶外观由绿向黄绿、黄、青褐、黑色渐变，茶汤也由绿向黄绿、黄、青褐、红褐色渐变。霍山黄芽形似雀舌，白毫突出，匀齐成朵、嫩绿披毫，栗香持久高爽，滋味鲜醇浓厚回甘，汤色黄绿清澈明亮，叶底嫩黄明亮。霍山黄芽最明显的特点是“黄叶黄汤”，有独特甜爽的熟板栗香味。

霍山县是霍山黄芽的唯一产地，霍山位于北纬31°，山地环绕，山高雾大，属北亚热带湿润季风气候区，四季分明，冷热适中，区域差异和垂直变化大。产区昼夜温差大，降水充沛，土壤多为黄棕壤，多呈酸性、弱酸性反应（pH值为5～6.5），粗骨性黄棕壤占96.84%，具有“粗骨”和“薄层”性特点，土质疏松、肥沃。全年≥80%的相对湿度日数有200天左右，雾日全年累计有24～33天，里山雾日比外山多。茶产区林茶并茂，生态条件良好，极适茶树生长。产区大别山主峰海拔1 774米的白马尖，“霍山弧”内海拔400～800米的支脉、山肩，均宜种茶。

有文献称：寿春之山有黄芽焉，可煮而饮，久服得仙。六霍旧称为寿春，古代黄芽一曰仙芽，又称寿州霍山黄芽。霍山古属淮南道寿州盛唐县，唐代霍山黄芽被列为十四品目贡品名茶之一。霍山黄芽唐时为饼茶，唐代杨晔《膳夫经手录》载：“有寿州霍山小团，此可能仿造小片龙芽作为贡品，其数甚微，古称霍山黄芽乃取一旗一枪，古人描述其状如甲片，叶软薄如蝉翼，是未经压制之散茶也。”李肇《唐国史补》卷下载：“风俗贵茶，茶之名品益众。……寿州有霍山之黄芽。”宋代王钦若等撰《册府元龟》载唐宪宗：“元和十一年（816年）讨吴元济，二月诏寿州，以兵三千，保其境内之茶园。”可见当时霍山茶园种植颇多，且亦重要。至宋代，霍山茶场始设置，所产的茶叶运销江苏苏州、扬州及山西、山东、河南、东北等地。

《茶经》中介绍："江南地暖，故独宜茶，大江以北，则称六安。然六安乃其郡名，其实产霍山之大蜀山也。"六安县宜茶，只是不善制造，"就食铛薪炒焙，未及出釜，业已焦枯。兼以竹造巨笥乘热便贮，虽有绿枝紫笋，辄就萎黄，仅供下食，奚堪品斗"。由于制茶技术欠火候，绿茶变成黄茶，也许此处"无心插柳"，制茶人发明了黄茶的加工方法。黄茶之特别，自然能被爱茶者喜爱。明代王象晋《群芳谱》记载：寿州霍山黄芽为当时的极品名茶之一。六安州小岘春，皆茶之极品，明朝始入贡，六安州岁贡芽茶二百袋，每袋重一斤十二两。自明孝宗弘治七年分设霍山县，州县县贡。县户采办者例应汇州总进，随定额分办，州办茶二十五袋，县办茶一百七十五袋。明代万历年间霍山县令王毗翁《黄芽焙茗诗》云："露蕊纤纤才吐碧，即防叶老采须忙。家家篝火山窗下，每到春来一县香。"

清代霍山黄芽为贡茶，历年岁贡三百斤。清顺治十七年（1660年）《霍山县志·贡茶》记载："今天下产茶处不下数百，致贡者千余处，而明朝上供专用六安。"清同治十一年（1872年）《六安州志·物产》记："货之属，茶为第一。茶山，环境皆有，大抵山高多雾，所产必佳，以其得天地清淑之气，悬岩石罅，偶得数株，不待人工培植，尤清馨绝伦。故南乡之雾迷尖、挂龙尖二山左右所产，为一邑最，采制既精，价亦倍于各乡。茶商就地收买，倩女工提检，分配花色，装以大篓，运至苏州。苏商薰以珠兰、茉莉，转由内洋至营口，分售东三省一带，近亦有与徽产出外洋者。次则东北乡与西南近城一带，多北运至亳州及周家口，半薰茉莉，转售京都、山西、山东。而西乡自土地岭以西，迤逦而南，茶味厚微苦，枝干粗大，采焙不精，皆青、齐茶商于大化坪、五溪河收买，运销山东一路。诸佛庵以北数保，则由土人运至州境之流波礓，西商收买，自行焙制，运销山西、口外、蒙古等处。"

霍山黄芽盛名数百年，唐代便具名，明代为贡品，清朝为内用，1915年，霍山黄芽荣获巴拿马万国博览会金质奖。后因绿茶大量的兴起极大地冲击了黄小茶市场，民国时黄芽已沦为小众茶。据清末徐柯《可言》（1924年）卷十二上载："六安茶之通行者曰毛尖，亦有旗枪之名，与龙井同。"作为六安名茶的黄芽已"换装"为与龙井相似的毛尖，据此而估，民国时黄芽或已濒临绝迹。霍山黄芽是1972年创制并恢复生产的。当年佛子岭坝上茶站三位茶叶技术人员与八十岁高龄的茶农共同炒制黄芽茶，当即用白铁桶封装上报鉴评，获得好评，霍山黄芽正式生产。霍山黄芽上市后颇受消费者喜爱，1989年霍山黄芽获安徽省优质奖，1990年获商业部奖，1997年获第三届"中茶杯"评比一等奖，2000—2004年，霍山黄芽连续五年获国际茶博览交易会名茶评比金奖，2006年"霍山黄芽"被国家质检总局认定为地理标志保护产品，2007年霍山黄芽被列入省级非物质文化遗产名录，2009 年“霍山黄芽”商标被安徽省工商行政管理局认定为安徽省著名商标。

黄芽之殊在于“黄叶黄汤”，别与他茶。从采摘到成茶，霍山黄芽的制作均极为精致。采摘霍山黄芽鲜叶遵“三个一致”和“四不采”原则，即形状、大小、色泽一致，开口芽不采、虫伤芽不采、霜冻芽不采、紫色芽不采，鲜叶采回后还要除去老叶、茶梗、杂质和不符合标准的鲜叶。霍山黄芽须雨前采，须芽头齐，要求茶鲜叶紧凑、芽头壮实、峰毫显露。特别是在加工过程中，对“渥闷”（即黄小茶的“摊黄”，黄大茶的“堆闷”）过程要掌握得恰到好处，方能生产出高品质的霍山黄芽。黄茶和绿茶最大的区别在于有一道“闷黄”的工序，制黄茶最重要的工序就在于“闷黄”，闷黄是在湿热条件下引起茶的“黄变”，可以改变茶味。霍山黄芽正是应用闷黄技术，在色泽和香味中找到了一个最佳的契合点，来改善茶叶味道。

品茶如映人生，从黄茶和其他茶之比较来看，人们对茶品、茶味、茶色的偏爱往往随人之性。不同的茶品滋味不同，饮茶者的喜好自然不同。红茶的口味带甜，茶性随和，适宜人群广；南方人好甜，北方人欲以甘温的红茶御寒暖胃；绿茶为“国饮”，国人饮绿茶者最多，绿茶种类最多、产量最大、产区最广，滋味清爽、醇甜、耐泡，特别是绿茶中含有大量的茶多酚，是自由基的清除剂，能抵抗衰老；白茶制作和成茶简单，自然大方，不矫揉造作，口味细腻，香气稀有，茶性清凉，退热降火，深得人们喜爱；黑茶制茶须千锤百炼，聚日月之光方成，汤色成熟，红亮清澈，入口细腻顺滑，口感清甜甘洌，回甘持久，味厚而不腻，同时，具抗氧化及延缓细胞衰老，养颜乌发功效；乌龙茶属轻发酵，味道多样却简单，色翠、香郁、味甘，相较于普洱或绿茶更加淡雅平和。此外，乌龙工夫茶茶艺讲究茶品、茶具、水质及泡饮技法之从容有序。跟其他茶品相比，喝黄茶的人比较少，中国茶叶流通协会报道，黄茶的产量在全国茶叶产量中的占比不到 0.5%。随着人们对茶的消费选择日渐增多，喝熟茶、藏生茶、品老茶的爱茶者日渐增多，20 世纪初，几乎所有的黑茶，如雅安藏茶、泾阳茯茶、赤壁青砖茶、安化黑茶、梧州六堡茶、祁门的安茶等都凭借越陈越香而成为茶饮之宠。

作为中国茶系“六路大军”之一的黄茶，为何茶饮中不多见？如杯中茶叶之沉浮，霍山黄芽历史兴衰的缘由很多，其中最重要的因素也许是人们对茶味、茶色的偏爱。按常理而言，识茶由之感官，对黄茶认知的“首因效应”为“黄茶是绿茶做坏了的次品”。再者，制黄茶原料少，制作工艺又极其复杂，适应不了当代茶业之量大、质鲜、产速的要求，“黄改绿”现象普遍存在。黄茶之振兴须重新认识黄茶。把握黄茶与黄叶茶的区别是重要的前提，黄叶茶大多是鲜叶原料采自芽叶因变异导致叶绿素部分缺失的黄色叶片，典型的黄叶种如黄金芽、郁金香、黄金叶等，其鲜叶氨基酸含量高，叶色呈金黄、乳黄等，可加工成绿茶、红茶、乌龙茶等茶叶产品。安徽农业大学教授詹罗九认为，黄茶个性特点不明显是黄茶市场衰落的根本原因。绿茶天然原始，保留了最多的具有抗氧化功能的活性物质，黄茶是在绿茶的加工基础上又经过了闷黄的工序，通过非酶促氧化才变为黄茶的。如果非酶促氧化程度很深，就成了黑茶。所以说，黄茶是绿茶与黑茶之间的一个过渡性茶类。黄茶一般非酶促氧化程度较轻，似黄非黄，似绿非绿，特性非常模糊。“饮茶有个性”“辨品识黄茶”，黄茶的加工工艺与绿茶相似，但比绿茶多了一份醇和，刺激性稍弱，主要是黄茶闷黄的过程中，受湿热作用，多酚类化合物总量减少很多，使多酚类化合物所造成的苦涩味有所下降的缘故。

霍山县是全国重点产茶县，全国生态建设示范县，享有“金山药岭名茶地，竹海桑园水电乡”之美称。据原农业部茶叶质量检测中心检测显示，霍山黄芽的香气成分共有 46 种之多，同时还富含氨基酸、茶多酚、咖啡等成分，具有降脂减肥、护齿明目、改善肠胃、增强免疫力等功效。在实施乡村振兴过程中，霍山黄芽产业，以“二黄”为元素，围绕“霍山黄芽”与安徽代表性的地方戏剧“黄梅戏”做文章，将黄梅戏与霍山茶歌、茶舞、茶艺表演相融合，听“黄梅”、品“黄芽”、赏“茶艺”。在三产融合的创新发展中，推出霍山茶美食茶：茶叶面条、茶叶米饭、茶叶馒头、茶香牛肉、茶叶焖大虾、毛峰熏鸭、香片腊肉蒸鱼，还命名了一大批新菜肴，如黄芽粉丝、珍珠翠芽、茶香血豆腐等。

赞霍山黄芽：

露蕊纤纤才吐翠，大化须得闷炼锤。

黄叶黄汤黄茶奇，盛唐春来栗香醉。

（八）九华佛茶

九华佛茶，属绿茶类，九华佛茶又名九华毛峰、黄石溪毛峰，产于安徽省青阳县九华山及九华山山脉南北邻近地域。九华佛茶核心产区为九华前山下闵园、打鼓峰下的大古岭毛峰、九华后山黄石溪和庙前等地。佛茶条索稍曲，类似佛手，匀齐显毫，茶色绿润泛黄，香气高长，汤色绿黄明亮，滋味鲜醇回甘。

九华佛茶前身是九华毛峰，最早可以追溯到宋明时期的九华茶。明代嘉靖《池州府志》和《九华山志》载，东晋隆安五年（401 年），冀州人杯度来九华山建了一座茅庵。隋朝后，九华山佛教开始兴起。唐代隐士青阳人费冠卿著《九华山化城寺记》记，新罗僧人金乔觉于唐开元七年（719年）渡海来华，至九华山，苦行修持，从新罗带茶种在九华山种植。一日，春雨连绵，金乔觉坐岩洞中，诵经时，听到茶籽炸裂出芽的声音，之后将茶种在他经常禅修的南台（神光岭）向阳的山坡上。茶籽入土，慢慢长成茶树。南宋陈崖在《九华诗集》中注："昔金地藏招道侣于峰前，汲泉烹茗"，并注："广化寺钟楼其上"。

九华山地区群峰相拥，松竹成林，飞泉涧谷，芳草吐香，正是这种生态环境造就了九华佛茶的优秀品质。九华佛茶的制作工艺流程包括：鲜叶采摘、摊青、杀青、摊凉、做形、烘干、拣剔、包装。每年4月中下旬，采摘茶树初展的一芽二叶，经摊青、杀青、摊凉后，制茶到了最为关键的工序——做形。做形是利用理条机分二次理条，摊凉时加压，需用手工压扁，再以理条机理直，形成九华佛茶似佛手的独特外形。1983—1986年，安徽农学院和九华山管理处在当时安徽省科委的支持下，开展九华名茶的恢复研制工作。安徽农学院茶业系林鹤松教授主持"九华山名优茶开发"项目，研制开发九华名优茶，使一度濒临失传的佛山历史名茶"东崖雀舌""金地藏"和"九华毛峰"重新现世。1992年，"九华佛茶研制"及开发研究成果获国家科技成果奖。如今，青阳县已形成了以"九华佛茶"为主的九华茶系列产品。

饮茶与悟道有着可悟而不可言传的相通之处。唐代中叶，僧人与茶结缘是极普遍的现象。茶圣陆羽自幼就与好茶的智积禅师边习禅学，边学采茶、煮茶，其硕著《茶经》也为湖州妙善寺皎然大师亲顾而成，所谓"禅茶一味"。金乔觉于九华植茶、制茶、品茶也当属自然，其《送童子下山》诗也明示九华佛茶与金地藏之缘。金地藏《送童子下山》诗曰："空门寂寞汝思家，礼别云房下九华。爱向竹栏骑竹马，懒于金地聚金沙。添瓶涧底休招月，烹茗瓯中罢弄花。好去不须频下泪，老僧相伴有烟霞。"南宋文学家周必大游九华，曾撰写《九华山录》"至化城寺，谒金地藏塔，僧祖瑛献土产茶，味可敌北苑"。北苑在福建省建阳，产龙凤团茶专供皇家，是当时的名茶。九华山茶可与北苑贡茶媲美，其味不输。明代李时珍《本草纲目》载："茶录"之"产茶有名者"就有池州之九华。清代刘源长《茶史》记："九华山有空梗茶，是金地藏所植。大抵烟霞云雾之中，气常温润，与地所植，味自不同。"清代茶仙陆廷灿《续茶经》"八之出"记："池州府属青阳、石埭、建德，俱产茶。贵池亦有之，九华山闵公墓茶，四方称之。"

九华佛茶因"空梗茶"而奇，民国《九华山志》卷八《物产门》记："金地茶，梗空如筱，金地藏携来种。"金地茶有一个显著的特点"梗空如筱（筱为小竹）""梗空筒者"。安徽农业大学教授詹罗九言，梗空并不是茶树枝梗生来即空，而是指粗茶加工后枝梗中空，并非九华山所有的茶叶都能做出枝梗中空的效果，而是山上部分茶园的茶叶，经大火高温后才能做出枝梗中空的效果。“空梗茶”“筱茶”也为九华佛茶增添了一段神秘而谐趣之色。茶为雅品，人们没有饮用茶梗的习惯，甚至在过去茶叶供给不足的时代，粗糙而陈旧的老茎茶梗为己饮用，若以待客则是不礼貌的。其实，茶梗虽然是从成品茶拣下的叶梗，但并不是无用的，茶梗含有相当数量的香气物质，茶叶在加工过程中，留有适当的茶梗能制出香高味浓的茶叶，如配普洱茶时，放入少量茶梗，可改善茶汤的滋味、茶的耐泡性。如今，也有品茶人开始享用茶梗，茶梗在日本被称为茶柱，在日本的乡俗中，如果茶杯里的茶柱能够竖立，就代表了当天会有吉兆。在安徽濉溪千年古茶镇临涣，有全国独特的品牌茶临涣“棒棒茶”。棒棒茶全为茶梗，以六安瓜片的茶梗为主构成绿茶，以祁门红茶的茶梗为主构成红茶，茶楼以临涣四大古泉（回龙泉、龙须泉、金珠泉、饮马泉）之水为“茶之母”（水为茶之母）泡茶，茶客们细品泡或煮制的棒棒茶，三五一桌，谈家事叙旧情。夏季饮用棒棒茶可生津、消暑，冬季则可生暖健胃。棒棒茶还能用于解酒，多饮不撑腹，可暂解饥渴。临涣镇位于皖北，当地并不产茶，虽与茶叶产地无缘，棒棒茶却延续了这里600年的饮茶习俗。临涣古镇坐落在黄淮平原，距京杭大运河仅15公里，过去水运发达，商贾云集。据唐代李吉甫《元和郡县图志》、唐代李翱《来南录》和宋代传奇小说《开河记》载，通济渠与汴渠分离后，经陈留、雍丘、襄县、宁陵、宋城、虞城、谷熟、永城、临涣、甬桥（今宿州埇桥）、虹县（今泗县）至泗州洪泽湖入淮。柳孜隋唐大运河遗址考古发现，在大运河故道南侧，有8艘唐代沉船和宋代石建筑码头一座，这个重大发现证明了通济渠的确切走向。柳孜位于大运河两岸，是大运河重要的码头城市，临涣茶馆也是运河流经所催生的产物。1 000多年前的临涣，地处隋唐大运河岸边，船旅商人都要在此停留休整，于茶楼小憩。当地老人说，棒棒茶其实是茶商整理茶叶所剩的茶梗，或贱卖、或馈送与茶馆老板，几百年来，废汰的茶梗化为了神奇的名茶。

九华山秀甲江南，九华佛茶因山而著。九华山位于安徽省池州市青阳县境内，西北隔长江与天柱山相望，东南越太平湖与黄山同辉，素有“东南第一山”之称。汉代时，九华山被称为陵阳山，南梁称帻山，盛唐前称九子山。唐天宝年间（742—755年），李白游秋浦写“妙有分二气，灵山开九华”诗句，九子山因而易名九华山。据《太平御览》记载：“因此山奇秀，高出云表，峰峦异状，其数有九。”李白游九华山后诗赠韦仲堪云：“昔在九江（长江）上，遥望九华峰。天河挂绿水，秀出九芙蓉。”千姿百态的群峰，宛如莲花。千百年来，文人、诗客写下了大量吟咏九华圣境的山水诗文。晋唐以来，陶渊明、李白、杜牧、梅尧臣、王安石、苏东坡、杨万里、文天祥、解缙、王阳明、汤显祖、袁枚等文坛“大咖”游历于此，共有题诗500多篇。

九华山素称“莲花佛国”，九华佛茶因佛而名。九华山是地藏菩萨的应化道场，也是世界佛教地藏菩萨道场。寺庙是九华山建筑的精粹，现存的100余座庙宇多数是清代咸丰、同治年间重建的。九华山的开山祖寺化城寺，依山而建，前后四进，随地势逐级升高，气宇轩昂，庄严古朴。清代《九华山志》载：唐至德二载（757年），青阳人诸葛节等建寺，请金地藏居之。唐建中二年（781年）辟为地藏道场，皇帝赐额“化城寺”。九华山天台峰顶的天台寺，为九华山海拔最高的寺院，当地有“不上天台，等于白来”之说。月身宝殿（肉身宝殿），原名金地藏塔，始建于唐代贞元年间，金地藏乔觉晚年在此读经，死后三年，仍颜面如生，遂在此建三层石塔安葬其肉身，即肉身塔。九华街西南的“旃檀禅林”、九华街东北“祇园禅寺”、化城山腰甘露寺、上禅堂各具特色。清代周赟称上禅堂为：“九华香火甲天下，唯上禅堂最贫；风景唯上禅堂最佳；院宇唯上禅堂最丽。”百岁宫是典型的皖南民居式寺庙，是明代无暇禅师肉身所在之地。九华山佛教音乐佛曲有“内外峰围涌玉莲，过桥崖塔迥诸天”之乐境。

九华山有清溪幽潭，山中佳木繁荫，九华佛茶因生态而佳。九华山气候温和，具有生态多样性和完整性，生态环境保持得非常好，九华山森林覆盖率达90%以上，其间动植物物种极为丰富，有1 460多种植物和216种珍稀野生动物。九华佛茶核心产区九华前山的闵园，环境清幽，四季宜人。闵园原属当地员外闵公，传说金地藏当年向闵公借地，言只需一袈裟之地。金地藏一展袈裟，袈裟随风飘飞，竟遍覆九十九峰。闵公非常大方，不仅把这些地都给了金地藏，儿子也跟随金地藏出了家。后来，他自己也皈依佛门。闵园由上闵园、中闵园、下闵园三部分构成，有龙溪河纵贯，溪水清澈见底、蜿蜒流淌。闵园景区遍生松、杉、毛竹，珍贵树种有青钱柳、金钱松、珙桐、楠木等，区内“闵园竹海”和“天下第一奇松”——凤凰松最为著名，园内也富产灵芝、黄精、何首乌、丹皮等野生药材。打鼓岭毛峰产区的打鼓岭，有打鼓三瀑，隐泻于狭谷之中，四季飞悬，经年不绝。打鼓岭花台景区位于“天然睡佛”所在地，朱备乡将军村有打鼓岭崖刻遗存。打鼓岭与打鼓村之间，有成片的珍稀阔叶林，其中有桂皮、石楠、粗榧、南方铁杉、天竺、巨紫荆、兰果树等名贵树种。近年来，在打鼓潭边发现了猴面鹰、娃娃鱼、白颈长尾雉等珍稀动物。茶产区九华后山的黄石溪号称“皖南小九寨”，黄石溪位于九华山天台峰东侧，是一条长约15公里的山涧大峡谷，平均海拔800米，其间植被繁茂，常年云雾缭绕，原始森林保存完好。宋代诗人陈岩诗赞：“平田千亩万山中，山脉高低处处通。黄石一溪三十里，暖春吹动稻花丛。”黄石溪村内古树众多，树身上青苔斑驳，村中一溪穿过，溪水清澈见底，溪边石头有黄褐色斑纹。传说旧时茶农常晒茶在溪边石板上，天长日久，石板便渐渐留下黄褐色的斑痕，人们便称此石为“黄石”。村中之溪源自天台，故又称此地为“黄石溪”，后来亦将这一带采制的茶叶取名为“黄石溪茶”。1915 年，在巴拿马万国博览会上，青阳历史名茶黄石溪毛峰获得金奖。

赞九华佛茶：

九华峰围南台下，金地烹茗有烟霞。

瓯中佛手抚沉浮，黄石一溪映稻花。

（九）黟县石墨茶

石墨茶产于黄山市黟县，为直条形炒青绿茶，制成的石墨茶成品外形呈颗粒状，紧结重实；干茶色泽乌润如墨，茶汤黄红色，清澈明亮，香气甜嫩新鲜，茶味甜醇爽口，具有浓郁的板栗香。经检测，石墨茶水浸出物含量为 50%～55%，氨基酸为 4%～6%，维生素等含量较高，含有铁、钙、镁、锰、锌、钴等十几种人体所需的微量元素。黟山始建于秦始皇 26 年（前 221 年），迄今已有 2 200 多年的历史，有“古黟”之称，是中外闻名的徽州茶商与徽茶文化发祥地之一，有“中国画里乡村”“桃花源里人家”之美誉。石墨茶主产区在渔亭古镇和西递古镇间的石墨岭，石墨茶因石墨岭得名。石墨岭土质间杂黑色，岭上所栽茶树的茶叶呈墨绿色，可谓岭茶相宜，当地人习惯称此处所产之茶为石墨茶。

石墨茶闻名于唐代，历经时代变迁，成熟于清代，堪称“古黟第一历史名茶”。相传李白游历徽州“宁池古道”，过桃源书院，在石墨岭上饮茶品茗，留下了“磨尽石岭墨，浔阳钓赤鱼，霭峰尖似笔，堪画不堪书”的诗句，自此石墨茶得名。清代同治己巳年（1869 年）许乃登注《黟县三志》称：“茶，六都石墨岭产者最佳，茗家谓之石墨茶。”清代徽州黟县学者俞正燮在《易安居士事辑》中，详细记载了关于石墨茶茶令的内容、形式、惩罚等饮茶助兴作乐的游戏。石墨茶在皖南各类茶品中，以“重如石”“色如墨”“香味浓”和“营养高”等特点而占有特殊之位。

石墨茶的独特品质最早源于其生产地的土质。石墨茶茶园核心区分布于黟县东源桃源洞石墨岭一带，海拔 400～500 米的深山幽谷之中，其土壤较为独特，土质富含石墨矿，多为沉积性碳质土，土层深厚，土质肥沃，这些造就了石墨茶最早的基因品类。与普通茶叶相比，石墨茶叶片如其名称，颜色更深，色如石墨。历经多年，石墨茶已形成较为稳定的基因特征，即便移栽它处，也能保持较为完整的品种特征。安徽黟县石墨茶文化系统入选 2016 年全国农业文化遗产普查项目，2018 年，农业农村部正式批准对“黟县石墨茶”实施农产品地理标志登记保护。

石墨茶的独到之处更在于它的制作工艺。石墨茶加工的鲜叶在每年清明与谷雨之间采摘，以“一芽二叶”为采摘标准，茶叶需经过摊放、杀青、揉捻、初烘、炒头坯、筛分、摊凉、炒二坯、晾置、足烘十道工序制作而成。传统石墨茶炒坯十大技艺：抓、抖、压、挤、推、滚、翻、转、揉、抛。晾置工艺则是石墨茶制作中最为独特的，即将“炒二坯”之后的茶叶，放在空气中晾置5～7天，这也是形成石墨茶独特品质的独特工艺。石墨茶作为历史悠久的地方特色名茶，其传统加工技艺深刻反映出条索状炒青绿茶向颗粒状炒青绿茶的转变过程，是研究颗粒状绿茶演变进程中不可或缺的活资料。

黟县石墨茶文化系统内自然景观极佳，石墨岭位于渔亭镇桃源村境内，因产石墨而得名。宋代《太平寰宇记》云：“在黟县南十八里，岭上有石如墨色，岭有穴，中有墨石软腻，土人取为墨，色碧甚鲜明，可以记文字。”石墨岭也是徽州府通往宁国府、池州府的宁池古道必经之处。黟县境内这数十条古道，著名的有：京浙古道（从北京到浙江的古官道）、宁池古道（由休宁东亭进入黟县界首）、黟太古道、黟祁古道、石门岭古道（黟县柯村乡至石台横渡镇琏溪村石坑）、方家岭古道、章岭古道、渔亭古道。宁（宁国府）池（池州府）古道，由休宁县东亭进入黟县，经渔亭、栈阁岭、西递铺、石山、古溪、江村、北庄、际村、卢村、过羊栈岭经榧树下、扁担铺进入太平县界，黟县境内里程40公里，扁担铺经太平县岩前司、石埭县大松居、青阳县朱备店至大通和悦州120公里，从扁担铺经泾县、南陵至芜湖总计有150公里。石墨茶产区内植被极为丰富，主要以森林植被为主。用材林树种有青冈、苦槠、甜槠、马尾松、杉木、毛竹、枫香等，经济林树种有茶叶、胡桑、油桐、青檀、油茶、猕猴桃、板栗、尖栗等。药用植物有黄连、金银花、益母草、菊花、皖贝母等中草药680种。兽类有云豹、金钱豹、黑麂、穿山甲、松鼠、黄鼬、香灵猫等。鸟类有白颈长尾雉、鹰、鹁鸪等20余种。山下溪流中有非鱼类水生动物娃娃鱼，以及荷包鲤鱼、鳗、石斑、麻鱼等。石墨岭古有石墨竹，相传李白游历徽州“宁池古道”，过桃源书院，在石墨岭上饮茶品茗作诗，兴致极处，飞掷墨笔，墨点挥洒在竹叶上，从而形成一种非常奇特的墨竹，每个竹叶上都有一个大墨点迹，当地人称之为“李白墨竹”。

石墨茶文化系统位于徽州古村落集中地黟县境内，相邻有世界文化遗产宏村、西递。石墨岭东南侧即为浔阳台，又称“太白钓台”。相传李白闻“十里桃源，万家酒店”而来，并游吟于此，作有《钓台》（载《李太白全集》）诗一首，在品尝石墨茶后，感觉色绿、香清、味甘、形美，情不自禁赞叹其为好茶。迄今仍保有“浔阳台”三字的石刻嵌于石壁之上，字体律严气壮。此处坐落另一胜景桃源洞，《黟县志》云：自城东南石墨岭“东行为樵贵谷”“山峻谷深，林越秀明，实胜境也”。自石门山南行为桃源洞，山骨秀出，临水道凿石入三尺许，石崖凸出处为屋，即门题之为“洞府”。清诗人吟诗描绘道：“洞门深锁白云隈，洞口桃花岁岁开。”石墨茶的文化浸润着当地人们的日常生活。《黟山采茶·竹枝词》吟咏：“我黟田少独山多，墒土宜茶理不磨。好是春光三月半，村村听唱采茶歌。”每年清明前后，茶山上忙采茶，农户家忙制茶。“去岁茶商得利丰，今年山价定然昂。阿侬欲制钗头凤，都在春风一叶中。”

至清末民初，由于战争频发，茶产业逐渐衰落，加上黟山石墨茶手工制作复杂，费时费力，石墨茶也就慢慢淡出人们视线。但因其品质独特，仍有少数人坚持制作。近年来，以李明智为代表的传承人成立“黟山石墨茶项目小组”，从历史文化、产地分布、鲜叶特性、手工工艺改进、宣传推广等方面进行研究，制定了相关保护措施。在当地政府的支持下，公司加大投入，建立石墨茶核心产区保护区，举办石墨茶文化节，建立石墨茶文化馆以及石墨茶示范观光园等，将这一传统茶叶加工技艺进行保护传承，“古黟第一历史名茶”将会迎来辉煌的前景。

赞黟县石墨茶：

弋江源头浔阳台，石墨岭下桃花开。

太白掷笔本无意，留得飞墨着青茶。

（十）其他

舒城小兰花

舒城小兰花为历史名茶，创制于明末清初，属绿茶类，主产安徽省舒城县。舒城产茶历史悠久，唐代陆羽《茶经》中引用《桐君录》记录：“西阳、武昌、庐江、昔陵好茗，皆东人作清茗。”《茶经》中也记述了安徽产茶之处，江北有舒城、寿州，江南有宣州、歙州。早在《汉书·地理志》就记载：“庐江郡领十二县，曰舒、曰居巢、曰龙舒……”说明东汉时舒城、庐江等县已产茶，而且品质好。唐代皖西茶区茶叶生产已具有相当规模，就连敦煌石窟发现的唐代王敷《茶酒论》也记载了舒城、太湖（当时为潜山）盛产茶叶。舒城兰花茶通常依采制要求不同，分大兰花和小兰花。兰花茶主要产于舒城、岳西、庐江、桐城等县市，以舒城产量最多，品质最好。舒城的晓天、山七里河、梅河、毛竹园等地主产大兰花，尤以晓天白桑园所产更为著名，属兰花茶的上品。舒城小兰花具有“形如兰花，香似兰花”的独特品质，其外形条索细卷呈弯钩状，芽叶成朵，茶色翠绿匀润，毫锋显露，茶味鲜爽持久，内质香气为兰花香型。

舒城兰花茶冲泡后茶如兰花开放，枝枝直立杯中，有特有的兰花清香，俗称“热气上冒一支香”；汤色绿亮明净，滋味浓醇回甘，叶底成朵，呈嫩黄绿色。安徽农学院茶学专家陈椽教授在《安徽茶经》中提到：“传说在清朝以前，当地士、绅阶层极为讲究兰花茶生产。”陈椽教授主编的《中国名茶研究选集》和《制茶学》中写道，舒城小兰花茶与碧螺春、太平猴魁、涌溪火青、六安瓜片、铁观音等名茶同在清朝创制。舒城兰花茶的名称或许与其芽叶相连于枝上，形似一枚兰草花有关。也有人认为兰花茶采摘时节正值山中兰花盛开，茶叶吸附兰花香，因而得名。1958 年 9 月 16 日毛泽东来舒城县视察，指示“以后山坡上要多多开辟茶园”，从此，舒城茶产业发展迅速，舒城县以毛泽东视察日为名，把舒城该片茶园命名为“九一六”茶园。舒城兰花茶享誉大江南北，畅销海内外，近年来，舒城小兰花作为“国礼徽茶”的品牌向世界推广。

赞舒城小兰花：

形香如兰花，园圃本无差。
芽叶总相宜，伟人顾舒茶。

岳西翠兰

岳西翠兰属烘青绿茶，茶树品种为当地石佛翠、舒茶早等，主产于岳西县包家、主簿、头陀、来榜等八个区域。制作岳西翠兰，选用芽头均匀的一芽二叶鲜叶，经精工焙制而成。制成的干茶芽叶相连，呈朵形，似兰花初放，茶色鲜绿，细毫显露，饮尝则滋味醇浓爽口，嫩香持久。岳西翠兰加工后的干茶翠绿，泡后汤色碧绿。

岳西翠兰之名既与其外形有关，也与特定的地理因素相联系。翠兰茶的加工，是在“小兰花”的传统工艺基础上研制开发而成的。岳西县地处大别山腹地，境内茶园生态环境优良，茶园周围野生兰草花处处可见，兰花之清香与春茶之香沁，互相交融。与小兰花茶相比，翠兰茶更具有“翠绿鲜活”的品质特征，因此而得名。

岳西翠兰之优源于极为优质的生态。岳西是安徽省唯一集革命老区、纯山区、生态示范区、生态功能区于一体之县，为国家重点生态功能区，境内森林覆盖率达到 76%，是第二批国家生态文明建设示范县。岳西盛产茯苓、天麻、杜仲、麝香、石斛等 30 余种名贵药材，环境生态资源极为丰富。岳西有天峡（国家水利风景区）、司空山、妙道山、明堂山、冶溪古树保护区、天仙河等，森林生态效益总价值已超过 60 亿元。岳西竹园、茶园众多，其中竹山古茶园最为有名，吴惠敏在《安徽农业文化遗产概览》中写道：岳西竹山古茶园位于安徽省安庆市岳西县东北边陲的姚河乡香炉村，香炉村地处大别山腹地，总面积为16.17平方公里，山场面积大约13.3平方公里，平均海拔为540米，森林覆盖率达80%以上。竹山古茶园则在海拔800米左右，常年云雾环绕。茶园占地380亩，是历史名茶“舒州小兰花”的原产地，中国十大新名茶“岳西翠兰”也诞生于此（见竹山古茶园碑铭）。这里分布着108棵树龄在300至500年（茶学家詹罗九教授实地考证鉴定）的古茶树，主干直径最小的有12厘米，大的20多厘米，有的茎围可达73厘米。竹山古茶园是中国罕见的古老茶园之一，这些大别山稀有古茶树群在灌木型茶区尤显珍贵，具有活化石价值。古茶树的主干粗壮、遒劲，布满青苔，每株都悬挂有保护的铭牌。最值得一提的是编号为“001”的特大野生古茶树，被当地人称为“神茶”，是岳西翠兰手工制作技艺省级非遗传承人刘会根于2010年发现的。它生长在人迹罕至的客隆寨南麓崖壁上，主干呈柱状，干围达65厘米，干高60厘米，枝叶繁茂，成茶香气浓郁。

岳西翠兰品牌虽然于1985年试制定型，属安徽年轻的“后起之茶秀”，但其实岳西茶叶种植历史悠久，早在陆羽《茶经》中即有“舒州”“寿州”为中国主要茶产地的记载。岳西位于大别山东段分水岭，为古舒州、寿州结合部。唐代以来，岳西所产黄芽茶、兰花茶、天柱茶、闵山茶一直闻名遐迩，为历史名茶谱中的重要成员。明清方志多有记载：“茶优异，多入贡。”香炉村位于岳西和舒城交界处，山阴面即为岳西竹山古茶园，山阳面则是舒城晓天镇白桑园茶山，白桑园是舒城兰花茶的极品产地和名茶“白霜雾毫”的发祥地。在白桑园小麦淌及周边的茶园中，也有多处200年以上的古茶树。值得关注的还有岳西精深美妙的茶文化，不仅各种茶歌、茶舞、茶谚、茶俗随处可见，200多年前的岳西高腔《采茶记》也被列入国家首批非物质文化遗产名录，剧本分为《找友》《送别》《路遇》《买茶》四场，共计12 000余字，完整生动地再现了古皖西茶事。如今的竹山古茶园在茶旅融合发展的理念下得到了多元、快速的发展，与荣获2016年度“全国最美茶园”称号的岳西包家乡石佛寺有机生态茶园，以及荣获2014年度“中国十大最美乡村”称号的菖蒲镇水畈村一样，深受广大游客的喜爱。

赞岳西翠兰：

竹山有古园，翠绿鲜芽开。

遥看不是兰，为有茶香来。

敬亭绿雪

敬亭绿雪属扁条形烘青绿茶，茶树品种为当地宣城尖叶。敬亭绿雪茶形似雀舌，挺直饱润，色泽嫩绿，白毫显露，嫩香持久，冲泡后茶味甘醇。有诗赞誉绿雪“沸泉明瓷雪花飘”，清代宣城人施润章称：“馥馥如花乳，湛湛如云液……枝枝经手摘，贵真不贵多。”敬亭绿雪产于安徽省宣城市北敬亭山，始创于明代，明清时期被列为贡茶。据《宣城县志》载：“明、清之间，每年进贡300斤*。”《宣城县志》还有记载：“松萝茶处处有之，味苦而薄，然所用甚广。唯敬亭绿雪最为高品。”又载《绿雪采茶歌》：“一榻松阴路，因贪茶候闻，呼朋争手摘，选叶入云还。竹色翠连屋，林香清满山，坐看归鸟静，明出半峰间。”清代施润章对敬亭山有“酌向素瓷浑不辨，乍疑花气扑山泉”之赞誉。清代画家宣州人梅庚对敬亭绿雪颂曰：“持将绿雪比灵芽，手制还从座客夸。更著敬亭茶德颂，色澄秋水味兰花。”敬亭绿雪约于清末失传，1972年，安徽省敬亭山茶场开始研制敬亭绿雪，在安徽农学院陈椽教授的指导下，1978年，该品研制成功。

敬亭绿雪因山而名，敬亭山因诗而著。敬亭山，原名昭亭山，有“江南诗山”之誉，因诗而得以扬其名。自南齐以来，李白、王安石、白居易、朱元璋、陈毅等400余位历代名人先后来此登山远眺、吟诗作赋，吟咏敬亭山的诗词仅出自名家之口的就数以千计。六朝南齐诗人谢朓任宣州太守，筑楼于斯，赋诗吟颂。唐代诗人李白，多次登临敬亭山，写《独坐敬亭山》：“众鸟高飞尽，孤云独去闲。相看两不厌，只有敬亭山。”此后，文人墨客、访古寻幽者纷至沓来，敬亭山“竟为高人逸士所必仰止而快登也”，山中也留下无数诗篇和墨宝。敬亭山石门坊上，刻有楚图南的题字和李白、陈毅的诗作。过门坊，李白塑像静立在昭亭湖畔，仰望青天、气韵非凡。沿山而上，道路崎岖，有“绿雪茶社”，盘山而上，山腰可登“太白独坐楼”，更能畅游诗中，感受诗意的敬亭山。李白一生爱酒，爱诗，爱茶，一生七游宣城，尤爱敬亭独坐，《独坐敬亭山》就留有两首，除了上面的《独坐敬亭山》，还有另一首《独坐敬亭山》，诗曰：“合沓牵数峰，奔地镇平楚。中间最高顶，髣髴接天语。”“合沓”在谢朓《敬亭山诗》“兹山亘百里。合沓与云齐”中也用过，可谓李白与谢朓对敬亭山群峰重叠有相同感受。李白两次登上谢朓楼，把酒临风，也曾怀念谢朓，其《宣州谢朓楼饯别校书叔云》写道：“长风万里送秋雁，对此可以酣高楼。蓬莱文章建安骨，中间小谢又清发”，在《秋登宣城谢朓北楼》中感叹：“人烟寒橘柚，秋色老梧桐。谁念北楼上，临风怀谢公。”

赞敬亭绿雪，诗曰：

太白独敬亭，孤云与对饮。

明瓷绿雪飘，坐看归鸟静。

石台富硒茶

石台富硒茶属绿茶，茶树为祁门槠叶种、鸠坑种、迎霜种，产于石台。石

---

* 斤为非法定计量单位，1斤=500克。——编者注

台富硒茶感官特色为：外形紧结，芽叶肥嫩、绿润，清香高长，略带野花香，汤色黄绿、明亮，滋味鲜醇。石台产茶历史悠久，《石台县志》记，明清时石台绿茶即销往苏州、广东、福建、香港等地，苏州茶庄一度流传“石埭山茶不到不开秤”之说，可见石台茶影响之大。《中国名茶志》载，石台是祁红的主要产地，用产自石台的鲜叶制作的红茶远销世界各地。2012 年 12 月，“石台富硒茶”成功获批国家地理标志保护产品称号。2019 年 11 月，石台富硒茶入选中国农业品牌目录。

石台富硒茶因富含硒而名，为天然绿色的补硒饮品。石台域内土壤土层中等，有机值含量中等，呈酸性或微酸性，腐殖质含量比较丰富，硒元素含量高。1995 年，人们在土壤成分检测中偶然发现石台珂田微量元素硒含量明显高于其他地区。研究表明，富硒茶硒元素含量是其他茶叶的 2～3 倍。就健康机理而言，硒元素能提高人体免疫力，促进淋巴细胞的增殖及抗体和免疫球蛋白的合成；就健康实践来看，石台富硒茶的主产区仙寓山，有“中国富硒第一村”——大山富硒村，村中长寿老人比例非常高，佐证了富硒茶的健康之效。

其实，石台富硒茶之名更得益于极为优越的生态。石台享有“中国原生态最美山乡”的美誉，是“国家首批生态经济示范区”“国家重点生态功能区”“中国天然氧吧”“全国生态文明建设示范县”。石台地处两大名山黄山与九华山之间，属中亚热带湿润季风气候，四季分明、气候温和、雨量充沛。垂直型地貌特征明显，常年雾气笼罩，茶园地理环境封闭，生态条件优良。石台富硒茶主产地仙寓山为黄山的西脉，主峰海拔 1 376 米，是皖南第四高峰。山中峡谷幽深，古道纵横，流泉瀑布，群峰逶迤。森林中有大量的红豆杉、鹅掌楸、罗汉松、银杏、红榉、红楠等珍贵稀有树种。此外，仙寓山存有大量古迹和文化遗存，傩戏、目连戏、徽剧、黄梅戏、山歌、民歌都盛行于此。山中有榉根岭古徽道，为徽州连通当时池州、安庆的要道，古道皆为青石板铺就，是古徽州通往浙江、江西、福建等省的交通要道。

言石台茶必提“雾里青”。南宋陆游诗曰：“三月寻芳半醉归，柴门响动竹常开。秋浦万里茶人到，笑说仙芝嫩蕊来。”宋代名茶“仙芝”“嫩蕊”产于石台，其中以仙寓山茶为最。“嫩蕊”产于高山，茶园常年被云雾笼罩，当地人称此茶为“雾里青”，产于石台牯牛降及其周边地域，主产区位于石台县珂田、占大、大演一带。从明武宗正德年间起，雾里青即为贡品。明代徐渭《谢钟君惠石埭茶》道：“杭客矜龙井，苏人伐虎丘。小筐来石埭，太守赏池州。午梦醒犹蝶，春泉乳落牛。对之堪七碗，纱帽正笼头。”雾里青（嫩蕊）声名之盛，不输龙井。明清皖南山区茶货经黄溢河、秋浦河、青通河、青弋江、水阳江、长江到扬州，再经京杭大运河到北京。清代乾隆年间，雾里青茶开始销往欧洲大陆。1745 年，瑞典“哥德堡”号商船运丝绸、瓷器和茶叶，从广州远航回国，一路顺利，但在即将到达哥德堡港口处时，商船触礁沉没。时隔200多年后，这艘古商船被打捞上来，青花瓷坛中存有茶叶，外观依稀青绿。通过考证，这些古茶即极品雾里青茶。

榉根岭古徽道“古稀亭”边上有“输山碑”。“输山碑”立于清代道光八年（1828年），是当地李氏族人为禁止在徽道两侧开荒伐木、防止水土流失、护路养路而设立的石碑。输山碑可谓保护生态环境和护道的乡规民约。碑文记：“募修岭路，挨路上下之山，必先禁止开种，庶免沙土泻流壅塞。斯为尽善乐助，有功兹幸。众山主矢志好善，自岭头至岭脚，凡崎岖之处，不论公私，永远抛荒；平坦处，挨路，上输三丈，下输二丈，永禁开挖。爰勒芳名，永垂不朽”。

徽州盛产木竹，森林资源也是徽州人过去经济收入的主要来源。在古徽州各地的乡规民约中，有着不少保护山林、土壤和环境的内容。如嘉庆年间的“驱棚”运动，也为保护山体和山林。明末之时，徽州有无地农民进山垦山种植苞芦，筑棚而居，至嘉庆年间棚民近1万人。棚民垦山致山体受损，水土流失。清代诗人袁枚曾写《悼松》诗，抒怀黄山松树遭受损坏之憾，疾呼爱护山林之愿。嘉庆十二年（1807年）始，官府开展了“驱棚”运动。清代嘉庆民间各类封山会、禁山会、青苗会等民间组织也制订严禁破坏山体、砍伐林木的规定，各地村规乡约纷纷效仿。仙寓山北麓祁门西乡文堂村《文堂乡约家法》规定：“本都远近山场，栽植松杉竹木，毋许盗砍盗卖。诸凡樵采人止取杂木。如违，鸣众惩治。”1572年，文堂村民制订的《文堂乡约家法》，被誉为“徽州弟子规”，500年来，文堂村村民以此家法自律遵循，文堂村也得以形成自然淳朴、人情敦厚、生态良好的村风村貌。在当今乡村振兴和新农村建设中，文堂村也被选入全国绿化千家村，跻身安徽省美好乡村建设示范村，至今文堂村苍莽连绵的原始森林依然如故。与此同属，清咸丰元年（1851年），贵阳乌当区金华镇下铺村回龙寺前也有规约山民生产生活的“禁止碑”。碑文记：“凉亭内不准挖泥；小山坡不准开石，挖泥，割柴叶、茨草；贵州坡不准开石、挖泥；大石板及敲邦候不准开山、挖泥、看牛、割柴叶、茨草；官塘不准担水，外面骑马与抬轿，不准进堡过道。以上五条如若不遵，罚银四两六钱是实。”内容涉及山体、植被、水资源、道路等方面的保护，以保护环境为要求，以乡规民约的禁规和惩治，让乡民们养成不破坏绿水青山的规范自律。

禁止碑记述了过去乡民们保护森林植被、防止水土流失的朴素认识和基本做法，可谓是古代保护生态环境的乡村见证。儒家生态伦理非常重视人与自然的和谐相处，处处强调“仁民爱物”，人们的生产、生活，必须按照自然规律来合理、和谐地组织安排。《论语》记载孔子“弋不射宿，钓而不纲”之说。《孟子·梁惠王上》曰：“不违农时，谷不可胜食也；数罟不入洿池，鱼鳖不可胜食也；斧斤以时入山林，材木不可胜用也。”《礼记·月令》要求，人们要根据动植物的自然生长规律，来安排适地、适时的砍伐和田猎。人们的生产、生活须时刻遵循自然规律，人们的生产、生活观念也须以善待自然之物为本。

赞石台富硒茶：

雾里嫩青蕊，西洋急闻催。

爱物榉根岭，石埭硒茶最。

桐城小花

桐城小花属直条形烘青绿茶，茶树为皖西兰花茶品种，产于桐城黄甲、大关、吕亭等乡镇，核心产区在大别山东南麓龙眠山一代。桐城小花成品茶外形舒展、似兰花，冲泡后的茶汤翠绿，汤色明亮，香气持久有兰花香，滋味鲜醇回甘，叶底嫩匀绿明，独特品质为“色翠汤清、兰香甜韵”。桐城市吕亭镇鲁䃭村有桐城歌《鲁䃭茶》，茶歌唱道：“茶香扑鼻口生津。多少年来多少载，香茗陶醉多少人。”

桐城种茶历史悠久，明代大司马鲁山公（孙晋）宦游时得异茶籽，植之龙眠山之椒园，古称椒园茶，因其冲泡后形似初展花朵，亦名“桐城小花”。椒园茶茶品极佳，与当时被“茶圣”陆羽称“茶中第一”的浙江长兴顾渚紫笋、四川雅安“仙茶”蒙顶齐肩。《桐城风物记》载：“茶，凡山园皆有种者，唯小龙山方氏龙泉庵中茶产于云雾隙中，味醇而色白清香，品不减于龙井。龙眠山孙氏椒园茶亦佳。”中华人民共和国成立后，桐城市通过引进良种，改造茶园，推广机械化制茶。2002 年，桐城把发展茶叶作为振兴山区经济的支柱产业，市政府提出了“扩量、提质、创牌、增效”的茶业发展方针，桐城小花迎来了快速发展的时期。

桐城小花因文而名，因桐城文化之“飞升”而得“仙名”。桐城小花过去即非大众名茶，产量亦很少，即便在安徽也属小众名茶，名声不显。明清时代，桐城学派崛起，桐城小花也成为达官贵人的最爱。父子同为宰相的张英和张廷玉，桐城派重要的文学家方苞、戴名世等，都曾盛赞家乡的小花茶。桐城小花因其形似兰状，色翠绿润，滋醇回甘，带兰香而得名，有“兰韵”，清代“小宰相”张廷玉誉称小花茶“色澄秋水，味比兰花”。清代陆廷灿《续茶经》中赞桐城小花：“六邑俱产茶，以桐之龙山、潜之山者为最。”清代姚兴泉《龙眠杂忆》记：“桐城好，谷雨试新鎗，椒园异种分辽蓟，石鼎连枝贩霍英，活火带云烹。”

桐城小花也因“文茶”而添显其上佳滋味，文与茶可谓相互得名，相得益彰。桐城诞生了影响中国数百年的文学大派——桐城派。旧时桐城人品茶讲究色香味形俱佳，有“龙眠山上茶，紫来桥下水”之说。桐城小花茶除具有名茶应有的品质外，还有独特的文化品味。龙眠山上小花茶禀天地之精华，香幽远而飘逸，纯皎洁而无暇，亦显君子之风范。翰墨茶香，浸润了桐城派的文章，也造就了一代人臣的谦谦君子之风。桐城城内“六尺巷”巷道石坊刻存“让礼”两字，巷口立石墙，上书“老宰相”张英的“让墙诗”：“千里家书只为墙，让他三尺又何妨。万里长城今犹在，不见当年秦始皇。”从宋代画家李公麟到明代“百科全书式”大科学家方以智、少司马孙晋，乃至清代的“父子宰相”张英、张廷玉，当代“美学大家”朱光潜，桐城名人皆与茶有缘。对于桐城小花而言，可谓茶润泽了桐城文化，文化推动了小花茶的发展。有人赞誉：安庆黄梅戏，龙眠山上茶。桐城六尺巷，紫来桥下水。王庄仙姑井，黄昏嬉子湖。文都桐城派，桐城小花茶。

赞桐城小花：

椒园有兰茶，色澄秋水哗。

龙眠紫来毓，文都品小花。

涌溪火青

涌溪火青属珠茶，产于泾县黄田乡涌溪，核心产区位于涌溪山的枫坑、盘坑、石井坑湾头山一带。涌溪火青外形独特，茶形圆紧卷曲如发髻，似腰圆，紧结重实；色泽墨绿，油润乌亮，银毫密披；因形似珠粒，落杯有声，似轻言一声“泡茶了”。耐冲泡，冲泡茶似兰花舒展，汤色黄绿明净，有兰花鲜香，高且持久，茶味醇厚，回味甘甜；叶底嫩绿微黄，匀齐成朵。涌溪火青于2011年入列农业部全国农产品地理标志。

300多年前，涌溪茶就已有名。清顺治二年（1645年）《泾县志》记载：“由磨盘山南起至涌溪，广阔三十余里*，多产美茶并杉木。”清咸丰年间，火青年产量有百余担，其中高档火青占20%左右，此时为火青生产的最盛时期。与涌溪毗邻的黄田村有巨商朱氏家族，《泾县乡土记》记：“山之西南为朱氏村，山之正西为胡氏村，朱氏族大，散居于县之东乡，纵横十余里，户口数万。”黄田朱氏是以商贾兴、以官宦显之望族，自北宋末迁于此已千年，与理学家朱熹同宗共祖，以儒商并重而鼎盛于清。为了朱家行商运茶时便于携带，黄田茶农便在引鉴徽州炒青制法的基础上，进一步将茶叶揉炒、挤压成紧结的腰圆形，由此形成了风格独特的涌溪火青。黄田村现存古“洋船屋”，围墙及屋体皆仿轮船外形依地势而筑，外形酷似轮船，花园为船头，呈尖角状，似“驾驶室”楼舱，舱腰为高层住宅和厅堂建筑，似为“客舱”，大院为船尾。洋船屋因“孝”而建，谈及“洋船屋”，还存一段感人故事。清道光末年，泾县黄田盐商朱一乔、朱宗怀父子在沪经商，曾回乡看望母亲，谈尽家事，又叙外

* 里为非法定计量单位，1里=500米。——编者注

之见闻趣事，朱一乔母亲听到上海黄浦江有“洋火轮”，极为想见“洋火轮”。因交通不便，加之自己缠足不能远行，虽几欲前往，但终难以成行。孝顺的朱一乔为圆母亲之愿，与儿子商议后，在老家老屋外，修建了这座外形酷似大轮船的建筑洋船屋。2006 年，“洋船屋”被列为全国重点保护文物。

陪伴和相叙是最好的孝顺，朱一乔在与母亲相叙中，听到母亲无意间的一句话“想看看常说起的‘洋火轮’”，而老人常言的“想看看……”不过只是随便说说而已，每个人大抵都有着相同之遇，朱一乔却当真。为圆母亲之愿，建洋船屋，母亲自然极为高兴，让父母开心便是孝顺的极致。唐代有“色养”之说，谓承顺父母颜色。“色养”的基本要求为：子女不仅要在生活起居上照顾和赡养老人，而且要在精神上保证老人的心情愉悦，让侍奉的老人尽量开心。朱一乔建屋便是“实践”的“色养”。《礼记·祭义》记：“孝子之有深爱者，必有和气，有和气者，必有愉色，有愉色者，必有婉容。”孝顺父母的人，因常思养育之恩、常怀恭敬之情，心中充满和顺之气，脸上必定和颜悦色。《论语·为政》曰：“子游问孝。子曰：‘今之孝者，是谓能养。’……子夏问孝。子曰：‘色难。’”朱熹集注：“色难，谓事亲之际，惟色为难也。”南朝宋刘义庆《世说新语·德行》曰：“王长豫为人谨顺，事亲尽色养之孝。”东晋王长豫侍奉双亲时，总是口头应承，神情和顺，深得父亲偏爱，王长豫也为世人称赞。2015 年 10 月，《人民日报》曾有一则评论，题目是“陪伴是最大的孝心”，其中写道：我们看到的，不仅有“空巢老人”“异地养老”的心酸与烦恼，还有现代节奏下两代人相处模式的变化与挑战。或许，我们无力改变“分离两地”的状态，也无必要重拾“几代同堂”的孝养方式，但至少，可以让父母感受到子女的爱，获得精神上的慰藉。评论指出，逢年过节之时，子女给老人“送点啥”并不是表达孝心的唯一，更重要的是在日常生活中替他们“想点啥”，帮他们“做点啥”。和老人一起分享彼此的生活，让千千万万的老人在变老的过程中，通过与子女的经常交流，更多地了解日新月异的社会生活，亲眼看到时代的变化。让他们不再孤独，像父母带子女认识儿时的世界一样，不厌其烦地、细致耐心地，手拉手带着他们看。几百年前的朱一乔竟然做到了，实为不易。

建造“洋船屋”之缘离不开涌溪火青。泾县商人自明成化、弘治始，已经常远出他境、赢奔四方，在全国各地都开设有宣纸栈、丝茶行、烟行、竹木行乃至盐号、钱庄。清嘉庆年间，黄田朱姓商人已遍布苏州、杭州、南京、武汉、扬州等较大的商业城市；“泾县帮”在汉口汉正街、云梦胡金店镇行商规模也非常大，形成泾县一条街，有茶庄、盐庄、绸庄、当铺等，经营门类无所不及。泾县商人与宁国商人形成了宁国府商帮，同徽商一起影响中国经济达数百年，清末民初，有“无徽不成镇”“无泾不成集”之说。

赞涌溪火青：

形似绿髻乌，涌溪听粒珠。

最叹承顺心，黄田筑船屋。

金山时雨

金山时雨属炒青绿茶，产于绩溪县上庄镇，具有400年的生产历史。金山时雨原名“金山茗雾”，因形细若雨丝又采制于谷雨前后而得名。绩溪县为低山丘陵山区，西部为黄山支脉，东部为西天目山脉，境内大鄣、大会、大嶤三山鼎立。金山位于绩溪县上庄镇余川村，属黄山山脉东麓。金山时雨干茶为条形紧结卷曲炒青绿茶，色泽绿润，冲泡后，一芽两叶，叶片肥厚，如金似玉，香气浓郁清爽，回味甘美，卤头浓厚，耐冲泡。金山时雨鲜叶采摘时间在三月下旬至四月中下旬，采摘标准为一芽二叶初展，当地俗话称为“鹰嘴甲”。制作工艺流程分为杀青、揉捻、炒头坯、复揉、炒二坯、摊放、掰老锅（整形）、拣剔八道工序。成茶呈发髻形，条索紧结卷曲、匀整、形似发髻、油润隐毫，香高持久，具有兰花香，滋味醇厚回甘。

绩溪产茶可上溯于唐代。清道光三十年（1850年），绩溪人创制“金山时雨”于沪，为汪裕泰号“镇号之宝”。同治七年（1868年）定名金山时雨，光绪二十年（1894年）汪裕泰号即以“金山时雨”茶入贡，是为贡茶。清代绩溪人章廷炯《金山茗雾》诗谓：“异草育地灵，香雾蒙崖野。村女摘春归，就火焙檐下。三沸入芳瓷，缕丝犹篆写。”嘉庆年间《绩溪县志》中有“……我绩环境皆山，产茶之处甚多，登源大鄣乡之大鄣茶、岭北龙井乡上金山黄柏山之云雾茶，尤为珍品……”的描述。绩溪徽岭山脉绵亘中部，土壤有机质含量高，土壤pH大多在5.8～6.5，非常适宜茶树的生长。

绩溪是徽商的故里，是徽菜、徽墨发源地，素有“徽厨之乡”“徽墨之乡”“蚕桑之乡”之称。胡适为绩溪县上庄镇人，喜爱喝家乡茶金山时雨，并常以此茶馈赠友人。由于金山时雨茶耐冲泡，第六次茶味才变淡，他曾有诗曰：“一碗喉吻润，两碗破孤闷，三碗搜枯肠，唯有文字五千卷，四碗轻发汗，平生不平事，尽向毛孔散，五碗肌骨清，六碗通仙灵，七碗喹不得也，唯觉两腋习习清风来。”2010年，“金山时雨”获国家农产品地理标志登记保护，2016年，绩溪金山时雨茶文化系统入选全国农业文化遗产普查项目。

赞金山时雨：

上庄鹰嘴甲，丝雨渥茗佳。

六碗通仙灵，金山有新茶。

03

三、蔬菜类

（一）涡阳苔干

涡阳苔干，也称义门苔干，产于亳州市涡阳县。涡阳苔干鲜苔，为尖叶莴苣，当地菜农称之为“秋苔子”，属菊科莴苣属，一年生或越冬二年生草本植物，是一种莴苣晚熟品种。鲜苔叶质较柔软，叶片狭长，肉质茎为长梭形，茎肉较为致密。该品种质地脆嫩，不易裂茎，含水分较少。涡阳苔干是鲜莴笋经加工而成的半干条状蔬菜。涡阳地属暖温带半湿润季风气候，光照充足、雨量适中、四季分明，无霜期较长，较为适宜莴苣生长。涡阳苔干之特在于其形，苔干浸发后，色泽翠绿，清新素雅；涡阳苔干之特又在于其嚼声，可谓“响脆有声，味甘鲜美，爽口提神”。1958 年，周恩来总理品尝苔干时，因嚼之清脆有声，称之为“响菜”，因其声又同食海蜇时的响脆声，又为广大食客称为“植蜇菜”。1983 年，涡阳县被授予“中国苔干（贡菜）之乡”称号。

中国苔菜的栽培历史最早见于秦代，涡阳苔干的加工记载始于明代。明正德《颍州志·菜部》记载：涡阳苔干种植起源于义门镇及涡河沿岸。清康熙和乾隆年间涡阳苔干均为贡菜。民国二十五年（1926 年）《涡阳县志》记载：“义门集所制苔干，出品较多，人亦喜食，皆零星销售，近运邻邦，远及武昌，无可统计。”义门苔干在民国时期就在湖广、东南亚一带享有盛名。义门镇是安徽省“千年古镇”，位于涡阳县西北部漳河与涡河交汇处。《义门区志》记载：在春秋战国时，义门属楚要塞，隶归城父县辖。唐天宝十年（751 年），设真源县。后因亳州知州张廷在此建立“泣杖祠”，义门得“伯俞故里”之名。“二十四孝故事”中第四篇有“伯俞泣杖”的故事，韩伯俞故里就在涡阳县义门镇。“伯俞泣杖”出自汉代刘向《说苑·建本》：伯俞有过，其母笞之，泣。其母曰：“他日笞子未尝见泣，今泣何也?”对曰：“他日俞得罪，笞尝痛，今母之力不能使痛，是以泣。”实乃：一朝知母力衰退，涌起心酸泪满襟。伯俞年近七十岁时，老母尚在，为讨母亲欢喜，伯俞穿上彩衣，手持童鼓，滚地欢舞，以博得母之欢心。母亲下世后，伯俞赌博。妻子便拿着婆母衣物，执杖前往。伯俞一见母亲衣物，双膝跪下，任妻子责打，发誓永不赌博，遂册封孝廉。朝廷为表彰他一世孝敬，在义门集建孝子祠，名叫“泣杖祠”，以教后人。真源县在安史之乱中遭到战火焚烧，真源县衙仅存一仪门，所以后人据此称之为“仪门镇”，涡阳建县时，将“仪”字改为“义”字。因古时庙宇林立而名，义门俗名“庙集”。

涡阳苔干的食用方法非常多，食用苔干，荤素皆宜，凉拌、热炒均可，还能用苔干制作点心。凉拌苔干，先取出适量苔干，放入温水内浸泡 2 小时，尔后切苔干成二指长的片，拌入虾米、姜丝、辣椒，加入食盐为咸拌，加入白糖为甜拌。餐桌碧绿香脆的苔菜，即便在数九寒冬也能使人们感到春意盎然。“苔干羊肉丝”作为安徽名菜被编入《中国名菜谱·安徽风味》。

新鲜苔菜最早生长于涡阳县义门镇沿涡河一带，陈大镇、花沟镇、标里镇等地均有种植。人工种植前，苔菜只是一种野生植物，传说只生长于太清宫流星园中。涡阳苔菜营养价值极高，氨基酸、维生素、胡萝卜素、蛋白质与果胶含量较高，苔菜过去主要用作药物食用。《本草纲目》记载：苔干具有健胃、利水、清热解毒、抑制减肥、降压、软化血管等功效，食疗具有较好的效果。如今当地仍流传着“老子植苔干救母”的传说：老子为涡阳人，相传老子母亲生病，老子四处采药，炼药救母。此间，老子无意中在太清宫无忧园发现莴苣状植物，随后采集为母亲煎用，其母服后精神大振，后方知苔菜有清热解毒之效。明清时期，太清宫毁于战乱，因太清宫与义门镇相近，苔菜被义门镇孟园张秀楼村张姓农民所得，种植于自家菜园，种植只为药用配方。后遇灾荒，张家将苔菜当蔬菜食用，并晾晒备冬，发现晒干的苔干比新鲜苔菜更脆嫩，因此，义门的苔干得名“绣楼苔干”。因历史上义门又称庙集，故义门苔干又叫“庙集苔干”。此后，苔菜流入民间，成为当地大众菜肴。

前一篇《涌溪火青》，谈到朱一乔为孝母，在黄田建“洋船屋”，而老子植苔干救母和“伯俞泣杖”也都与孝母有关。宗圣曾子事亲至孝，亦有“嘉菊孝母”的故事，讲的是曾子用嘉菊治愈母亲眼疾。母亲辛劳，母亲爱抚，母亲细腻，母亲微言，母亲也易老，母爱为最，孝母也为最。中国传统感念母爱的方式更侧重孝，现实生活中，以母亲为题材的作品最能触动人心。

苔菜生长期较短，制作苔干的莴笋以当地品种“老来青”为主，适合当地土壤，外埠想移栽这种莴笋，大多十种九败，难以成功。涡阳苔干分春苔干和秋苔干两种。春苔干 10 月上旬（寒露前后）播种，4 月底 5 月初收获；秋苔干种植需立秋时育种，待霜降时收获，生长期仅有 75 天。立秋前后三天即需播种，且必须及时。苔菜栽植要先在井中泡芽、育苗，后移栽至菜地，50 天左右即可收获。栽植苔菜，主要在当年夏玉米等旱作物休闲地栽植，对土地利用可谓是“经济的”。苔菜收获后，不影响种晚麦，当地菜农称种植莴笋之事为“偷茬”。

苔干加工急需应时。朱耒志在《安徽涡阳苔干的制作加工》一文中写到苔干加工方法主要有：先捋老叶，苔茎仅留顶端 3～4 片嫩叶。再削苔根，用镰刀削去老根，留老根基部 2～3 厘米，便于切制后挂。接着要刨外皮，用特制的刨刀将苔茎皮刨光，刨皮要掌握深度适当；后剖苔条，将刨光外皮的苔茎放置在苔凳上，用铁制锋利斜面利刀，将苔茎直线切成三刀四片，苔茎细者叫“瘦三刀”，粗者称“肥三刀”，特粗者也可剖成五刀六片，叫“五刀切”。切晒是苔干加工最为重要的环节，苔菜除叶削皮后，还要切片，切时要求刀刀笔直，苔片厚薄、长短一致。切成的苔条紧接着要搭晒，这时最怕下雨。过去来义门镇的苔干收购商，往往不惜财资，户户主动筹资请来戏班子，连续几天唱苔干戏。据当地老人说，苔商这样做，是希望龙王只顾看戏，便顾不得腾云降雨了，利于苔条晾晒。晒苔干要选在晴天，边剖苔条边挂晒，晾晒 2～3 天后，苔条由淡黄色变成翠绿色，约八成干时，将苔条扎成把，放在室内竹竿上吹风，干后打捆存放，50 千克新鲜苔茎可加工 1 千克苔干。苔片大部分水分蒸发、萎蔫后，扎把上市出售。

苔菜栽植的“偷茬”及苔干的加工制作，均需按照较为严格的应时要求。中国古代农业生产的一大特点是强烈的季节性，把握时气、因时是农业生产的“第一要务”。孟子说：“不违农时，谷不可胜食也。”《吕氏春秋·审时》说：“种禾不时，不折必歉，稼熟而不获，必遇天灾”“凡农之道，候之为宝”。并依次论述了人们在禾、黍、稻、麻、菽、麦播种时，“得时”“先时”“后时”对该种作物产量的不同影响，论证了“得时之稼兴，失时之稼约”的结论。

传统农学思想中的“时气论”，要求农业生产者必须认识和掌握天时和节气的变化规律，把握天体运动、气象变化、物候表征和农事活动的和谐与统一。中国古代在观测天体运动、星象变化、制定历法等方面都有独特的发明创造，特别是二十四节气的创造、七十二候应的应用，为人们准确地掌握农时创造了极为有利的依据条件。《周髀算经》对八节二十四气作了精辟的解释：“二至者，寒暑之极；二分者，阴阳之和；四立者，生长收藏之始，是为八节。节三气，三而八之，故为二十四节气。”八节是二十四节气的骨架，冬至和夏至，是寒暑之极；春分和秋分，是阴阳之和（昼夜相等）；立春、立夏、立秋、立冬，是农作物生、长、收、藏之始。将全年节气变化和农作物生长收藏紧密地联系在一起。物候则是“农时”的指示器，通过物候来了解“天时”的变化，并以此作为农事活动的参照系，于是“候应”就成为“天时”和“农事”之间互相关联的“媒介”。从而使天时、气象、物候和农事成为和谐与统一的有机整体。王祯《授时指掌活法之图》就是这种和谐与统一的集中体现。

赞涡阳苔干：

响菜脆有声，三九春意存。

孝母才无忧，彩衣舞地滚。

（二）安徽乌菜

安徽乌菜，是十字花科芸苔属芸苔种白菜亚种的一个变种，属不结球白菜中的塌菜类。安徽乌菜主要产于安徽沿淮、江淮之间的六安、淮南、蚌埠、滁州等地区，有千年以上的栽培历史。光绪十九年（1893年）《五河县志》载："菊花青，或曰菊花心，亦有二种：春种者曰乌菜，冬种者曰菊花青，味浓厚而美，霜雪不凋。"朱宇光在《安徽六安"黄心乌"菜》一文中记：安徽乌菜株型紧凑，叶柄扁平微凹，白色，光滑。叶片倒卵形，全缘，外叶深墨绿色，心叶金黄色，叶面呈泡状皱褶，叶柄短而扁平，白色。叶肥厚，脆嫩，味微甜，风味佳。安徽乌菜耐寒，性喜冷凉，不耐高温，生长发育适宜15～20℃。乌菜在生长盛期要求肥水充足，需氮肥较多，钾肥次之，磷最少。乌菜过去为当地越冬主打菜之一，可在－10～－8℃以下露地越冬，经霜雪后口味更佳。当地农谚称："雪下乌菜赛羊肉"，"赛羊肉"，多是乌菜的口感更加美味之故，也包括其营养和鲜味。乌菜营养价值丰富，含大量蛋白质、纤维素、碳水化合物及矿物质。乌菜富含多种维生素，像口腔发炎、咽喉肿痛、大便干燥者，多吃乌菜即可。乌菜味甘、性平，具有滑肠、疏肝、利五脏之效。

安徽乌菜品种资源丰富，根据不同分类标准可分为塌地型与半塌地型、黄心乌与黑心乌、中熟型与晚熟型。霍邱、寿县、颍上等地也称乌菜为"青菜"，冬春季有青菜烧豆腐之家常菜，有"青菜豆腐保平安"之说。豆腐大多是炕豆腐，炕豆腐外酥里嫩，豆香较浓，需要选择较硬的老豆腐，以中火煎制。乌菜立秋下种，小雪收获，到霜降（当地称"打过霜"），乌菜菜心味更佳。白居易有诗曰："浓霜打白菜，霜威空自严。不见菜心死，反教菜心甜。"霜降后的乌菜，淀粉在淀粉酶的作用下变成麦芽糖，进而转变为葡萄糖，乌菜就有了甜味。乌菜主要炒食，江淮地区乌菜的主要做法有冬菇炒乌菜、蒜蓉乌菜、豆腐炒乌菜、肉丝炒乌菜秆、蛋花青菜汤；也可做乌菜香菇饺子及各类火锅的添加菜等，特别是外叶翠绿、内叶由浅黄逐渐过渡至金黄的黄心乌，倍受喜爱。寿县城东报恩寺北产"东园白菜"，为上等乌菜，棵大叶嫩，叶秆无筋。霍邱有"青烩"菜品，其主要配菜就是乌菜心。"青烩"似"三鲜火锅"之形，有不同于"三鲜火锅"之质。青烩之特，在于使用的汤清和主料清爽。其汤主要以老母鸡汤或"蹄裤"（猪肉的小腿关节周围）炖的汤（有一定的胶质）为主，烩制主料是鸡肉块（似白斩鸡之形）、蛋饺、"卷尖"（长形蛋卷）块、蛋糕（蛋白和蛋黄分离后蒸制，呈方块状），没有鸡肉块也可用猪瘦肉、"滑肉"（川汤肉）、瘦肉圆代替，汤开后，加入黄心乌菜心即成"青烩"。

"三日可无肉，日菜不可无"，安徽乌菜作为百姓家的寻常菜，得益于其分布广、产量高、风味好、供应期长等优点。特别是由于乌菜不耐高温、性喜冷凉，常作为冬季可供蔬菜的代表性品种。乌菜大量上市期，是从每年元旦前至春节前后，这时正值绿叶菜稀缺的淡季。人们常称乌菜是安徽江淮地区冬季的"当家菜"，尤其在下雪天，乌菜也就自然而然成了蔬菜市场的"标识性大宗菜品”，影响其他蔬菜价格走势，其价格可谓“雪菜价”的基准。

乌菜属白菜的一种，老百姓日常称谓的“白菜”，实际是包罗万象的各类白菜品种的“打包”。白菜在中国产于南北各地，无论正规的菜田，还是房前屋后，白菜栽种极为普遍。白菜的种植品种也很多：华北有胶州白、北京青白、天津绿，东北有大矮白菜，山西有大毛边等；南方地区有乌金白、蚕白菜、鸡冠白、雪里青等。中国栽植的白菜主要种类有小白菜、菜心、大白菜、紫菜薹、红菜薹等，甘蓝类有椰菜、椰菜花、芥蓝、油菜，还有白菜的变种，如塌菜、乌菜之类。乌菜颜色深绿，明代中叶以后，乌菜传到安徽东部，被称为“乌青菜”。至清代，省内不少地方都有栽培，名有“乌白菜”“乌菜”“乌崧菜”“黑白菜”等。乌菜在江淮之间可以露地越冬，深受当地群众的欢迎，故而栽培较多。特别是黑心乌菜，为安徽著名特产，是白菜的一个变种，其叶色浓绿、肥嫩，粗纤维比较少，口感比较软。近年来，安徽省农科院选育出全球第一个性状稳定的紫色乌菜和红色乌菜，分别命名为“丽紫1号”和“绯红1号”。紫色乌菜与普通乌菜的区别主要是其叶脉泛紫，叶片有紫黑光泽。

白菜古谓为“菘”，“菘”是地道的中国菜，白菜何谓为“菘”，尊其如松树有耐寒之性也。白菜味道鲜美，过去有“菜中之王”之称，也是一种“雅俗共赏”之菜。苏轼曰：“白菘类羔豚，冒土出熊蹯。”把白菜味比为乳猪和熊掌之味。郑板桥赞之：“白菜青盐糙米饭，瓦壶天水菊花茶。”苏轼之谓，可能是因白菜的做法不同而成不同的美味。制作大白菜的方法颇多，炒、煮、熘、烩、涮、凉拌、腌制，都可将白菜做成美味佳肴。“白菜宴”也五花八门，有名的如“醋熘白菜”，河南的“大白菜烧丸子”，东北的“栗子烧白菜”“如意白菜卷”“泡菜”以及“炖白菜汤”和“炖酸菜”等。郑板桥之谓，也许是因白菜清白素贤、清贫寡淡，以示澄明清雅之情愫。

白菜在中国栽培历史悠久。在古代农业遗址遗存物中，新石器时期西安浐河东岸的半坡遗址中有炭化白菜籽，距今已有6 000多年。《诗经》中说“采葑采菲，无以下体”，说明葑（蔓青、芥菜、菘菜，菘菜即为白菜之类）及菲（萝卜之类）的食用已经很普遍。晋代濉溪人嵇含编撰的《南方草木状》曾记载广东曲江以北才有菘。北方秋季在气候温和、光照充足的条件下，经过长期的栽培和选育，小白菜就进化成高级形式的结球式大白菜了。三国《吴录》有“陆逊催人种豆菘”的记载。南齐《齐书》有“晔留王俭设食，盘中菘菜（白菜）而已”的记述。陶弘景也说：“菜中有菘，最为常食。”唐代已有白菘，萝卜白菜已成为平常厨餐的主要菜品。宋时南方的白菜栽培已较普遍。苏颂《图中本草》说：“扬州一种菘，叶圆而大……啖之无渣，绝胜他土者，此所谓白菘也。”范成大赞：“拨雪挑来塌地菘，味如蜜藕更肥浓。朱门肉食无风味，只作寻常菜把供。”《本草纲目·菜部》记：“菘　释名白菜。按陆佃《埤雅》云：

菘性凌冬晚凋，四时常见，有松之操，故曰菘。今谓之白菜，其色青白也。”陆佃《埤雅》释：“菘性凌冬不雕，四时长见，有松之操，故其字会意，而本草以为交耐霜雪也。”

白菜的栽种时间一般是在秋季，陆游《蔬园杂咏·菘》诗曰：“雨送寒声满背蓬，如今真是荷锄翁。可怜遇事常迟钝，九月区区种晚菘……”晚菘是九月才开始种植的，此时万物皆枯寂，却是它压包生长的好时节，日见的瓷实和紧密。大白菜耐储存，大白菜过去是北方整个冬季几乎唯一供给的蔬菜，家家户户几乎都储存数百斤白菜过冬，老年人也因此对大白菜有着特殊的感情。菘是平民菜，南齐周颙，身居高位，却清心寡欲，终日蔬食，“春初早韭，秋末晚菘”。苏轼的“早韭欲争春，晚菘先破寒。人间无正味，美好出艰难”品味出了淡然的生活意义。冬天草木凋零，田地里只剩下萝卜和白菜这两种不怕冷的菜了。此时的白菜心最为好吃，因为味美，白菜心也就成为人们对美好生活和积极向上追求的标准了。安庆地区二十世纪七八十年代人们有“吃菜要吃白菜心，跟人要跟解放军”的说法，皖西一带，也有此类说法。儿时母亲也常常在做菜时说道：“吃菜要吃白菜心，当兵要当八路军。”红色教育和革命传统教育可谓充分结合到生活的每一角落。

白菜作为食物，是老百姓餐桌上极常见极普通的蔬菜，但在文化人的眼里，白菜却一点儿不普通。齐白石尤爱画白菜，著名的《清白图》画的就是一只螳螂伏于一棵大白菜上，其笔法韵味妙趣横生，他说：“牡丹为花王，荔枝为果王，菘乃菜王也。”藏存于台北故宫博物院的“翡翠白菜”被誉为镇馆之宝。白菜的文化寓意颇多，南方人取白菜的谐音，有“百财”，有聚财、招财、发财、百财聚来的含意。白菜的颜色和外形，寓意清白，以示洁身自立，纯洁无瑕。白菜还具一定的药用价值，魏晋时陶弘景的《名医别录》载：“白菜能通利胃肠，除胸中烦，解酒毒。”清代本草学家赵学敏编著的《本草纲目拾遗》中说：“白菜汁，甘温无毒，利肠胃，除胸烦，解酒渴，利大小便，和中止嗽”，并说“冬汁尤佳”。

白菜在人们眼里极普通，却普通得让人们离不开，看似平淡，实则是淡而有味。四川有“开水白菜”这一名菜，菜名和外观看似简单至极，成菜即清水里泡着几棵白菜心，但品尝后就为之惊愕。其实，貌似白开水的“开水”，是十余种食材慢熬而成的。农村人常常说“百菜不如白菜”，白菜耐寒，存放时间长；白菜产量大，产量优势突出；白菜价格较为便宜，是秋季菜园里经典的蔬菜，“白菜价”就是廉价商品的代名词。白菜如农，也如农民。过去，农民是社会收入最低的人群，就生活和工作环境而言，也是社会各行业最差的。农民给人们留下的传统印象是贫穷、落后，甚至是无知，是靠一身蛮力维持生活的群体。农民迫于生活，有穿有吃安居乐业就满足了；农民忍辱负重，吃苦耐劳、勤俭诚信。中国的工业基础可以说是农民支撑建立起来的，农民推动我国快速的工业化发展。习近平总书记指出，任何时候都不能忽视农业、忘记农民、淡漠农村。韩长赋在2018年12月29日《人民日报》“人民论坛专栏”《感谢农民》一文中写道：我们感谢农民，因为农民开启了中国改革；因为农民端稳了中国饭碗；因为农民支撑了中国工业化城镇化，脱胎于乡镇企业的民营经济，是国家发展不可或缺的重要力量。农民还贡献了大部分人口红利，用辛劳和汗水支撑了中国制造、中国奇迹。《左传·哀公元年》记：“臣闻国之兴也，视民如伤，是其福也；其亡也，以民为土芥，是其祸也。”视民如伤，即是要关注老百姓，关注底层群体，培育爱农民、感恩农民的情怀。在乡村全面振兴的新时代，坚持农业农村优先发展总方针，高水平推进农业农村现代化，让农业成为有奔头的产业，让农民成为有吸引力的职业，让农村成为安居乐业的家园，已慢慢地变成了现实。

赞安徽乌菜：

乌绿心黄皱，雪下赛羊肉。

开水亦有味，清白煎豆腐。

（三）恋思萝卜

恋思萝卜，十字花科萝卜属，产于阜阳市西湖镇（旧称大田集），当地称“鸭蛋酥”。恋思萝卜自然分化出两种类型品系：大缨恋思萝卜和小缨恋思萝卜。大缨恋思萝卜，植株长势较强，叶色深绿，叶片较大，呈长卵形，肉质根为卵圆形。小缨恋思萝卜，植株长势中等，叶色黄绿，叶片较小，为卵圆形，肉质根近圆形。恋思萝卜，小顶细根，皮翠绿，青多白少，质脆，味甜，无丝无渣。恋思萝卜之殊在于其质脆酥，放水中萝卜能自动炸皮，落地则可摔成数瓣。当地有“一口萝卜嚼百下，甘甜爽口没有渣”“新疆葡萄砀山梨，不如我们的萝卜皮”之说。恋思萝卜在西湖镇栽植历史悠久，据传宋代已有种植，至明代已享有盛名。明末清初，大田集设有东西南北四门，在西门外的火神庙附近就盛产恋思萝卜。明代末年，该品种萝卜曾为贡品，民间也以萝卜作为馈赠亲友的必选礼品。

恋思萝卜之特在于“恋思”之名。“恋思”之名的由来，一说出自此萝卜只能在大田集生长，若移植别处萝卜就会枯萎，以拟人之离不开故土，故名“恋思萝卜”。此如第一篇“水果类”《砀山酥梨》中因土质不同品质有所差异相似，也和寿州的香草相仿。寿州香草，又称“离香草”，属白花草木樨，产于寿县。寿县古香草园入选2016年全国农业文化遗产普查项目。寿州香草茎圆、中空。只有在寿县城内报恩寺东边田地上生长的香草，才有香味，易地种植的香草，虽也长枝叶，但无香味，枝茎也由空心变实。此外，寿州香草性味特异，每逢阴雨，其香益浓；越远离寿州则其味越香，离香草之名因为离开故土，思乡之故。恋思萝卜因栽培的地域性，特别是土壤、水域的关系，品质差异表现得比较明显，在其他地区栽培的品质较差。据2018年统计数据，其核心区总面积2～3公顷，整个颍州区恋思萝卜的种植面积也只有70公顷左右。

"恋思"之名的又一由来，是因春季栽培时正值缫丝季节采收，练丝是加工蚕丝的一道重要环节，通过练丝将生丝放进含楝木灰的水中浸泡，反复浸洗、曝晒，使其变为熟丝，练丝可增加蚕丝的白洁度且易于染色。恋思萝卜又名"练丝（音同恋思）萝卜"。阜阳地区栽桑养蚕历史悠久，历史上几乎家家都有植桑养蚕缫丝的习惯。史料记载阜阳："唐信州（武德四年置），六年更汝阴郡，贡絁、绵、糟白鱼。"（嘉靖《颍州志》）北宋乾德年间（约964年），太祖赵匡胤圈定汝阴县（颍州前身）所产之绅、纶、绵为必纳贡品。曾为颍州知府的欧阳修在思颍诗《出郊见田家蚕麦已成慨然有感》中云："谁谓田家苦，田家乐有时。车鸣缫白茧，麦熟啭黄鹂。"在《归田四时乐春夏二首》中写道："麦穗初齐稚子娇，桑叶正肥蚕食饱。"陆游《老学庵笔记》记载："亳州（以前隶属阜阳）出轻纱，举之若无，裁以为衣，真若烟雾。"1918年，倪嗣冲在阜阳开办安徽第二蚕桑讲习所，之后讲习所改为安徽省立第五甲种农业学校。在学校建立后，阜阳蚕桑业得以进一步发展，农校办学经费大部分也来源于学校蚕桑生产的收入。之后，蚕丝制品在安徽逐渐恢复名气，阜阳的"宽面洋绸"和当时属阜阳的亳县"万寿绸头巾"在皖北都极为有名。

"恋思"之名还有一由来。传说朱元璋带兵攻打颍州（今阜阳）遭到元军的围攻，朱元璋率军突围，至槐树庄（今西湖大田集），极其劳累，又饥又渴。槐树庄有一位谭姓老农，将"鸭蛋酥"萝卜送给朱元璋及士兵解渴饱腹，士兵们很快恢复战力。后朱元璋做了皇帝，每日吃着山珍海味，还依然思念槐树庄的萝卜，为了报答当年谭姓老农，朱元璋把槐树庄的萝卜命名为"恋思萝卜"，以表示思念、感激之情，并把恋思萝卜定为贡品，进贡皇宫。

大田恋思萝卜特点是皮薄肉细，指弹即碎。为此，深受广大消费者的喜爱。恋思萝卜之所以享誉数百年、独领市场，主要是因为品质优良，品种独特，嫩汁味甜，宜生食。萝卜吃法因部位不同而味不同，一般的萝卜"萝卜头辣、腚燥、腰正好"，而恋思萝卜"各位同味"，能以水果萝卜售卖，同北京"心里美"萝卜，因而市场价格也高于一般萝卜；同时，恋思萝卜生长周期一般只有50～60天，栽种的经济效益比较好。目前，当地菜农采用新技术，实行科学管理，提高产品质量，亩产已由原来的一千多斤提高到四千多斤，种植面积由原来的250亩扩大到近千亩，产品畅销省内外。

萝卜，根肉质，长圆形、球形或圆锥形，原产中国，品种极多，主要有红萝卜、青萝卜、白萝卜、水萝卜，红心、白心以及圆形、长形等品种。苏轼《撷菜》曰：“秋来霜露满东园，芦菔（芦菔即萝卜）生儿芥有孙。我与何曾同一饱，不知何苦食鸡豚。”元代许有壬《上京十咏（其六）芦菔》诗曰：“性质宜沙地，栽培属夏畦。熟登甘似芋，生荐脆如梨。”许有壬祖籍为颍州，也许与大田恋思萝卜有缘。作为食之物，萝卜最为大众化，当年幼甚至不知其味时，儿歌《拔萝卜》便引得孩童寻思：何为萝卜？平民百姓桌上由萝卜制成的咸菜更是日常菜。苏轼青年清贫，苦读时常有“三白：一撮盐、一碟生萝卜、一碗饭”。作为味之属，萝卜最为草根性，其滋润，微带辛辣，其甘甜，又淡如水，清淡自清淡，却“有自然之甘”。苏轼《狄韶州煮蔓菁芦菔羹》诗曰：“中有芦菔根，尚含晓露清。勿语贵公子，从渠醉膻腥。”作为烹之料，萝卜最具广谱性，稳居食材界“主位”，为“当家菜”，适用于烧、拌、炒、煮，可酱、泡、腌、干制，可做馅、做汤，也可作配料和点缀；除可生食、炒食外，还可做药膳，煮食，或煎汤、捣汁饮，或外敷患处治愈伤病。唐代以后，萝卜即成民间厨餐的主要菜品。“芦菔过拳”，是说萝卜粗大赛过拳头，民间有“地冻车响，萝卜放长”的说法。萝卜烧肉、萝卜炖羊肉、萝卜红烧牛肉、烩萝卜条、炒萝卜丝、大锅烧萝卜、广式萝卜糕、萝卜丸子、五香萝卜干、萝卜饼干、萝卜面条……更是家家有制，老少咸尝遍。

“萝卜青菜保平安”，萝卜富有营养，民间有称“小人参”，有重要的药用价值，俗语曰：“萝卜上城、药铺关门”“冬吃萝卜夏吃姜，不要医生开药方”“萝卜一味，气煞太医”。萝卜性凉，因含芥辣油，具有辣味。萝卜因含淀粉酶，生食之，可助消化，有顺气、下气等功效，主治食积胀满、痰嗽失音、呕吐反酸、消肿散淤。李时珍在《本草纲目》中记：萝卜“九可”“可生可熟，可菹可酱，可豉可醋，可糖可腊，可饭，乃蔬中之最有利益者”。《本草纲目》中还提到萝卜能“大下气、消谷和中、去邪热气”。萝卜中的芥子油和膳食纤维可促进胃肠蠕动，有助于体内废物的及时排出。《本草经疏》记载：“莱菔（萝卜）根，大下气，消谷，去痰癖，肥健人。……及温中补不足，宽胸膈，利大小便，化痰消导者，煮熟之用也；止消渴，制面毒，行风气，去邪热气治肺痿吐血，肺热痰嗽，下痢者，生食之用也。”《明宫史·饮食好尚》中记载：“立春之前一日，顺天府街东直门外，凡勋戚、内臣、达官、武士……至次日立春之时，无贵贱皆嚼萝卜，名曰‘咬春’。”萝卜富含各类维生素，就连萝卜叶子（萝卜菜）的药用功能也不能小觑。萝卜叶为萝卜的根出叶，其营养价值在很多方面均高于萝卜，维生素C含量是萝卜的2倍以上，含有的核黄素、叶酸等含量是萝卜的3～10倍。

安徽各地均产萝卜，各种类型的萝卜品种繁多，较为有名的有埇桥“包庄萝卜”，产于宿州埇桥区褚兰镇包庄村。包庄村地下水资源丰富，土壤为沙质，适合萝卜生长。包庄萝卜为青萝卜，肉质根呈牛角形（稍弯），青皮青肉。其外表皮灰绿色，肉色翠绿色，肉质致密，脆嫩多汁，味甜稍辣，个大匀称，不易糠心，耐储藏。包庄萝卜适合秋季种植，主要种植品种为当地选育的“包庄弯腰青”。萧县帽山萝卜也相当有名，帽山萝卜产于龙城镇帽山村，该地空气清新、气候湿润，水质、土质优良，已有600余年种植历史，为清朝贡品。帽山萝卜须根少、质脆、纤维少、芥辣油含量低、含糖量高，味甜爽口似水果，主要品种有里外青、弯腰青等。当地与帽山萝卜共相出名的是瓦子口葱，瓦子口葱开始栽种在瓦子口东南角马四先生家的菜园里，马家的葱，葱白长约1尺，粗如拇指，每根葱皮内包有两根，故名分葱。该葱软化较好，质地柔嫩，煮熟10～20分钟后，自然“开花”散开，葱味浓厚，民国以来，颇有盛誉。民谚有“帽山萝卜瓦子口葱，苗桥（在河南永城市内）白菜出家东”之说。

安徽宿州埇桥蒿沟高滩萝卜、阜阳青头萝卜、滁县大红萝卜、歙县白萝卜、芜湖白萝卜、枞阳白萝卜、大平白萝卜、石台圆白萝卜、五河红萝卜、寿县大青萝卜、霍邱河口青萝卜和淠西萝卜也较为有名。河口粉浆萝卜，又叫青皮笨，为霍邱县河口镇特产，植株长势强，叶形细长，肉质根长圆柱形。粉浆萝卜皮绿色，肉翠绿色，皮肉易分离，手剥即可蜕皮。粉浆萝卜汁多微甜，味有粉浆感，尤为特殊。阜阳青头萝卜较为辣口，特别是即将成熟的青萝卜，阜阳农村有俗语“青头萝卜独头蒜，昂脸婆子低头汉”，用来评价农村“四大辣人”。此类人不能轻易碰，也不好相处。青色的萝卜没有完全长熟，生吃比较辛辣，这是因为青萝卜中含有芥辣油；独头蒜比一般的蒜瓣辣味更足。与低眉顺眼、遇事不争的妇女女不同，昂着头走路的妇女，被认为比较强势；低头汉子心思深沉，被认为有城府、爱算计别人，不够坦荡，不好相处。

赞恋思萝卜：

皮薄肉细一口酥，洪武庙堂念槐树。

桑叶正肥萝卜熟，大田青头难离土。

（四）铜陵白姜

姜，一般为姜科姜属的多年生草本植物或一年生栽培作物，各地均有种植，中国生姜产量约占全球产量的39%，为世界姜产量的第一位。我国种植的生姜种类主要有黄姜、白姜、片姜、黄瓜姜、台姜、白丝姜、黄丝姜等。铜陵白姜，属白姜类。安徽铜陵白姜生产系统核心区为天门镇、大通镇和西联乡，是传统白姜种植较为集中的地区。主产区天门镇位于东经 117.8°，北纬 30.8°地带，气候温和，雨量充沛，四季分明，是白姜优质种质资源区和优质名产区。2008 年，铜陵白姜的加工制作技艺就已经被列入安徽省第二批省级非物质文化遗产名录；2009 年，铜陵白姜被批准为国家地理标志产品保护；2017 年，安徽铜陵白姜生产系统入选中国重要农业文化遗产名录。

铜陵白姜之特，在于鲜姜呈乳白色至淡黄色，白姜由此而得名。白姜又称紫姜或子姜，其栽培种植已有两千多年历史。《史记·货殖列传》载：“江南出楠、梓、姜、桂、金、锡、连、丹沙、犀、玳瑁、珠玑、齿、革……”江南包括现在的铜陵。北宋时期，铜陵已成为当时江南重要的白姜产区，白姜纳入朝廷贡品之列。宋人苏颂《图经本草》中记载：“姜……今处处有之，以汉（成都）、温（温州）、池州者为良。”铜陵县建制自宋代，历代均属池州。北宋开宝七年（974 年），铜陵县改属江东路池州。元代，铜陵县属江浙行省池州路（后改为池州府）。明代，铜陵县属池州府，直隶于南京。清初，铜陵县属江南左布政使司池州府，康熙六年（1667 年），江南省分为江苏、安徽两省，铜陵县属安徽省池州府。明代嘉靖《铜陵县志》记载：“邑产姜、蒜、苎麻、丹皮之类，近亦间有贩贾者，但远人市贩者居多。”清代顺治《铜陵县志·物产》记载，当时姜的产量“每岁不下十万担”，可见铜陵生姜已成为当时“热门”特产。嘉靖年间，“佘家大院”（今铜陵市郊区大通镇大院村）佘敬中、佘毅中两兄弟于朝廷担任官职，将佘家大院冰姜年年入京供给朝廷，使得铜陵白姜“贡姜”历史得以延续。清代乾隆《铜陵县志·物产》中也有记载，“本草：姜以池州者为良。今邑大通镇四乡多艺之集镇出售，每岁不下十万石（担），俗呼大通姜”。至民国年间，年产量约 720 吨左右，仅大通经营生姜的私营行商就有 6 家。鲜姜主要销往安庆、芜湖、镇江、扬州等地，成为当时著名的酱园生产的重要原料之一，如安庆的“胡玉美”、扬州的“四美”、镇江的“恒顺”。鲜姜主要用以加工糖冰姜、糖醋姜、酱姜等。

由于姜喜温暖，不耐寒、不耐霜，白姜一般春季播种，霜前收获。前年，需从生长健壮、无病、高产的地块上选留种姜，经催芽后，来年方能种植白姜。国内其他产姜地区催芽的方法主要有火炕催芽、温室催芽等，而铜陵地区建姜阁保种。铜陵姜农的白姜栽培技艺包括姜阁保种催芽法、踩姜陇与高畦种植法、搭姜棚遮阴栽培法，可谓另具特色。“深挖起陇，切芽播种，搭棚遮阴，收获手拨，姜阁储种，炉火催芽”，是铜陵白姜独特种植技艺所在。立冬时节，是将生姜种放入烧姜阁里的日子，称为上姜阁。这时，储茬姜种越冬“烧姜阁”的专业户便忙碌起来。“烧姜阁”，又称为姜种阁、储姜阁，实为“姜阁孵种”。姜阁为全封闭、正方形、土墙瓦顶，似碉堡的小屋，用粗木隔成上下两层，下层是烧火室，上层是储姜室。姜农把姜种送入姜阁，每层姜种隔有一层芭茅草，芭茅草中留有可供一人上下的孔洞。姜种码至阁顶，底层便开始用盖上草木灰的无烟炭火保温（类似皖南冬季取暖用的火桶保温的方法），炭火必须保持不断。烧姜人必须要进入阁内，或测温，或观火，或加炭。室内温度必须严格控制在 10～15 ℃。保温是储姜种越冬的一项最关键的环节，温度过高，容易使得姜种的水分损失太多，也会导致姜种提前发芽；温度过低，会使姜种腐烂变质。育姜种近半年。近年来，烧姜阁大多利用电热，恒温，好管理，又能够减少烧炭造成的污染。

第二年清明节，是生姜种出阁的日子，这一天称为下姜阁。一大早，姜农们便会拉车挑箩，来到阁前，准备取出姜种。白姜下姜阁，往往要进行仪式，姜农和着汉服的礼仪人员依照古法祭白姜师祖炎居。相传，鸿蒙之初，神农氏教民种植五谷，开农业之源。神农氏之子炎居追随其父揉木为耒，以教天下。神农尝百草以辨药性时，曾误食毒物，晕眩之际顺手拔一青草，嚼其块根，满齿香辣，一番腹泻后体则痊愈。神农生于陕西宝鸡姜水（现宝鸡市清姜河）姓伊耆，也姓姜，见此草能起死回生，便为之取名“生姜”。炎居目睹生姜之神奇，心甚爱之，携至江南，种于铜陵。在祭祖仪式后，启阁、下阁、出阁、打姜份、下姜田，唱着“开门歌”，祈求当年生姜丰收，依次完成白姜下阁的全部仪式。姜种萌出玉米粒大小的姜芽为最佳，经过烧姜阁储存越冬的姜种，可使生姜稳产高产，也可以防止姜瘟病的发生，因此，铜陵白姜很少有瘟姜出现。

铜陵白姜近千年流传下来的加工工艺众多，其代表性加工工艺为盐渍生姜、酱渍生姜、糖醋生姜以及糖渍姜。此外，铜陵白姜形成了包括病虫害管理、施肥、姜园管理、姜阁建造等在内的一整套生产体系。安徽铜陵白姜生产系统通过实施套作的复合栽培模式，如姜粮轮作的种植制度，“姜—农作物”双层种植结构，“姜—防护林”复合式种植方式等，使农业生产相互联系，确保土地资源和谐、平衡地有序轮转，既可以促进姜田生态良性循环，又保证了该地区丰富的生物多样性特征。铜陵白姜姜园生态系统，是由植物、动物和微生物群落以及非生物环境共同构成的动态综合体。近年来，铜陵市政府建设了白姜种植基地、白姜产业园，以中国农民丰收节、铜陵白姜文化旅游节、生姜开市、姜花观赏、姜园观光等方式，实现白姜产品多层次、多环节的价值增值，促进当地一、二、三产业融合发展。

铜陵白姜以产地和姜块表皮颜色相对白嫩而得名，因其“块大皮薄、汁多渣少、肉质脆嫩、香味浓郁”的优质品质驰名中外。姜具有较为明显的保健作用，白姜含有丰富的蛋白质、脂肪，含维生素较多，含量高于一般水果，民间有“早上三片姜，赛过喝参汤”之说。白姜含有姜醇、姜烯、芳香醇等组成的挥发油，能生汗、解表；白姜的辣味来源为姜辣素，可提高体温，驱除肠胃里的寒气，能散寒、温中，当地有“每天三片姜，不劳医生开处方”“晚吃萝卜早吃姜”的说法。姜芳香性辛辣，能止呕、解毒，可减少晕车、晕船的反应；红糖生姜水可防治感冒，“一杯姜汤，老少健康”。在冬季，铜陵地区有生姜配辣椒防治冻伤的习惯。铜陵白姜含有具有辛辣气味的“6-姜醇”，对抗癌有特殊的功效，作为传统医学上典型的药食同源的植物，铜陵白姜已被列入国家卫生部健康委员会确定的药食同源的首批名单。

铜陵白姜也可用来做冰姜片，铜陵糖冰姜片也极为有名。明代冰姜片即为贡品，其色白肉嫩，嚼之无渣，甜辣适中，能增进食欲，口感清香凉爽，故名冰姜。糖冰姜片的制作方法：首先挑选体型圆粗、色泽黄亮、无疤鲜嫩的鲜姜，后经去芽、刮皮、分瓣后，用水浸泡，再刨片，用清水反复浸泡，至姜片软。姜片压干后，装盘内晒坯，姜坯晒至微白时，再加入白糖，继续晒，糖化后，复加糖4～5次，即成。铜陵糖冰姜片味香甜辣俱全，食之能生津开胃、祛寒解毒、清痰正气，是健身强体之佳品。

与铜陵南部接邻的青阳也产冰姜片。青阳与铜陵以青通河相连，源于九华山东麓岔泉岭的青通河，自南向北流经青阳朱备弓官庄，汇入将军湖，经龙口流入芙蓉湖，穿过青阳县城蓉城，于元桥与东河相汇，再于童埠与七里河相汇，在铜陵大通镇注入长江。冰姜片是池州九华山的传统产品，九华冰姜大多采用铜陵等地所生产的细嫩鲜白姜，经过清洗、刨片、漂、晒、拌糖、腌制这几道工序加工而成。九华冰姜甜辣、入口凉爽，嚼无姜渣，具有止咳化痰、开胃消食、祛湿逐寒之功效，常为九华僧尼的日常“零食”，也是民间馈赠亲朋好友的佳品。

除铜陵白姜外，皖北阜阳市临泉县老集生姜在安徽也颇有盛名。老集生姜为黄姜，当地种植的主要品种有鸡爪和虎头两种。老集生姜色泽金黄、光泽鲜亮，生姜块大皮薄，姜肉细，姜质纤维少，姜味辛辣，带浓郁的香味。老集生姜营养丰富，物化成分除有碳水化合物、蛋白质、多种维生素和矿物盐外，还有姜蒜素、姜油酮、姜烯粉和姜醇。其可做香辛调料，有去腥、去膻、增鲜、添香、清口之功效；可作医用，具有防氧化、抗衰老的作用，有健胃、消炎、解毒、防治感冒、降血压、降血脂、防治血栓等功效，并在一定程度上能抑制癌细胞的生长。目前，老集生姜已大规模开发脱水姜块、姜片、姜粉和腌渍姜芽、姜花、子姜及姜茶、姜糖、姜油等保健产品。

赞铜陵白姜：

姜本美女纤纤手，出阁也须扮闺秀。

大院摩肩集商贾，百草堂内心焦炙。

（五）太和香椿

香椿，属楝科香椿属，落叶乔木，雌雄异株。香椿又名香椿芽、香桩头、大红椿树、椿天等，在安徽阜阳地区称为春苗。香椿的幼芽可供蔬食，古代称香椿为椿，称臭椿为樗。《庄子集释》卷二中《内篇·人间世》记：惠子谓庄子曰："吾有大树，人谓之樗。"樗树质地差，不成材。"樗材"喻无用之材，亦作自谦之辞。太和香椿，也称太和贡椿，产于阜阳太和县，主要在李家郢及沙颍河两岸。沙颍河漫滩两合土、青沙土适宜香椿生长，孕育了香椿的质佳味美。清代《太和县志》记载：太和椿芽"肥嫩、香味浓、油汁厚、叶柄无木质，清脆可口"。太和香椿，叶厚芽嫩，绿叶红边，以每年谷雨前椿芽品质最优良，芽头鲜嫩，色泽油光，肉质肥厚，清脆无渣。太和香椿能用于调拌成面食，可炒、拌、蒸、炝，又可制成椿芽茶。在阜阳地区，比较有代表性的香椿鲜食菜肴有香椿炒鸡蛋、椿头丸子、香椿蛋卷、炸香椿鱼以及香椿拌豆腐等。太和香椿除鲜芽售卖外，还常经腌制后售卖，腌制香椿经岁不变质，极为畅销。

太和贡椿品种多样，有黑油椿、红油椿、春油椿等，其中黑油椿品质最佳，谷雨前采摘。五代《日华子诸家本草》载：香椿能"止泄精尿血、暖腰膝、除心腥痼冷、胸中痹冷、痃癖气及腹痛等食之肥白人。中风失音研汁服；心脾胃痛甚，生研服；蛇犬咬并恶疮，捣敷"。现代《中国中药大全》记载，椿芽可防治咳嗽、嘶哑、水土不服及妊娠反应等症状，且椿芽含有丰富的酚类物质，其中类黄酮含量超过银杏和苦荞等天然植物。此外，椿芽还含有皂苷、类萜及亚麻酸等功能成分，是药食兼用的高档珍稀保健蔬菜。太和贡椿还含有多种维生素、蛋白质、磷酸盐、铁、钙、钾等物质，具有较高的营养价值。太和贡椿也具有抗氧化、抗病毒等多种保健功效，腌制的香椿有消炎解热、祛痰、健胃之功用。

香椿在中国种植历史悠久，在汉代，香椿即为贡品。宋代苏轼盛赞香椿："椿木实而叶香可啖。"太和香椿在唐代已有栽植，相传每年至谷雨前后，驿者就驮着上等鲜椿芽送往长安。太和当地有传说，明代皇帝朱元璋曾途经西阳（太和古城）时，闻椿树芳香，遂品当地香椿，因感其味鲜美，为其赋诗曰：西阳墙西沙水东，椿芽初绽香满城。太和香椿也因此被列为皇家贡品。明代万历二年（1574 年）《太和县志》载："每届春季，各地游人都到太和尝鲜。"清代，太和贡椿也被清朝乾隆皇帝点为御用贡品。清道光年间，椿芽已远销到东南亚各国。太和香椿木材也非常优质，椿木耐潮湿，不裂不翘，享有"中国桃花心木”之誉，椿木制成的家具有清淡芳香味，且不易走形。过去，当地百姓盖房子，大都以香椿木做椽条。

中国传统儒家幸福观以“五福”为基础，追求“长寿、富贵、康宁、好德、善终”。香椿树为长寿树。《庄子·逍遥游》载：“上古有大椿者，以八千岁为春，八千岁为秋。”古代以“椿萱”为父母代称，称父亲为“椿庭”，母亲为“萱堂”。唐代牟融《送徐浩》诗云：“知君此去情偏切，堂上椿萱雪满头。”除了追求长寿之外，生活中，一般百姓往往以“有口福”“享口福”为幸福之要。口福，指能吃到好东西的福气。民谚云：“三月八，吃椿芽。”香椿为佳品，无论是时令，还是滋味，均占有“口福”之位序。清代李渔《闲情偶寄》中赞道：“菜能芬人齿颊者，香椿头是也。”因含香椿素等挥发性芳香有机物，食香椿可感香味浓郁，可健脾开胃、增加食欲。平素之家制作香椿类菜品极多，炒鸡蛋、香椿竹笋、香椿拌豆腐、煎香椿饼、椿苗拌三丝、香椿拌花生、凉拌香椿、腌香椿、冷拌香椿头等。香椿含有硝酸盐和亚硝酸盐，需要先将香椿焯一下水再入菜，此细节几乎家家尽知。汪曾祺在《豆腐》中认为香椿拌豆腐是上上品之菜肴，他描述到：“嫩香椿头，……，嗅之香气扑鼻，入开水稍烫，梗叶转为碧绿，捞出，揉以细盐，候冷，切为碎末，与豆腐同拌（以南豆腐为佳），下香油数滴。一箸入口，三春不忘。”南豆腐即为石膏豆腐，质地比较软嫩、细腻，易于凉拌。作为尝鲜，初春三月的早市时鲜唯有香椿，可见香椿之珍贵。

尝鲜，是对春的心理追求。英国诗人雪莱在《西风颂》中写道：“严冬如来时，阳春宁尚迢遥?”即“如果冬天来了，春天还会远吗?”中国人对春的渴望不亚于英国的雪莱，农谚有云“庭前垂柳珍重待春风”，即冬至将至，民间有冬至九九消寒的说法，从冬至开始，九九八十一天，寒气消尽，冬去春来。一共写九个字，每个字有九笔，每天一笔，八十一笔写完，寒气消尽。这九个字是“庭前垂柳珍重待春风”。作为最早的报春树，春与椿同音，香椿属冬春菜蔬的先行者。康有为在《咏香椿》中赞椿芽：“山珍梗肥身无花，叶娇枝嫩多杈芽。长春不老汉王愿，食之竟月香齿颊。”品食香椿，时为贵。太和当地有“香椿，早采者贵；晚则质老味淡”的说法。

尝鲜，也是对新的一年的味觉体验。吃椿芽，是真正意义上品尝春天的味道，让寂寞一冬的牙齿终于咀嚼到春的味道。中国饮食文化，首先是味觉要素。选料重视味的多样性，精心选料是烹制佳肴的先决条件；从食材的多样性入手，通过切配来达到菜肴味道、色和形的调和，讲究刀工既要适合菜肴的烹调要求，易熟入味，又要造型美观。配菜除要营养、质地搭配合理外，还要菜品色泽鲜艳、互相衬托。味道的形成，极为关键的是烹饪时需要达到适宜的火候。中国菜肴需要准确掌握火候，才能达到软嫩酥烂、鲜香可口的要求。在调味的过程中可以形成菜味的互变，形成菜肴的各式风味和独特品质，可谓“五味调和百味香”。

就中西饮食文化的比较来观察，西方饮食文化的特征为：

食物来源：肉食为主，素食为辅；

烹饪方法：注重生食（冷食），讲究原味；

饮食方式：分餐制；

饮食内容：饮、食分开；

饮食强调科学、营养，是基于理性判断的“脑子里的西方人”。

中国饮食文化的特征为：

食物来源：素食为主，肉食为辅（农产品供给结构影响的）；

烹饪方法：熟食（热食）为主，讲究调味；

饮食方式：聚餐制（可谓集体整合主义）；

饮食内容：饮、食结合（亦可谓整体有机的方式）；

饮食强调：经验、味道，是基于直觉感性的“舌尖上的中国人”。

清代李渔《闲情偶记》记：“予自移居白门，每食菜、食葡萄，辄思都门；食笋、食鸡豆，辄思武陵。物之美者，犹令人每食不忘。”可见他对味道的记忆是深刻的、难忘的。贾平凹说过，“人的胃是有记忆功能的”。其实，味如其人，味觉与人格也是紧密相关的，人们对味道的记忆是非常深刻的，可以说人生的经历过程总是留有众多味道之痕。对于味觉的记忆，就笔者的亲身味觉体验来说，留有较为深刻而难忘的感受很多，按照时序，主要有：春节后农村田野的麦苗味，其味具生长着的清新；江淮地区农村老房子的厨房土灶味，其味具土、油、草木灰混合而成的乡土生活味；皖西沤红麻后圩塘鱼的麻秆味，其味微臭而闷熏，尤其体现在烹饪后的塘鱼味道中；大别山区火塘的松烟味，其味具炭油香而干燥；大学的食堂菜品味，肚里不饿因到了饭点而成平素单调的寡淡味，或因饥肠辘辘而成诱人珍馐的浓酽味；第一次出国出入餐厅的味道，美国波士顿餐厅的咖啡味和面包的烤香味可谓其代表。

春季食香椿需警惕和香椿相似的臭椿。臭椿有小毒不可食用，只能药用。辨别香椿和臭椿尤为重要，识别臭椿最简单的办法是闻，臭椿闻起来像臭虫和青草混合的难闻臭气味。识别臭椿也可通过观叶，臭椿为奇数羽状复叶，香椿一般为偶数羽状复叶。臭椿虽臭，但是它的药用价值较大，其果、根、皮皆可入药，具有清热燥湿、收涩止带、止泻、止血之功效。

赞太和香椿：

雪梅枝旁有椿芽，山珍梗肥身无花。

绿叶红边扫冬去，一箸三春满齿颊。

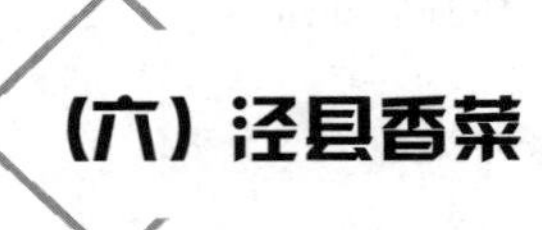

（六）泾县香菜

泾县香菜，为高秆白菜芯或秆，辅以红辣椒粉、细盐、五香粉、碎蒜瓣、黑芝麻、大茴粉等佐料，经过腌制而成的传统家常小菜。其香、辣、咸、脆、甜，形纤细嫩润、长短整齐，色黄乳微红、油光丝亮，味鲜美可口、风味别异，开胃解腻。当地有诗赞誉："皖南香菜飘香时，白菜细作赛珍馐""酱生姜与香菜美，今朝齿颊复留香"。"香菜"的民间称谓大多指芫荽菜，泾县香菜所指"香菜"是在皖南地区的一种腌白菜，主要产地在泾县，宣城、芜湖、太平、青阳、石台、铜陵、南陵、无为等地也产有"香菜"。

制作泾县香菜的原料常常选用深秋或初冬经霜打后的高秆白菜，高秆白菜，叶片绿而光滑，叶柄长、扁平，采用传统工艺进行制作。白菜经过晾晒、清洗、切削、脱水、盐腌、调味、密封七道工序，方能制成可口的"香菜"。泾县生产香菜的工艺始于清代中叶，清代四川人李化楠《醒园录》记述了香菜的腌制方法：每十斤菜配研细净盐六两四钱。先将菜逐叶披开，秆头厚处撕碎或先切作寸[①]许，分晒至六七分干，下盐。揉至发萎极软，加花椒、小茴、陈皮丝拌匀，装入坛内，用草塞口系紧，勿令泄气为妙。复藏匀仰，一月可吃。李化楠对美食之通晓堪比袁枚。李化楠、李调元为乾隆年间"父子进士"，李化楠长期在浙江为官，宦游江南多年，对浙菜、粤菜、川菜皆熟谙，开创"江南菜川做""川菜江南做"之烹饪方式，《醒园录》即为其录。

泾县香菜制作所用的高秆白菜实为"芜湖高秆白菜"，高秆白菜又称箭秆白、长梗白菜，属十字花科，是白菜的一种。李时珍《本草纲目》中记："菘"即"今人呼为白菜者，其色青白也，有二种：一种茎圆厚微青；一种茎扁薄而白"。腌制香菜的高秆白菜，主要是后一种"茎扁薄而白"的，即秆子扁长、叶子短少，长棵而嫩白的高秆白菜。王玲在《芜湖高秆白菜品种提纯复壮技术要点》一文中写道：高秆白菜是十字花科芸薹属二年生蔬菜，天然异交率高，高秆白菜植株直立，叶片小，勺形，浅绿色，叶面平滑，全缘。叶柄长，纯白色，扁平，纤维少，质脆嫩，风味甜，水分多，品质上等。该品种适应性强，生长期短，产量高，栽培易管理，适于腌制、加工。除了上述之特征，高秆白菜较之其他类白菜，其秆扁长且直顺，色洁白细腻，秆子扁长区段占了五分之四，菜秆用以制作香菜，是较为恰当的料质。

现在制作香菜的过程主要有：将高秆白菜清洗，切丝，晒干，搓揉，配比

① 寸为非法定计量单位，1寸≈3.33厘米。——编者注

（盐、大蒜末、五香粉、熟芝麻、辣椒粉），拌匀，装坛密封。“切丝”前，还需将白菜“摊晒”。摊晒尤为讲究，晒过头导致菜秆蔫干、易塞牙、无嚼劲；晒不够则水分大，嚼无脆感，且较难入味。“切丝”是一种体现民间“各显神通”的技艺，其方法很多：一是常规的“刀切法”，在条凳上置砧板，把白菜秆切成一两寸长，然后再切成细丝，上面的叶子大部分剔除；二是“剪法”，用剪刀将菜秆剪成细丝；三是“刺划法”，用细刀、粗针或细线将菜秆划开，不能把菜秆划断，此法为“高端”技术，划得不均匀、粗细不齐，会影响香菜软硬度。“搓揉”当地也称“出汗”，配以盐、大蒜末、五香粉、熟芝麻、辣椒粉，不停地搓揉拌匀。一般的佐料“黄金配置”的标准是，以100斤活菜配为例：生姜2斤、大蒜2斤、辣椒粉0.5斤、香油2斤、白糖0.5斤及麻油0.5斤。香油（菜籽油）烧热浇在菜上，即可装坛。时轮每岁冬至节气，开坛的香菜纤细嫩润、黄乳微红、油光丝亮、鲜美可口，风味别异，其“鲜、甜、辣、香、脆、嫩”味，堪称“亭前垂柳珍重待春风”之时，九九消寒、熬冬盼春的食伴佳佐。

现在，高秆白菜由于种植不多，因“物之稀”成了新宠。与大白菜种植地域广、数量多不同，大白菜以华北地区、长江以南为主要产区，种植面积占秋、冬、春菜播种面积的40%～60%，而高秆白菜在中国的产地主要分布在长江中下游地区，种植数量相对不多。朱国君在《芜湖高秆白菜》中记：高秆白菜适应性强，栽培较容易，成本低而产量、产值高，一般亩产在3 500千克左右，可炒食和腌制加工。高秆白菜在皖南多地用以火锅配菜，较为有名的是“猪肉炖腌菜”，将烧熟过的土猪肉片与切好的腌高秆白菜段放入锅仔，用土陶制小炉加炭火慢炖，成菜香气清淡、口感清新、去腥解腻。在皖南、沿江地区，高秆白菜是吃火锅的最好搭档。在宣城广德，就连腌高秆白菜剩下来的腌菜水，都有妙用，造就了广德的特色菜——“广德天下第一鲜”。这道菜与臭豆腐有异曲同工之处。冬季腌制白菜的腌菜水到了夏天就会发臭，此时，将豆腐、蔬菜、瓜果放到腌菜水里蒸熟后成菜，蒸过的豆腐变嫩，蒸出的小孔里吸满了臭菜的汁，辣、臭、香，爽、嫩、滑并存，令人回味无穷。这道菜闻着臭、吃着香，风味独特，开胃。在安徽芜湖、巢湖及沿淮地区，也有将臭腌菜水与豆腐同煮为菜的习惯。臭咸菜烧豆腐过去一直是“下饭神菜”。臭腌菜并非低贱，实为金贵，不是唾手可得的，一是腌菜要保存得好，已经烂透了的腌白菜，不可变质，不生蛆、不发霉；二是要经过漫长时间的等待，要等到叶子几乎烂完，化成了汤，汤浓微绿，才能飘着纯正的臭味。芜湖也有“千里飘香”，与“广德天下第一鲜”类似。

人们对臭腌菜水豆腐的钟爱，也许为当下吃惯了大鱼大肉的“好食互补”，也许是怀念曾经的味道，但过去平常百姓对菜的可口的评价标准，最重要的是

“是否下饭”。美食纪录片《下饭菜》专门收集了来自全国各地风味各异的下饭菜进行展播，泾县香菜属其中一款。泾县香菜的“下饭”性能是极强的，一小撮香菜为菜即能吃下一碗饭。从词义来究，下饭中的“饭”多指米饭，稻多产于南方，所以“下饭”也多见于南方方言。“下”，送下也，就是陪饭下肚之物。“下饭”作为用餐或吃饭，可谓既形象又贴切。从词义之用义来考，“饭”为指向的核心义，“饭”是传统饮食和百姓饮食生活中最重要的构成要件。过去人们从事重体力劳动，能量消耗多，出汗也多，“下饭菜”意味着重油、多盐的菜，多油的下饭菜，已属奢侈，大部分农家都是将各类蔬菜晒干了，多放大粒粗盐腌成咸菜，还不敢多吃，以咸而量少为“下饭菜”之准，至于有一口腊肉吃，那是极为罕见的。对比当下多吃菜少吃饭、不吃主食、不吃碳水、少吃饭已成普遍的言辞，年纪稍大的人们往往难以理解。更有“饱饭者”竟声称米饭是典型的高糖、高热量、低蛋白的垃圾食品。

与广德臭腌菜相似的有绍兴臭苋菜梗，浙江绍兴有传统名菜“蒸双臭”，其主料即臭豆腐和霉苋菜梗。入伏时节之后的绿苋菜长成渐老，粗如锄柄，将苋菜梗去顶，切成一寸余长的段，在冷水里浸泡 8 小时左右，待水中微微出现气泡，菜梗端开裂，捞出沥干水分装瓮，拌上适量的盐，压实后，用细纱布或荷叶覆盖瓮口，以细绳捆扎紧实、密封。腌制成的臭苋菜梗色泽亮丽，色绿如碧，清香酥嫩，鲜美入味，助消化，增食欲。

过去，作为市场能购买到的商品，泾县香菜是极为珍贵的。一是香菜生产和售卖具有时间的限制，可谓“时令性”佳品；二是香菜的原料栽植和加工大多以一家一户为主，属“自家用”的产品之列。安徽的芜湖、青阳、铜陵等地均产香菜，与泾县香菜有别，铜陵、青阳产的香菜往往在佐料上都加白姜末或丝，或因铜陵白姜之名，或因当地买者口味所致。

泾县为历史名城，素有“汉家旧县，江左名邦”之誉，有“山川清淑，秀甲江南”之美称。“泾川三百里，若耶羞见之……佳境千万曲，客行无歇时。”李白曾经在《泾川送族弟錞》赞叹泾县的山水人文。泾县也是革命老区，是皖南事变的发生地，是四大名笔之一宣笔与文房四宝之一宣纸的原产地。“桃花潭水深千尺，不及汪伦送我情”之千古绝唱就题在泾县的桃花潭边，桃花潭被人们美誉为“桃花流水杳然去，别有天地非人间”。泾县有 4 个中国传统村落和 10 个安徽省传统村落，中国古村落查济村具“门外青山如屋里，东家流水入西邻”之佳景。此外，泾县还有宣纸发源地的小岭，古渡的章渡，青弋江畔古县城的黄村镇安吴，洋船老屋孝犹在的黄田等佳地。

赞泾县香菜：

身出名门高秆家，鲜香细脆不言辣。

九九消寒有佳佐，仲春犹香复齿颊。

(七) 桐城水芹

芹，伞形科，属一年或二年生草本，多称旱芹、药芹，以叶柄作为蔬菜食用。芹菜的原产地是地中海地区和南美洲。在中国古代也有芹菜栽培，古代中国芹菜与现今的野芹菜相似。旱芹香气较浓，也称“香芹”。由于它们的根、茎、叶和籽都可以当药用，故又有“药芹”之称。

芹还有一个品种，为水芹，水芹俗名水英、楚葵、小叶芹、水芹菜、野芹菜等，水芹原产地在中国。水芹，属伞形科，多年生水生植物，茎直立或基部匍匐。《诗经·鲁颂·泮水》中记载：“思乐泮水，薄采其芹。”中国芹菜较大规模栽培始于汉代，《齐民要术》有关于芹菜栽培技术的记载，所指多属水芹。李时珍《本草纲目》载，芹有旱芹和水芹之分，特别在“菜部”对水芹进行了较为详细地描述：水芹，又称芹菜、水英、楚葵。茎，甘、平、无毒。主治：小儿吐泻、小便淋痛和小便出血。清代著名医家黄宫绣在《本草求真》中提道：“芹菜地出，有水有旱，其味有苦有甘、有辛有酸之类。考之张璐有言，旱芹得青阳之气而生，气味辛窜，能理胃中湿浊。水芹得湿淫之气而生，气味辛浊。”水芹一般生长于低湿的田沟、水泡沼泽地，水芹营养丰富，可口清香。李瑞在《水芹品质研究现状》一文中写道：水芹病虫害较少，适应性较强、产量高、效益较好，在我国长江流域及其以南地区栽培较多。水芹中富含多种维生素、蛋白质、脂肪、碳水化合物、粗纤维和钙、磷、铁等矿物质；具有清热、利尿、降低血脂和血压等的医疗功效，是保健蔬菜。水芹提取物对心血管、肝脏具有一定的保护作用。

桐城水芹，四季滴翠、根似龙须、茎如玉簪，具有“兰香浓郁、脆嫩爽口、回味甘甜”的品质特色。桐城水芹栽培历史有300年以上，主产地主要在桐城市郊文昌村泗水桥和石河村齐家墩。栽植地多为水田，属历史上龙眠河河床。龙眠河源于龙眠山，龙眠山为大别山的余脉，古诗云：“大小二龙山，连延入桐城。”龙眠河西起颂嘉湖，东至嬉子湖，纵横48公里。龙眠河上游，河水清澈。芹田用水主要来自河床沙石层渗出的泉水，泉水常年不息，为水芹四季栽培提供了天然的优质水源。2021年，“桐城水芹”获批国家地理标志保护产品。桐城水芹能够药用，具有抗炎症、高血压、高血脂、动脉硬化等作用，在临床上具有清热、利尿、防治乙肝、降血压和降血脂等医疗功效，能够中和尿酸及体内其他酸性物质以及促进肠运动等作用，为“药食两用”的无公害蔬菜。水芹富含蛋白质、碳水化合物、钙、磷、铁等多种人体必需营养成分和膳食纤维、黄酮、萜烯等保健成分。水芹还被制作成水芹面条、水芹饺子、水芹粉、水芹有机茶等众多的营养保健食品，深受广大消费者的喜爱。

安徽农学院叶家栋在《桐城水芹》中写道：桐城水芹质地脆嫩，味清香宜人，余味甘甜，尤以冬季所产的“腊白老”著名，该品种茎白、脆嫩、味美，品质特佳。尤其值得一提的是，桐城水芹茎节的长短随水温高低和植株稀密而异，实为罕见。芹茎嫩时呈圆柱形，老时变为八棱形，中部先实心，后呈海绵状，最后变为中空。

桐城水芹根系发达，繁殖力极强，一年可生五茬。由于季节、栽培方法、采收期不同，水芹称谓也不同，主要有腊白老、青老、藤子菜等几种类型。冬季的桐城水芹，又称“腊白老”“捺白老”“白老”“芹菜芽”，是在头年冬季青老栽培后的残茬上，埋入淤泥中的芹菜，经软化改进后，形成的一种品种，正月十五以前采食。“青老”每年可采收五次，称五道青老，因采收季节不同而得名。李玉林在《桐城水芹及其栽培管理》中写道：五道青老，是指当地菜农一年五次收获桐城水芹的总称。“头道青老”（秧子青老）指当年第一次收获的桐城水芹，收获期自3月初到3月末。收获时，连根拔起，头道青老高产优质。“二道青老”是采用收割的方法，收割时水面上留一个节，割口要平，4月植株高达70厘米左右，芹茎粗如小拇指时割收。“三道青老”是二道青老收割后，水面上留节的腋芽萌发长成新的植株，6月初，苗高40～70厘米时，可收割。“四道青老”如同“三道青老”，7月初收割，芹茎细小，有筷子粗，芹质地粗老，产量低。“五道青老”，亦称藤子菜，是四道青老收割后，其留茬上长成的新植株，自8月开始养藤子菜，到10月初，藤蔓生长变长，芹节间长，多达20多节，遂称藤子菜，匍匐于田中，可收割藤子菜上市。藤子菜收割后，其留茬侧芽又能萌发新的植株，新株又作“捺白老”的秧苗。周而复始，长收一岁。

王华君在《安徽水芹发展现状及栽培技术》中记：水芹在安徽沿江地区与沿淮地区栽培较多，主要在安庆、池州、芜湖、合肥、蚌埠等地区，安徽水芹以桐城水芹、庐江水芹、蚌埠水芹为主。桐城水芹其优良品质得益于栽培地的独特环境条件，芹田底层为砂石结构，上层是由龙眠河流冲积物沉积而成的沙壤泥，当地人称之为“香灰泥”。这种“香灰泥”富含有机质和氮、磷、钾等，其pH为6.5～7.0，水温常年保持在15～17℃。庐江高梗水芹是原产于安徽省庐江县的尖叶水芹品种，分布在安徽省芜湖繁昌、无为等市县。羽状复叶的顶部小叶片呈长卵形，株高70厘米左右，茎粗1厘米左右。茎水上部呈淡绿色，水下部呈白绿色至白色，叶柄基部和茎节略带红色。庐江水芹最有特色的是芹芽，芹芽属水芹类，主产于庐江县白湖镇金坝村，芹芽的栽种，是用土壤覆盖水芹菜而育成。芹芽洁白如玉，晶莹透亮，有淡香味，芽头呈乳黄色。叶柄呈白色透明状，当地人誉之为芹菜上长出的“豆芽”。芹芽因有较为发达的匍匐茎，也常常称为“芹藤”。芹芽喜冷凉，较耐寒；喜湿润，怕干旱。在秋冬季节上市，芹芽含有丰富的维生素、矿物质及挥发性芳香油，具有清热解毒、降压消肿等功效，可用于炒、烫、凉拌等，是春节前后百姓喜爱的蔬菜之一。安徽怀宁石牌水芹菜、望江华阳镇水芹较为有名，巢湖、黄山等地也多产水芹。

芹芽为菜，最为著名的当数"雪底芹芽"。雪底芹芽的用料主要是斑鸠和芹芽，将斑鸠胸脯肉切成细长丝，腌渍入味，用蛋清、水淀粉上浆备用。芹菜去根洗净，取其嫩芽备用，此芹芽实为嫩芹菜芽。斑鸠丝回锅，即放芹菜翻勺，拌匀后盛盘，白嫩的炒蛋平铺盘底，即成。传说曹雪芹晚年在北京西郊，生活穷困，靠卖画和卖雪里蕻、芹菜维生，家道衰落，经常自己烹调肴馔，制成此菜。从文人雅义来观，"芹"字用作人名意，指谦虚、博学、多才；就百姓俗意而言，芹菜比较好活，人也能吃，又有勤的谐音，"芹"字用作人名，意指活泼、调皮、生命力旺盛和勤勉。

明清时把考中秀才入学的人称为"生员"，叫作"入泮"，或"采芹"，采芹人就是指读书人。生员是经过童试取入地方官学的学生，生员有应乡试的资格。桐城水芹也因桐城"文都"而增添名气，桐城是桐城派的发祥地，桐城派以其文统的源远流长、文论的博大精深、著述的丰厚清正而闻名，在古代文学史上占有显赫地位。戴名世、方苞、刘大櫆、姚鼐被尊为桐城派"四祖"。桐城派主盟清代文坛200余年，其影响巨大，延及近代。桐城水芹的文化意义显得更加突出，"桐城派"文化催生了桐城水芹的盛名远播。康熙十二年（1673年）《桐城县志·方物》就记载了桐城水芹"浓白有节、棱而中空、其气芬芳"。道光七年（1827年）《桐城续修县志·物产志》记载了桐城水芹具有"味香甘而脆"的特色。桐城水芹也融入了桐城的文脉，古人常以竹"中空有节"比喻虚心和有骨气，桐城水芹"浓白有节、棱而中空"亦喻同。明末"铁面御史"桐城人左光斗，磊落刚直，可谓节烈之士。左光斗不畏权贵，弹劾阉党魏忠贤，遭诬陷，在牢中遇害。南明弘光之时，左光斗追谥为忠毅，现桐城北大街尚有左公祠。桐城派先驱戴名世个性高傲不羁，不愿"曳侯门之裾"，以针砭时弊、振兴古文为旨趣。后出《南山集》，清代康熙年间，戴名世颂明末抗清义士，获罪入狱，被杀于市。

赞桐城水芹：

龙眠泉漫滋玉簪，四季滴翠青老鲜。

采芹中空须有节，不曳侯裾忠毅然。

（八）绩溪燕笋干

绩溪燕笋加工母竹为燕竹，遂称为燕笋。燕竹属禾本科，常绿，为高产笋用竹种。南宋王十朋有《书院杂咏·燕竹》诗曰：“问讯东墙竹，佳名今始知。龙孙初迸日，燕子却来时。”燕竹生长于中、低山地带，主要分布于绩溪大鄣山境内，伏岭镇大鄣村产的燕笋最佳。大鄣山为天目山山脉中段，有主峰清凉峰。燕笋采挖季在每年 3—4 月，采笋产量有大、小年之分，小年的产量仅为大年的四分之一，年度交替较规律。燕竹鲜笋食之口感鲜美、爽脆绩。绩溪燕笋干成品为不规则条形或扁圆形，色泽呈淡黄色或略带绿色，嗅有清香，基部无老节，笋质肉质肥厚，带笋衣，无退节，无杂质。燕笋干水发后肉质脆嫩厚实，扁圆形，带有绿色，香味浓郁。笋干营养丰富，富含人体所需的 17 种氨基酸、蛋白质、碳水化合物和多种维生素。燕笋同样具食疗功效，唐代孙思邈《千金要方》记载：“竹笋：味甘、微寒，无毒。主消渴，利水道，益气力，可久食。”二十四孝故事之“哭竹生笋”讲述的是三国吴国大臣孟宗孝母之行，孟“母老病笃，冬月思笋煮羹食。宗无计可得，乃往竹林，抱竹而哭。孝感天地，须臾地裂，出笋数茎，持归作羹奉母。食毕，病愈”。哭竹生笋虽为传说，但也验证了笋具食疗功效。

绩溪燕笋笋干加工历史悠久，在晋末即有记载，元、明、清加工成品较为广泛，清代李渔《闲情偶记》记：“蔬食之最净者，曰笋，曰蕈，曰豆芽。”现绩溪燕笋加工工艺为：选笋—剥壳去蔸—加盐干煮—烘烤—烘焙—扎捆—保存。加工成品的笋干为嫩黄色，可长期保存。笋干经水发脱盐后，切成丝或段块，可配以肉类、海鲜等炒食，也可做汤及作火锅配料等，还可配青椒、青蒜炒食，或与猪肉、老鸭同煮、同炖。

绩溪燕笋干是徽菜的重要原料之一。徽菜发祥于南宋时期，源于古徽州今绩溪、歙县一带，以烹制山珍野味著称，讲究色、香、味、形。徽菜主料和配料大都取于本地种植的原生态菜蔬及山珍野味，菜品讲究食材的原真性。徽菜植根于“儒风独茂”的古徽州，徽州多盛产竹笋，竹翠水清，笋质无涩无渣，甘甜爽脆。笋衣薄，柔软滑口，适宜与肉禽同蒸或煲。作为藏在徽州深山的养生珍品，冬笋有“金衣白玉，蔬中一绝”的美誉，炒炖焖煨，皆成美味。徽菜就其菜系特色而言，最根本是黄山物产、徽商文化的融合体，可以说徽菜离不开徽州这个特殊的地理环境所提供的自然和文化条件。徽菜的“马鞍桥”“盘缠馃”“胡氏一品锅”“红烧划水”，均与徽商文化相关。“胡氏一品锅”是一种多层次的组合菜肴，制作的原材料也有多种组合，水发干笋是缺不了的。作为典型徽菜代表，胡氏一品锅的菜料组合较为精致，一般一品锅码放四层，有的可达七八层之多；菜料自下而上依次放干笋、肉块、豆腐、蛋饺、香菇，文火慢炖即成。一品锅按人数或“四时八节”确定蛋饺的数量，豆腐为油豆腐，肉块用夹心肉（五花猪肉），干笋为锅底菜料。绩溪有挞馃，属徽菜主食，挞馃中较小的叫“盘缠馃”，也称“石头馃”，是过去徽州商贩出门的干粮。盘缠馃起源于明代末期，以肥肉炸油后的猪油渣掺和干腌菜、笋干和熟黄豆粉等作为馅料，用菜油或猪油和面粉制皮，用文火在平底锅上挞，馃色玉白里透出金黄。“前世不修，生在徽州，十三四岁，往外一丢”，山区交通极不便，徽商去江浙一带，全靠步行。“忙不忙，三日到余杭”，路途再远之地，需要半月甚至一个月路程，往往要带大量的“盘缠馃”为食。“盘缠馃”不仅便于携带，而且馃以腌菜、笋干为馅，不易馊变；馃馅油与馃皮油相渗，也不易碎裂，一路食用，可省下盘缠费又有“家乡味道”相伴。“盘缠馃”种类很多，有玉米馃、米馃、面粉馃、荞麦馃。徽菜臭鳜鱼的制作也缺不了冬笋丁，其他徽菜品也常以笋为主或辅料，如山笋煲、刀板香、茶笋炖排骨、笋干烧肉、排骨烧笋干、炒粉丝、茶笋浇头面、咸肉炖春笋等，可以说，徽州菜少了笋香，就少了灵魂。

笋是应季产品，长期食用，必须将其做成笋干。笋具有吸油的效果，徽菜重油，辅以笋可减少油腻，又可增加菜香。烧制臭鳜鱼，必须配姜、蒜、椒、酱、酒、笋，尤其要辅以春笋片，才算味道最佳的臭鳜鱼。鳜鱼实属长江水系翘嘴鳜鱼，又名桂花鱼，产于长江支流池州市贵池区、石台县的秋浦河。贵池古称秋浦，相传五代梁昭明太子喜食秋浦花鳜，缘于秋浦之水好、鱼美，封其水为“贵池”。明清以来，臭鳜鱼就需以贵池鳜鱼为主料。唐朝李白曾五次游览秋浦河，赏水品鱼，留下了很多传世诗句。《秋浦歌十七首》曰：“水如一匹练，此地即平天。耐可乘明月，看花上酒船。”宋朝诗人杨万里品尝秋浦河鳜鱼后，留下了“一双白锦跳银刀，玉质黑章大如掌”的千古佳句。秋浦花鳜为淡水名贵鱼类，体侧扁，尾鳍呈扇形，口大鳞细，体表青黄色，有黑色斑点。由于秋浦河水质清澈澄碧，花鳜肉质特别清新细腻，味道鲜美可口，营养丰富，脂肪低，富含人体必需的氨基酸。近年来，当地政府联合安徽农业大学开展“秋浦花鳜”养殖技术合作，推进花鳜鱼的纯天然养殖和标准化养殖。

与绩溪相邻的歙县问政山笋、广德笋山笋也较为有名。问政山笋产于歙县问政山。唐代歙州刺史的堂弟于德晦，在山上筑“问政山房”，收门生，传道授业解惑，问政山之名由此而来。又有一说，问政山名与朱元璋有关。1995年版《歙县志》记“至正十八年十二月，朱元璋来徽，驻兵玉屏山，召见名儒朱升、唐仲实、姚琏、凌庆四，问以军、政方略”。寒夜雪中问政，定下大计，玉屏山后也被称为问政山。朱升为明代开国谋臣，徽州休宁人，助明开国，在军事上献策出谋，为建立明王朝发挥了重要的作用，最为著名的当为朱升的“进言三策”：“高筑墙，广积粮，缓称王”。朱元璋曾有七言两句御联与朱升：“国朝谋略无双士，翰林文章第一家。”唐仲实为古歙贤儒，明太祖朱元璋至徽州，宣召贤儒，访问民事，与唐仲实召对国策，谈论天下之道，问民事得失。明正德年间，朝廷为唐仲实建“龙兴独对”石坊，现在坊额所镌“龙兴独对”仍可见，龙凤牌刻有碑文，记朱元璋与唐仲实对话内容。在歙县深渡凤池五伦祠堂存“龙兴召对”牌匾，记有朱元璋与乡儒姚琏隔江询问民事的故事。《安徽通志》记载：“笋出徽州六邑，以问政山者味尤佳。”问政山笋的特点是：外壳呈淡黄色，笋肉白皙，质地脆嫩，手指掐捏即能溢水，堕地即碎，汁水飞溅。煮于锅中，清香四溢；食于口中，鲜美无渣。问政山笋之特，主要由其生长环境所致，山多沙土，出土的竹笋质地松，质“箨红肉白”，可“堕地能碎”。清道光《歙县志》有记：“山含沙，宜养竹，笋最有名。”当地人又称问政山笋为“白壳苗”。清代诗人汪薇有诗赞曰：“群夸北地黄芽菜，自爱家乡白壳苗。”

“久仰卢湖竹海，慕名笄山冬笋。”广德市卢村乡笄山竹笋亦为佳品，笄山笋体白嫩、形肥硕、皮金黄，笋肉厚、沁甜鲜润且不涩。笄山属天目山西北余脉最末端，笄山之形似妇人发髻，因而称为笄山。笄山村是“全国生态文化村”，该村群山环绕，绿色掩映，为笄山省级森林公园核心区域，有竹林面积1.2万亩，享有“万亩竹海”之美誉。笄山竹笋、衡山野稚、誓节沙河鳖、杨滩桐花鱼为广德佳肴四绝，以笄山竹笋为料的油焖笋尖最有名。制作油焖笋尖，要选取鲜嫩至极的笋尖头上的一点尖，切细段，佐猪肉丝，以大火滚一滚，微熟后加点水，小火慢炖即成。除笄山竹笋有名之外，桐花鱼也相当奇特，传说杨滩河中的鱼吃了河边桐树落入河面的桐花后，鱼骨就变软，遂称之为桐花鱼。因为桐花鱼骨头软，不会卡嗓子，当地的儿童第一次吃鱼几乎都选择桐花鱼。桐花鱼背青红色，鱼肚有轮状花纹。

赞绩溪燕笋干：

燕竹生绿大鄣山，金衣白玉无老段。

冬月思笋煮羹食，笋香一船出新安。

（九）包河无丝藕

藕，属睡莲科多年生水生草本植物，又称莲藕。莲藕原产于中国，其花为莲花，又称荷花、芙蕖、藕花、菡萏等。莲之柄为荷梗，叶名荷叶，花蕊为莲须，果实称莲蓬，种子是莲子，种胚芽名莲心，莲的地根茎名藕。藕根茎粗壮，肉质细嫩，鲜脆甘甜，是人们日常食用的。包河无丝藕，鲜嫩脆甜，纤维少，藕丝易拉断，藕节细长，有7孔或3～4小孔，多2～4节；藕淀粉含量高，生食甜嫩、熟食粉香。包河无丝藕原产于包河，主产于合肥市包河区、瑶海区、肥东县、巢湖市、庐江县部分乡镇。无丝藕孔大节疏，质嫩且藕丝少。

藕在南北朝时传入中国南方，被普遍种植。据载，至少在3 000年前中国就有了莲藕。《诗经》中《国风·郑风·山有扶苏》曰："山有扶苏，隰有荷华。不见子都，乃见狂且。"《国风·陈风·泽陂》："彼泽之陂，有蒲与荷。有美一人，伤如之何？"唐、宋时盛行种藕，浙江湖州的双渎"雪藕"，在清代为贡品。韩愈诗云："关外人参双渎藕""冶比雪霜甘比蜜，一片入口沉痾痊"。莲藕栽植主要集中于湖北、江苏、安徽、浙江等地，每岁入秋，即是莲藕大量上市的季节。

合肥西抱大别山余脉，南濒长江，北枕淮河。北魏郦道元《水经注》记载："夏水暴涨，施合于肥，故曰合肥。"合肥境内有长江水系的南淝河、丰乐河、派河等，邻巢湖，水系发达，水资源丰富。司马迁《史记·货殖列传》记载："合肥受南北潮，皮革、鲍、木输会也。与闽中、干越杂俗。"张伟在《包河无丝藕》一文中述：包河无丝藕栽种历史悠久，有着900多年种植莲藕的历史。清代嘉庆《合肥县志》载："藕出包家河为佳。"相传宋仁宗将合肥东南段护城河赐予包拯，包河内有藕，藕能卖钱，因与包拯忌财拒贪风范相悖，包拯推托未果，只好暂为代管。包拯示家人河藕只能吃不能卖，可用以济民，不许营利赚钱，遂成就了河藕济民的美德风俗。包公铁面而藕无丝（私），"包公无私藕"由此得名，合肥地区也有歇后语："包河藕——无丝（私）"。

合肥地区无丝莲藕大多种植于河湖水中或稻田中，不需要施肥。藕常用于煨汤，或炒制滑藕片、酸辣藕丁。合肥现有藕系列佳肴，主要有荷叶蒸藕、凉拌藕、炸藕丸子、炸藕蟹、卤藕、莲藕汤等。莲藕不仅是家常菜品，也是药用价值相当高的植物，《神农本草经》《本草纲目》等书，都对藕作了药用功能的介绍。藕的各部分名称不同，均可供药用，如藕根茎、荷叶、荷花、莲蓬子，都可滋补入药；藕含有丰富的蛋白质、维生素C、矿物质以及氧化酶成分，具有药用功效，能健脾开胃、益血补心；藕粉能消食止泻，滋补养性。近年来，合肥积极打造撮镇荷花莲藕基地，建立了肥东撮镇双季莲藕基地、肥东长临河鱼莲立体种养基地、肥西三河莲藕茭白基地，在撮镇、三河镇建立加工、储藏中心，着力打造"百里荷花艳，万亩莲藕香，人在画中游，怡情赏风光"的沿巢湖水生蔬菜基地。在安徽农业大学专家的帮助下，基地培育出标准的无丝藕品种，注册为"包公牌"，在肥东等地广泛推广种植。"庐阳正气清风阁，廉洁包公百世歌。"合肥有包公祠，为李鸿章出资修建，正所谓"包家祠堂李家修"。包公祠有清风阁，于1999年包公千年诞辰时所修建，包公祠中包公坐像的上方悬"色正芒寒"四字，包公神色严肃，正气凛然。

包河藕之特，在于其洁白无丝。大凡是藕，皆有丝。与包河相近的庐江县产"庐江花香藕"，属早熟品种，栽植于浅水田，因其在荷花开时便能采摘，被当地农民称为"花香藕"，也有藕丝。产于安庆潜山市天宁寨雪湖的"雪湖贡藕"，在明代即为贡品，尤以熟食"雪湖蒸藕"为佳，蒸藕选用老壮粗藕，藕孔内填满糯米，经过七道工序、高温热汽熏蒸三次而成，加入白糖、青红丝蒸制的热藕，味道鲜美。雪湖贡藕有九孔、十三丝，极为珍贵。近年来，由于邻近市郊的雪湖改造，雪湖贡藕较为难觅，实在可惜。就连称“藕”而非“藕”、形似藕节的芜湖南陵县丫山“丫山藕糖”，吃起来也有丝感。丫山藕糖是用煮熟的糯米、麦芽、芝麻和桂花等制作而成的一种麻糖，糖内气孔多达73个，熏热后再用炒熟脱壳的白芝麻、桂花等滚动拌匀，即成丫山藕糖，与孝感麻糖、六安徐集酥糖相似。以此观之，包河藕无丝，实为独特。包河藕无丝，与常理“藕断丝连”相悖，又与包公铁面无私相缘，实为奇事。

“藕断丝连”的社会意义，可以从中国传统社会由血缘、地缘、业缘构成的熟人社会之中去考察。传统社会中，人们通常关注并在社会交往中使用“人情”，且以此来衡量利益选择和行为判断。费孝通先生在《乡土中国》的“差序格局”中认为，中国乡土社会以宗法群体为本位，人与人之间的关系是以亲属关系为主轴的网络关系，是一种差序格局。差序格局现象在传统社会中极为普遍，在差序格局下，在亲属关系、地缘关系等重要社会关系中，以自己为中心联系并形成社会网络。地缘关系是指以地理位置为联结纽带，依据的是正在或曾经在一定的地理范围内因共同生活、活动而交往产生的人际关系，如同乡关系、邻里关系。当然，也包括学业、职业、事业经历而产生的特殊亲近关系，如同窗关系、同事关系、战友关系等。

从法律文化意义上考察法律文化的内核——“法统”，其特征具有历史纵向的稳定性。一个民族或国家的“法统”是长期社会实践的文化结晶，是在各自不同的地理环境和自然条件下，经过长期社会实践而形成的文化历史传统和民族心理。中西法律文化的差异很多，法在学术上主要是律学与法学的不同，法在精神上是人治与法治之别，法律文化的价值取向是无讼与正义的追求；从社会基础上看是宗法社会与市民社会、熟人社会与陌生人社会、重农抑商与商人社会之殊。中国传统法律文化的哲学基础是民本主义思想，这使得传统法律文化中的消极因素比较多，如人治观念、皇权思想、以言代法、封建等级观念、特权思想等。徐勇先生在《农民理性的扩张：“中国奇迹”的创造主体分析》一文中指出：传统农业社会是一个“亲缘社会”和“熟人社会”。人们在村落里生于斯、长于斯、死于斯，长期的紧密交往形成亲情关系，因此农业社会又是一个“人情社会”，情感甚至大于法。因为人情可以给人带来信任、依托、互助等各种好处。农民遇到本人无法解决的问题和面对陌生环境时，首先想到的是可以信任、依托和互助的亲戚乡邻这些“自己人”。在传统农业社会，这种人情是正常生活的需要。

因此，“藕断丝连”与“铁面无私”这种悖反的现象，在传统封建社会出现，是非常少见的。包公以《书端州郡斋壁》明志：“清心为治本，直道是身谋。秀干终成栋，精钢不作钩。仓充鼠雀喜，草尽兔狐愁。先哲有遗训，毋贻来者羞。”包公打龙袍、斩驸马、陈州放粮、端州掷砚……的故事在民间广为流传，包公的“铁面无私”也是极为难得的。

“藕”与“偶”字谐音，于是，人们便赋予它许多美好的寓意。如送给老人则有敬祝身体健康、永不孤独之意；送给年轻人则有祝愿喜气盈门、喜结连理之意。

赞包河无丝藕：

藕断丝不连，唯有包家园。

公私可道尽，色正显芒寒。

（十）徽菜

徽菜，是中国八大菜系之一，过去仅指徽州菜而非安徽菜。由于历史、地形、地貌的特点等因素，安徽有四大文化，包括淮河文化、庐州文化、徽文化、皖江文化；也有说三大文化，即淮河文化、皖江文化、徽州文化。淮河文化为融合中原文化、吴楚文化形成的一种区域文化，具有兼容性和过渡性的特点。皖江文化为古皖文化、水文化。徽州文化是安徽地域文化中最成熟、最具有代表性、最典型的地域文化，是一种典型的儒学文化。现在所言的徽菜，主要是以徽州菜为代表的皖南菜、皖江菜、合肥菜、淮南菜、皖北菜的总称，皖南菜是徽菜的主流和渊源。

徽菜历史上有五六百个品种，当代创新后的徽菜品种有 3 000 多个。其最有代表性的菜肴有：腌鲜鳜鱼（臭鳜鱼）、问政山笋、徽州毛豆腐、徽州蒸鸡、胡氏一品锅、石耳炖鸡、无为熏鸭、毛峰熏白鱼、炒虾丝、符离集烧鸡、李鸿章大杂烩、三河酥鸭、包公鱼、吴王贡鹅、荠菜圆子、王义兴烤鸭、八公山豆腐、奶汁肥王鱼、清汤白玉饺、淮王鱼炖豆腐等名菜佳肴，以及红烧划水、三虾豆腐、翡翠虾仁、砂锅鸭、馄饨刀板香、清蒸石鸡（即石蛙）、杨梅圆子、山粉圆子、凤炖牡丹、荷叶粉蒸肉、青螺炖鸭、中和汤、撒汤等传统佳肴。

除前面第三部分“蔬菜类”和后第四部分“加工食品类”所提及的问政山笋、徽州毛豆腐、胡氏一品锅、八公山豆腐外，因篇幅所限，重点采撷几例以述。

徽菜不乏稀罕的山珍，黄山石耳当属一例。石耳，属地衣类植物，因附着在岩上生长而成，所以称之为“石耳”。石耳又名石壁花、岩耳、脐衣、石菌、石花、石木耳、岩菇。黄山产石耳，黄山石耳在徽菜中属上等菜原料，常令饕餮客馋涎三日。唐代皮日休《过云居院玄福上人旧居》诗曰：“龛上已生新石耳，壁间空带旧茶烟。”清代黄钺曾也有诗赞誉：“石耳生阴崖，人间绝此味。”黄山石耳的形状和木耳相似，但比木耳要大。黄山石耳一般生长在海拔 800 米以上的悬崖峭壁上，石耳正面乌黑，生有细刺茸毛，背面长着一层青苔似的淡绿膜，正中有蒂与寄生的岩石相连。干石耳呈不规则的圆形片状，多皱缩，外表灰褐色，内面灰色，干石耳折断面可看到明显的黑、白二层。黄山石耳被称为“黄山三石”之一，另“二石”为石鸡、石斑鱼。以石耳为材质的徽菜有：石耳炖鸡、石耳老鸭煲、石耳豆腐丸、烧石鸡、清蒸石鸡等。“黄山三石”之石斑鱼并非现在鱼鲜市场常见的海产鱼类石斑鱼，这种淡水石斑鱼在皖南被称为“石斑子”“光唇鱼”。石斑子生长在沙质河溪的清凉深水中，生长缓慢，长二三寸，通体灰黑，数道斑纹竖直于身，鱼鳍有淡红色，腹部银白色。石斑鱼肉质厚实、细腻，红烧、清蒸皆可。除了石斑鱼外，黄山甘草水、麻古鱼（又称麻古愣子、棒花鱼、花鲇）也非常有名。

黄山石耳一般要六七年才能长成，因此极为珍贵。清代《本草纲目拾遗》写道石耳“作羹饷客，最为珍品”。石耳含有丰富的蛋白质、氨基酸、脂质、胡萝卜素、维生素和钾、钙、钠、镁等多种矿物质，用石耳煨肉或炖鸡，鲜美可口。石耳有药用，《本草纲目》中记载：“石耳性甘平无毒，能明目益精。”石耳具有清肺热、养胃阴、滋肾水、益气活血、补脑强心的功效，对肺热咳嗽、胃肠有热、便秘下血、头晕耳鸣、月经不调、冠心病、高血压等均有良好的疗效。徽州民间常用石耳治喉痛，疗效甚好。干石耳用以做菜时，要用沸水加少许的盐泡发，待石耳泡软之后，反复轻揉轻搓，将石耳上面的细沙除净，还需磨去石耳背面的毛刺，以免食用时口感糙涩。潜山境内的天柱山及大别山岳西、霍山，也产有石耳。

徽菜中也不乏平平淡淡的山珍，黄山蕨菜可谓一例。徽菜有木须蕨菜、海米蕨菜、肉炒蕨菜、脆皮蕨菜，均以蕨菜为料质。蕨菜，属凤尾蕨科，多年生草本。茎长而横走，密被锈黄色柔毛，呈褐棕色或棕禾秆色，略有光泽。蕨的幼苗称为“蕨菜”。每年清明前后，蕨苗开始出土，生长速度极快，两三天便长到近十厘米高。杨万里在《题张以道上舍寒绿轩》中写道：“雷声一夜雨一朝，森然迸出如蕨苗。”蕨茎顶端的叶子似紧握的细爪，这时的蕨菜茎非常嫩，没被木质化，正是食用的最佳时机。蕨按照茎色，有碧绿、紫绿、紫红三种。传说当年乾隆皇帝爱食蕨菜，徽州当地称蕨菜为龙爪菜、龙头菜。池州也产蕨菜，叫蕨菜为猫爪子、拳头菜。青阳土话往往把蕨菜叫“蕨吉禾”。在徽州地区，蕨菜常常被称作山菜之王，主要因为每至春季，蕨菜满山，采摘不尽，待嫩叶卷曲未展时，摘下来便可以做菜食用，老后的蕨菜根还可以做成蕨根粉，蕨根粉可为主食。在过去物质贫乏的时代，蕨菜可作野菜充饥，也是难得的美食。蕨菜含有大量的胡萝卜素、维生素 C、粗蛋白、粗脂肪、粗纤维等。蕨菜味甘、性寒、润滑，根、叶及全草均可入药，具有安神镇静、清热解毒、利水消肿、活血止痛、强健脾胃、祛风除湿等功效。

黄山蕨菜可作鲜食，也可盐腌，还可干制。鲜食时必须用水焯，一为口感黏滑，二为“祛毒”，降低致癌物，保证菜品食用安全。蕨菜芽可凉拌，也可与干辣椒炒食。蕨菜用盐腌时应选择粗细整齐、色泽鲜艳、柔软鲜嫩的，制成酸菜类小菜。干制的蕨菜，要上锅稍蒸后摊晒成干菜。蕨菜炒鸡蛋、蕨菜炒肉丝、蕨菜鱼片、蕨菜鳝丝，都是皖南地区的家常菜。

赞徽菜：

凉溪三载初长满，石斑旧池思故渊。

龛上已生新壁花，春野蕨菜采不完。

安徽菜品中以米、面、薯、菜等原料制成的圆子种类较多。

荠菜圆子。制作荠菜圆子离不开荠菜。荠菜，十字花科荠菜属植物，原产于中国，分布较为广泛。荠菜之名可能在中国蔬菜中最多，就其较为普遍的称谓，有护生草、稻根子草、地菜、小鸡草、鸡心草、地米菜、菱闸菜、花紫菜、花花菜、香荠、清明菜、香田芥、地米菜、鸡脚菜、假水菜。《本草纲目》中记载荠菜有“清目”的作用，可以入药使用，因此荠菜又称“亮眼花”。北方也称荠菜为白花菜、黑心菜，河南郑州地区叫麦荠荠。瑶家叫“禾秆菜”，河南、湖北、安徽等地区叫地菜、地心菜。目前，荠菜用于人工种植的主要有两个品种：板叶荠菜和散叶荠菜。板叶荠菜，又叫大叶荠菜，粗叶头，叶肥大而厚，叶缘羽状缺刻浅，浅绿色，易抽薹，不宜春播，产量较高，但其品质优良，风味鲜美。散叶荠菜，又叫细叶荠菜、碎叶头、百脚荠菜，叶片小而薄，叶缘羽状缺刻深，绿色，抗寒力中等，耐热力强，抽薹晚，适于春秋两季栽培，香气较浓，但产量低，栽培少。

中国食用荠菜历史悠久，荠菜之名最早见于《邶风·谷风》：“谁谓荼苦，其甘如荠。”宋代苏轼赞美荠菜：“虽不甘于五味，而有味外之美。”陆游称颂荠菜：“寒荠绕墙甘若饴”“残雪初消荠满园，糁羹珍美胜羔豚”。辛弃疾有赞“城中桃李愁风雨，春在溪头荠菜花”。中医认为，荠菜具有清热解毒、凉血止血、健脾明目等功效，能治尿血、吐血、腹泻、水肿等症，民谚说：“三月三，荠菜赛灵丹。”

在合肥地区，春节时家家都要吃荠菜，以贺新春吉利，因“荠”字发音与合肥地方口音“吉”“聚”相谐之由，“荠”与“吉”几乎同音，荠菜“荠”又和“聚”音相近，荠菜被赋予了新春吉利、恭喜发财的寓意。平素的荠菜“直上青云”，“摇身一变”为“吉菜”“聚财”，由此，荠菜圆子成为合肥民间“十大圆子”之一。合肥有“无圆不成席”的请客礼俗，制作圆子的历史较为悠久，合肥长丰庄墓春秋楚庄王时的“庄王圆子”，也历经 2 000 多年了。合肥民间“十大圆子”为：虾包圆子、挂面圆子、马蹄圆子、绿豆圆子、糯米圆子、莲藕圆子、大子圆子、荠菜圆子、豆腐圆子、萝卜圆子。作菜点，荠菜圆子最为时鲜，“盘装荠菜迎春饼，瓶插梅花带雪枝”。荠菜圆子用肉作外皮，包以荠菜、香菇、玉兰片、火腿、虾米等多种原料，炸氽而成，圆子清香又鲜美；也可将荠菜洗净，烫后捞出，过凉切碎，和肉混合在一起做成荠菜肉馅，把荠菜馅挤成小丸，滚动裹上淀粉，放入开水锅中氽，做荠菜肉圆。

山粉圆子，是以山芋（红薯）粉为主要原料制成的圆子（也有方形和长方形的）。在安庆市桐城、怀宁、潜山、太湖以及池州青阳、贵池、石台、东至一带为特色家常菜，山粉圆子在怀宁又称胡芋圆子。山粉圆子之形色黑，味香甜、柔韧、筋道。山粉圆子的制作并不太难，每年农历十月，人们把山芋从地里挖出来，一部分放置在地窖（山芋洞）里留存，另一部分则被碾磨成乳白色的山芋汁，再洗浆、晾干后制成白色淀粉——山芋粉。山芋粉可用沸水烫成宽粉，后晒干，做成粉条，也可做成芋圆。芋圆虽名为圆，但并非规范的圆形。芋圆的制作，首先，备盆，倒入山芋粉，再加沸水，边加边用筷子快速搅拌，不能停。水不能加多，多了做不成形，待搅拌芋粉至成一坨状，呈透明即可，放置备用。凉后，将山粉切成一块一块不规则的形状，切粉块时刀需沾水，防止粘连，山粉也可搓成汤圆大小。山粉圆子可单烧，一般和五花肉一起烧，即山粉圆子烧肉，制作时，肉要五花肉，一层猪肉皮，一层肥肉，一层瘦肉。先将肉切块后，下锅红烧，待肉快熟时加入山粉块，烧熟后撒上葱花即成，圆子将肉的香味和油腻都吸进去，使圆子饱含肉香，却不油腻。该菜品，味道香美，深得百姓喜爱。

甘薯，作为外来粮食品种，在中国的粮食供给历史上有着巨大贡献。安徽栽植甘薯历史较早，明代万历年间，甘薯由福建华侨陈振龙从菲律宾引入中国之后，约在明末传入安徽，阜阳和皖南均有种植记载。清乾隆时，甘薯栽植范围较广，在淮北平原区、江淮丘陵区、沿江平原区、皖南山区等地均有种植，各地对甘薯的称呼也不同，有红芋、番薯、山芋、红薯等。甘薯除了生食、蒸煮、晒干外，还有在安徽各地以鲜薯磨浆制成的淀粉为原料加工成的红薯粉，以沿淮的“淮芋”粉丝，皖南和大别山区的山芋葛根粉丝，泗县大路口、颍上、临泉等处的粉丝为佳。红薯粉丝耐煮、不浑汤、不断条，弹性强，柔软可口。烧制粉丝的方法也是多种多样，以炒食、凉拌、油炸或做汤为主，需经水发后方能食用。安庆桐城、怀宁、望江及枞阳、贵池一带，栽种的传统山芋品种主要是怀宁白山芋。该品种耐肥，在黏重的土壤中种植能获得较高的产量。安庆市大观的山口红心山芋也较为著名，被人们广泛种植。每年农历九月是山芋收成的时节，安庆地区有“七长上，八长下，九月连根拔”的说法。山芋过去有“拳头大米”之称，可蒸、煮，又可晒成山芋干。在改革开放前，主粮米面少，按计划供应，一百斤计划粮要搭三十斤称为“杂粮”的山芋干或玉米，有时米面与杂粮三七开，有时四六开。农村常年吃山芋较为普遍，尤其是白嚓嚓的生山芋晒的山芋干。山芋干吃法各异，有将山芋干掰碎与米饭同蒸、烧稀饭，也有将其直接蒸煮来吃。由于淀粉含量多，常食山芋干甚是“糙胃”，年纪稍大的人们有的看到山芋干胃就泛酸水。过去，逢年过节或能吃上一顿米饭也是难得的“享口福”，但山芋粉制作的食物既能避免胃泛酸水，又能填饱肚子，这也许就是人们造就山芋粉及山芋圆子的又一原因。

提到徽菜圆子类菜品，不得不提到葛粉圆子。九华山葛粉是安徽省池州市九华山的特产，九华山葛根粉，其性凉、味甘，洁白如玉，清凉爽口，是夏季消暑的天然绿色食品。九华山野生植物葛藤，根部富含淀粉，榨洗出白粉即为“葛粉”。葛粉的食法一般是，先用少许凉水将葛粉拌匀后，再冲入开水即成，亦可以制成圆子、粉条等配菜烹饪。人常食葛粉能清心明目，消火健身。

除了上述几例，安徽还有其他较为有名的圆子。从《儒林外史》里走来的“儒林宴”中提到的“年团子”，是以糯米饭拌匀葱姜末，搓成团子后油炸而制成的。长丰县庄墓圆子，始于春秋楚庄王之时，《寿州志》记：“楚庄王墓在州东南九十里，大冢岿然，庄墓因此得名。”庄墓圆子软滑润喉，晶莹油亮。圆子之特在于其柔而不烂，“夹起修长、放下浑圆”。庄墓圆子以猪肉末和大馍碎末加猪油为主料，佐以葱、蒜、姜、盐、老母鸡汤、味精，揉成面团状，再用绿豆粉滚，放进沸水稍煮，捞起放在白菜叶上冷却后制成。

赞安徽菜圆子：

百味之美数寒荠，香甜筋道有圆芋。

盘装年团迎庄王，黄葛亦可洁如玉。

徽菜有珍珠菜烧肉。黄山珍珠菜实为矮桃，为报春花科珍珠菜属，多产于黄山市各县区、池州石台县，因矮桃花蕾似珍珠而名“珍珠菜”。珍珠菜富含多种氨基酸、维生素、微量元素，多种有机酸和丰富的纤维素，属于低脂肪、低糖、低热量食品，能够防治高血压、高血脂，也可用于减肥。

金寨珍珠菜被称为“将军菜”，种类较多、较杂，是十多种野菜的统称，主要有花儿菜，属蔷薇科；蕨菜，属蕨科蕨属；马兰菜，属菊科马兰属；省沽油，属省沽油科省沽油属。食用将军菜，须先去根，洗净后，用水烫，再揉去苦汁。将军菜可凉拌鲜食，或晒干，用猪油、香油、辣椒炒食。食用将军菜有药效，能清热、凉血、解毒。将军菜之名源于大别山的红军革命历史。当年红军打游击，为打破敌人封锁，红军挖竹笋、采野菜，珍珠菜就成了红军充饥的食物，时称“红军菜”“红兵菜”“功臣菜”。中华人民共和国成立后，金寨籍红军有600多位高级将领，金寨县是全国第二大将军县。在1955—1964年授衔中，金寨籍开国将军有59位，在全国的开国将军中，金寨籍就占了4%。

将军们回乡念念不忘当年的野菜，人们将珍珠菜叫作“将军菜”。

池州霄坑珍珠菜，学名实为省沽油，属省沽油科省沽油属，多年生落叶灌木，是药食两用灌木。其种子油可制肥皂及油漆，茎皮可作纤维。因其顶生白色小花貌似珍珠，又名珍珠花，当地俗称珍珠菜。珍珠菜的花及嫩叶营养价值丰富，具有清热解毒、消肿散结、利尿、减肥的药用功效。珍珠菜晒干后，成干菜，可蒸食炒食，可与其他菜煮食。有趣的是，“省沽油”为菜食并不“省油”，而是要多放油，这样才能除去珍珠菜干菜的苦涩味，增强入口的软滑感。沸水烫后的嫩珍珠菜也可凉拌，制成的珍珠花菜清香四溢、味道鲜美，是池州当地的传统野菜。

庐江也产类似珍珠菜的“百花菜”。庐江汤池山珍主要指山区的野菜，其中最出名的就是百花菜。汤池因温泉而得名，历史悠久。公元前 164 年，汉文帝建庐江国，就有“东坑泉”之说，宋代王安石谪贬舒州，曾来此沐浴，并留下“寒泉诗所咏，独此沸如烝”的千古名句。食用汤池百花菜的记载最早在西汉时期，史载公元前 48 年至 13 年，西汉宫廷就有“百花金钱迎千禧”的佳肴。其花茎叶都可以食用，且能清热降火，对预防感冒和咳嗽有显著功效。百花菜刚入口略带苦味，咀嚼后会感到浓郁甘甜，让人体会到“苦尽甘来”之真谛。

赞珍珠菜：

菜因将军在，报春盼红色。

珍珠须磨成，苦尽甘方来。

04

四、药材类及加工食品类

（一）铜陵凤丹

牡丹，属芍药科多年生落叶亚灌木。铜陵凤丹又名铜陵牡丹，主产于铜陵市义安区顺安镇、钟鸣镇与南陵县何湾镇三镇交界处的凤凰山地区，属牡丹中的江南品种群。铜陵牡丹以药用为主，牡丹的根皮是珍贵中药材——丹皮。每岁秋人们采挖其根部，剥取根皮，晒干后生用或炒用。铜陵凤丹生长期为4～5年，加工丹皮，须先将凤丹挖出，掐去根须，除去泥土，晒干，从较细的侧根开始，在粗端扭拧，抽出木芯。抽出木芯的丹皮经过刮皮、分捡、包装等工序后，制成成品丹皮。《本草纲目》记载丹皮之用，曰其："滋阴降火，解斑毒，利咽喉，通小便血滞。……后人乃专以黄蘖治相火，不知牡丹之功更胜也。……赤花者利，白花者补，人亦罕悟，宜分别之。"清代《本草新编》记载："牡丹皮，味辛、苦，气微寒，阴中微阳，无毒。种分赤、白，性味却同。入肾、肝二经，兼入心包络。凉骨蒸之热，止吐血、衄血、呕血、咯血，兼消瘀血，除癥坚，定神志，更善调经，止惊搐，疗痈肿，排脓住痛。"丹皮所含牡丹酚及糖苷类成分均有抗炎作用，兼有镇静、解热、镇痛、解痉及抗动脉粥样硬化、利尿、抗溃疡等药用价值。凤丹加工产品还可作为香皂、花露水等日化产品添加剂。铜陵凤凰山地区为金沙土质，常年气候温和，雨量充沛，因而此处所产的凤丹质量最佳。铜陵凤丹具有根粗、肉厚、粉足、木心细、久贮不变质等特点。凤丹质嫩孔细，质硬而脆、缝口紧闭，断面细薄，油润光泽，气味香浓，皮色褐红或紫褐色，表附银星，断面粉白色，味微苦涩。铜陵凤丹为十大皖药之一，与白芍、菊花、茯苓并称为"安徽四大名药"，亦是中国34种名贵药材之一。《中药大辞典》记载："安徽省铜陵凤凰山所产丹皮质量最佳"，故称"凤丹"。

铜陵凤丹栽培有1 600多年历史。《铜陵县志·古迹》记载："仙牡丹，长山石窦中，有白牡丹一株，高尺余，花开二三枝，素艳绝丽。"相传为东晋著名炼丹家和医药学家葛洪所植。《铜陵县志》卷十四中载有北宋时期石洞耆（今铜陵市义安区天门镇）人盛嘉佑《牡丹宅怀古》记述牡丹的诗三首，其一曰："筹边持节善怀柔，西夏还辕锡予优。一种名花分御园，九重春色满瀛州。"据称铜陵所保留栽培的"御苑红"牡丹品种，为北宋仁宗所赐。明崇祯年间（1628—1644年），铜陵凤凰山地区的牡丹皮生产发展到相当规模。清乾隆《铜陵县志》有"邑产姜、蒜、苎麻、丹皮之类，近亦简有贩贾者，但远人市贩者居多"的记载。清同治年间（1862—1872年），铜陵凤丹一度紧俏，凤丹市价昂贵到"万斤稻谷易其担"。清末民初，铜陵凤丹生产达到鼎盛时期。

中华人民共和国成立后，特别是20世纪90年代以后，铜陵凤丹产量稳步增长。2004年，“铜陵凤丹”获国家地理标志保护产品称号，2014年，凤丹制作被列入安徽省非物质文化遗产名录（传统技艺类）。

《本草新编》曰：“六味丸中不寒不热，全赖牡丹皮之力。”中成药“六味地黄丸”中主要一味就是丹皮。潘法连在《铜陵牡丹历史述论》中记：铜陵凤丹药用品质之殊，除了其生产的土壤“麻沙土”（俗称“金沙”和“银沙”）最宜药用牡丹生长外，用于丹皮生产的牡丹品种也是一个主要原因。该牡丹品种与野生品种相近，一般为半重瓣花，花以白色略带紫红晕为佳。1989年，牡丹花被确定为铜陵市花，铜陵市自2007年起，每年在凤丹盛开之时举办“凤丹文化旅游节”。2016年，铜陵凤丹被列入首批“十大皖药”产业示范基地目录（十大皖药包括霍山石斛、亳州白芍、宣城宣木瓜、铜陵凤丹、宣城断血流、金寨茯苓、旌德黄精、滁州菊花、亳州桔梗以及金寨灵芝），从而为铜陵凤丹的发展带来了契机。铜陵市紧紧抓住特色资源优势和“十大皖药”战略发展契机，制定道地药材质量标准，推进凤丹产业基地建设，开展凤丹规模化种植，探索不同生产经营模式下的规范化、标准化种植方式，发展中医药材经济。目前，铜陵已建成10个规模种植基地，凤丹种植面积达1.2万余亩，凤凰山牡丹园成为江南最大的“药用牡丹之乡”。凤丹种植核心区凤凰山有金牛洞古采矿遗址，金牛洞遗址是铜陵作为古铜都的一个有力说明，其附近多处存有古代炼铜小遗址，共同构成规模颇大的冶炼场域。凤凰山北的钟鸣镇狮峰村清凉寺北侧，有陈翥墓遗址。陈翥是北宋江东路池州铜陵县（今安徽省铜陵市义安区）人，北宋林学家。陈翥60岁时在家中数亩山地种植梧桐数百株，且“召山叟，访场师”，专事桐树研究。他通过搜集前人的文献资料，结合自己的种植实践，终撰成《桐谱》一书，全书16 000字左右。正文一卷，依次分《叙源》《类属》《种植》《所宜》《所出》《采斫》《器用》《杂说》《记志》《诗赋》，总十篇，较全面地叙述了前人有关桐树的认识史以及梧桐的生物学特征，总结了桐树速生丰产的栽培技术。《桐谱》是世界上最早记述桐树的科技著作，有较高的科学价值。明代李时珍《本草纲目》、方以智《通雅》、王象晋《群芳谱》以及清代吴其濬的《植物名实图考长编》都曾引据或辑录过其中的资料，是现存唯一的一部古代植桐专著。

赞铜陵凤丹：

凤丹素艳别样红，九重春色满铜都。

拧端抽芯出灵丹，其担不易万斤谷。

（二）宣州木瓜

宣木瓜，为蔷薇科植物贴梗海棠的近成熟果实。因宣州为其栽培的发源地，故有宣木瓜之称，明代李时珍《本草纲目》载：“木瓜处处有之，而宣城者为佳。”宣木瓜主产于宣州区的新田、水东、孙埠、周王、溪口、金坝等乡镇，周边泾县、宁国、广德也有少量种植。宣木瓜栽培品种主要有罗汉脐和芝麻点，其主要特点为长倒卵果形，果体密生白点，果体脐突出，鲜品光皮，干品皱皮。宣州木瓜色泽青黄，肉糯味酸，有轻微的甜涩味，香气浓郁，品质独特，属木瓜佳品。

木瓜喜高温多湿的热带气候，不耐寒，遇霜即凋，在中国主要分布在南方各地。木瓜在中国种植历史最早的记载，见于周朝的《诗经》。《诗经·卫风·木瓜》曰：“投我以木瓜，报之以琼琚。匪报也，永以为好也。”《齐民要术》也曾记载了木瓜种子繁殖和压枝繁殖的两种繁殖方式，《齐民要术》引《食经》“藏木瓜法”：“先切去皮，煮令熟，著水中，车轮切，百瓜用三升盐，蜜一斗渍之。昼曝，夜内汁中，取令乾，以馀汁密藏之，亦用浓杬汁也。”

宣木瓜已有 1 500 余年栽培历史，南北朝时期，宣木瓜即为贡品，至唐宋，木瓜被广泛种植。明嘉靖《宁国府志》载：宣城县岁贡木瓜上等一千个，中等五百个，下等二百个，又干瓜十斤，俱解礼部，并指定要“霜降后一日摘取”。可见，宣木瓜作为贡品之种类多、数量大，也足以证鉴其品佳质优。宣木瓜是我国优良药食同源物种，集食用、药用多种用途为一体。宣木瓜有浓郁的果香，滋味甘甜、肉质细嫩，富含氨基酸、矿物质、微量元素以及大量维生素C。宣木瓜具有重要的药用价值，作为“皖产道地药材”，入选“十大皖药”，也被卫生部列入第一批“药食同源”名单。宣木瓜性温，有舒筋活络、祛风活血、平肝和脾胃、敛肺、祛湿热之功用，用以治霍乱、吐泻、腰膝酸软及脚气肿痛、小腿肌肉痉挛等症。民间俗话有说：“杏一益，梨二益，木瓜有百益”，宣木瓜浸酒服，可治风湿性关节痛，为“虎骨木瓜酒”制药的重要药材成分。现代药理和药效功能也表明，宣木瓜有消除体内过剩自由基，促进肌体细胞更新、广谱抗菌，护肝降酶、促免疫、抗炎，降血脂、血糖等功用。

宣木瓜还有极高的观赏价值。米泰岩在《安徽的名产药材》中述：宣木瓜为落叶灌木或小乔木，枝无刺，小枝幼时有毛，旋即脱落；花单生，后于叶开放，淡红色；果长椭圆形，表面光滑，黄绿色，木质、芳香。宣州区木瓜树2—3 月开花，花色鲜艳美丽，7—8 月结果，金果累累。果实成熟时，皮光色黄，金光满枝，芳香袭人，木瓜“花果兼美，色香具备”。因木瓜芳香馥郁，摘下的成熟木瓜往往被藏于大衣柜、木箱底中，用以除异味。人们常常以成熟木瓜置于案几或床头旁，既可供观赏玩味，又能吸嗅其馥香之味，以达舒心健身。《红楼梦》中记秦可卿房间陈设有木瓜，将木瓜当作天然香薰来用。宣州当地有木瓜印花赏果的历史习俗，唤作“宣州花木瓜”。在宣木瓜未成熟前，将字画用纸剪好贴其上，日烘夜露，果实成熟后揭下纸，木瓜皮遂印下各种精美的字画图案，其纹如生，古代文人雅士常用之作案头清供。《本草纲目》记载：“木瓜，处处有之，而宣城者为佳，木状如柰，春末开花，深红色。其实大者如瓜，小者如拳，上黄似著粉，宣人种莳尤谨，遍满山谷。始实成则镞纸花粘于上，夜露日烘，渐变红，花文如生。本州以充土贡，故有宣城花木瓜之称。”梅尧臣有咏木瓜诗：“大实木瓜熟，压枝常畏风，帖花先漏日，喷雾渐成红。”杨万里诗云：“天下宣城花木瓜，日华沾露绣成花。”

宣木瓜树作为宣城特有的地域性经济林树种，具有良好的生态、经济和社会效益开发潜力。宣州区多次出台优惠政策，积极倡导宣木瓜规模化、规范化种植。建立了宣木瓜规范化种植示范基地，举办宣木瓜赏花文化旅游节，打造宣木瓜特色小镇；在产业转型中，近来在保健食品、饮料、医药、护肤化妆品、花卉等领域积极拓展，在原有的宣木瓜果脯、干红的基础上，现已开发出宣木瓜系列酒、拔丝宣木瓜、宣木瓜羹等具有较高附加值的木瓜产品。宣木瓜干红被评为安徽省名牌农产品，2010 年，对“宣木瓜”实施农产品地理标志登记保护。

赞宣州木瓜：

金光满枝浴日华，花果兼美宣木瓜。

佳果馥香有百益，琼琚不换宣州花。

（三）霍山石斛

霍山石斛，又称米斛、龙头凤尾草、皇帝草，是兰科石斛属的多年生草本植物。茎直立，肉质，不分枝，具 3～7 节，淡黄绿色，有时带淡紫红色斑点，干后呈淡黄色。叶革质，2～3 枚互生于茎的上部，舌状长圆形，花淡黄绿色。

霍山石斛最早称为“霍石斛”，见于清代钱塘人赵学敏的《本草纲目拾遗》，其中有言：“霍石斛出江南霍山，形较钗斛细小，色黄，而形曲不直，有成球者。彼土人以代茶茗……，霍石斛嚼之微有浆，黏齿，味甘微咸，形缩者真。”赵学敏之弟赵学楷所著《百草镜》对霍山石斛也有记载：“石斛近时有一种形短祗寸许，细如灯芯，色青黄、咀之味甘，微有滑涎，系出六安及州府霍山县，名霍山石斛。”

张新球在《霍山石斛，大别山区特产》中记：霍山石斛为气生根植物，气生根灰白色或白色，每株茎有根2～3支，最多5支，茎丛生，老茎深绿色，少数红棕色，新茎嫩绿色，呈圆锥形或圆柱形。叶互生，叶面深绿色，呈舌状，先端偏斜凹缺，叶鞘薄膜状抱茎。花黄白色或黄色，1～3朵顶生或腋生，总状花序。多生于海拔300～500米的河沟山谷阴坡、半阴坡或雨水侵袭较重的悬崖峭壁上。霍山石斛主产于大别山区的霍山县，主要分布于大别山区漫水河、太阳冲、大化坪等地，大多生长在云雾缭绕的向北背阴悬崖峭壁崖石缝隙间和参天古树上，常与苔藓、石苇等植物附生在一起，喜阴凉、湿润、通风多雾的小气候。霍山石斛的成长速度极慢，一般要5～8年。霍山石斛自然分布区主要在大别山区的安徽霍山、金寨、岳西、舒城、湖北英山及河南南召地区。

野生的霍山石斛是国家一级保护植物，为药用石斛中的极品，属国家现代中药重大专项200多个濒危稀缺品种中首位保护物种。《本草纲目》记载："石斛，气味甘，平，无毒。主治伤中、除痹下气、补五脏虚劳羸瘦，强阴益精，久服，厚肠胃，补内绝不足，平胃气，长肌肉，逐皮肤邪热痱气，脚膝疼冷痹弱，定志除惊，轻身延年。益气除热，治男子腰脚软弱，健阳。逐皮肌风痹，骨中久冷，补肾益力。壮筋骨，暖水脏，益智清气。治发热自汗，痈疽排脓内塞。"现代药理认为，霍山石斛富含多糖，多糖含量为18.974%。同时，霍山石斛含有氨基酸和石斛碱、石斛胺碱等10多种生物碱，能提高机体免疫功能，大幅度提高人体内SOD（延缓衰老的主要物质）水平。霍山石斛有明目作用，也能调和阴阳、壮阳补肾。道家经典《道藏》曾把霍山石斛、天山雪莲、三两人参、百二十年首乌、花甲茯苁、深山灵芝、海底珍珠、冬虫夏草、苁蓉列为中华"九大仙草"，且霍山石斛列位之首。当代人称霍山石斛为"健康软黄金"。相传古代皇帝们为了长生不老而用霍山石斛炼制长生丹，著名的京剧表演艺术家梅兰芳和黄梅戏大师严凤英也曾用霍山石斛当茶饮来护嗓养生。

石斛属是兰科最大的属之一，全世界约1 500种。石斛有多种，如霍山石斛、铁皮石斛、铜皮石斛、环草石斛、马鞭石斛、黄草石斛、金钗石斛等50多个珍贵品种。霍山石斛则为石斛中的极品，是道地药材中的精品。霍山石斛是唯一的北源石斛，在《中国物种红色名录》中被评估为极小种群，是石斛属中唯一以"地名"命名的国家地理标志产品。霍山石斛自然产量极为稀少，民间长期过度采挖，致使野生的霍山石斛几乎绝迹。米斛通常长在海拔比较高的地方，环境温度很低，导致米斛矮小粗壮，短的只有4～5厘米，长的也不过10厘米，当地也有人称米斛为"千年矮"。米斛原义指米粮，因为霍山石斛极其珍贵，所以被称为米斛。当时，霍山石斛能换一斛米，一斛为五斗，也有因霍山石斛形如"累米"而得名之说。赵学敏在《本草纲目拾遗》中引用范瑶初云：霍山属六安州，其地所产石斛，名米心石斛。以其形如累米，多节，类竹鞭，干之成团，他产者不能米心，亦不成团也。1987年，霍山县开始人工培植霍山石斛，繁殖方式以分株繁殖和种子繁殖为主。现今，大规模种植石斛主要采用人工组培，再移栽大田的生产方式。传统的岩石栽种、贴树栽种、石砾栽种等石斛栽种方式，只用于精品石斛的生产之用。

食用霍山石斛可食新鲜的石斛鲜条，也可食制干“枫斗”。上等的霍山石斛鲜条是每年立冬后，经历过三次以上霜冻的石斛，水分少，胶质浓，嚼之微甘甜，营养价值最高。石斛鲜条食用的方法比较多，可以当菜用以煲汤、榨汁、清蒸、煲粥，有养阴、生津、滋补肝肾的功效；也可用鲜条加温开水榨汁，直接空腹饮用。人长期服用石斛鲜汁，不仅可以养胃润肠（胃溃疡、慢性胃炎都可服用），而且降糖效果非常好。其对解酒也有明显的作用。制作“枫斗”比较复杂，其茎基部保留有部分须根，并与茎稍分别翘出，形成昂起的龙头和翘起的凤尾，呈独特的“龙头凤尾”状。霍山石斛鲜条经过炒制、去皮、揉搓、烘制、做型、定型，修型呈弹簧状，2～3个圈，中间有规则的空洞，再烘干。烘干后的“枫斗”较坚硬而脆，营养成分固化，通常用来泡水喝，石斛耐久煮，久煮得真味，石斛需要经过长时间的煎煮才可以发挥它应有的功效。

赞霍山石斛：

霍山石隙有米斛，一棵可抵谷五斗。

素贞不知仙草在，求远昆仑忙救夫。

（四）安徽菊花

菊花为常用中药材，为菊科菊属植物。菊花在古代雅称为“延寿客”，依中药药性之说，菊花味甘苦，性微寒，能清热、明目，有疏风、解毒的药用功效。中国菊花种类繁多，《本草纲目》言：“菊之品九百种。”菊花以杭菊、亳菊、滁菊、黄山贡菊最为有名，这四种菊花被称为“四大名菊”。安徽盛产菊花，主要有亳菊、滁菊和黄山贡菊。

亳菊是《中国药典》中以地名“亳”字命名的中药材。《安徽省志·医药志》（1997年）记载：“明末清初，亳州遂成药材集散地，清初，亳州城内，‘豪商富贾比屋而居，高舸大帆连樯而集’。至清朝中叶，亳州发展为‘淮西一都会’……成为当时与河南禹州、河北祁州、江西樟树齐名的四大中药材集散市场。”亳菊为亳州道地药材之一。清代赵学楷的《百草镜》中记载了亳州产有白色的菊花，可见，亳菊的栽培历史有近250年。

亳菊是菊花中的珍品，亳菊的主要产地在亳州东南沿涡河两岸。2014年，亳菊被登记为地理标志性农产品。《中药大辞典》中记载：“药乡购白菊主产安徽亳州，称亳菊，品质最佳。”亳菊的药用功效有疏风散热、解暑明目，多为春、夏两季用药，历年来为中医首选的菊花品种。亳菊色白朵大，品形俱佳，花朵较松，容易散瓣是亳菊的重要特点之一。亳菊可与冰糖代茶饮，还可与大米一起煮成粥，可预防中暑。“嘉菊护眼（曾子孝母）”的故事可能最早让人们了解到菊花明目之功效。相传曾子母亲年老时因眼疾不适，曾子于寒露上候（寒露节的前五天）单日单时，采阳面菊花若干，晾干，冲泡，给母亲外服内用，不久其母眼疾治愈。此后，菊花不但用于治疗眼疾，而且还给双亲饮茶或作枕用，菊花成为孝敬父母的礼物。《本草纲目》中对菊花茶的药效有详细的记载：“性甘、味寒，具有散风热、平肝明目之功效。”《神农本草经》也记载，嘉菊能“主诸风头眩、肿痛、目欲脱、皮肤死肌、恶风湿痹，久服利气，轻身耐劳延年”。

20世纪60年代，亳菊种植面积约130公顷，70年代后期，由于价格走低，亳菊栽培渐少；至80年代，亳菊种植面积开始上升，所产菊花畅销全国；90年代后，亳菊种植集中在亳州辛集、大寺一带，以大寺的怀楼栽培最为集中。亳菊与酒也有缘，古井贡酒为亳州名产，由“九酝酒法”精酿而成，相传当年曹操将家乡亳州产的“九酝春酒”（古井贡酒的前身）和酿酒法进献给汉献帝刘协，之后“九酝春酒”即为宫廷用酒，其酿酒方法就是“九酝酒法”，此法得以在民间持续传承。到了宋代，古井镇（古称减店集）已成了有名的产酒地，至今，当地还有“涡水鳜鱼苏水鲤，古井减酒宴贵宾”的说法。依古代“医源于酒，酒药同源”之说，近年来，以亳菊曲作为糖化发酵剂，和小麦、槐花、桑葚等一起酿造，酿造的亳菊酒具有芳香幽雅，诸香和谐，绵柔和顺，醇和协调，风格独特之品。

滁菊花瓣最为紧密，主要产于安徽滁州，属安徽道地药材，名列中国四大药菊之首。清光绪年间《滁州志》曾记载：“甘菊产大柳（今南谯区大柳镇）者佳，谓胜于杭产而不可多得。”菊花之用，“囊之可枕”，过去大柳镇产的菊花晒干后常常用作枕芯。关于滁菊的来源，神话传说是泰山神之女碧霞元君为救苍生斩妖除魔，无意间将发髻上的白玉串珠散落人间，之后这些白玉便化为“金蕊玉瓣”的滁菊。也有关于醉翁为何在“醉意”之下写下“条达疏畅”（苏洵语）的《醉翁亭记》之传说。北宋著名文学家欧阳修谪居滁州时，一次饮酒酩酊大醉后，久久未醒，家人便泡了滁菊茶。欧阳修饮后不久，便渐渐清醒，倍感心旷神怡，思绪灵动，一气呵成千古文章《醉翁亭记》。从此，“醉翁之意不在酒，在乎山水之间也”便成了脍炙人口、流芳百世的经典名句，滁菊因能解酒而声名鹊起。其实，早在北宋年间，滁州人就已经用滁菊为辅料做糕点，家庭日常泡菊花为茶，以滁菊酒消毒祛火，逢年过节，亲友相聚，也多以滁菊款待和馈赠。欧阳修的前任滁州太守王禹偁在其《甘菊冷淘》中对滁菊入馔曾做过精彩的描述："经年厌粱肉，颇觉道气浑。孟春奉斋戒，敕厨唯素飧。"清光绪元年（1875年），滁菊被朝廷纳为贡品，故有"滁州贡菊"之称。《本草纲目》记载："滁州菊，单瓣色白，味甘为上。"《本草拾遗》中提到，菊花可"作枕明目"，肝阳上亢引起的头痛眩晕、目赤肿痛等症，可以滁菊为芯做成的药枕缓解症状。

20世纪50年代的滁菊品种为"老滁菊"，其特征为植株散伏，头状花序大，舌状花稀疏，开花少，产量低，亩产仅15～25公斤，60年代被选育出的"新滁菊"代替。20世纪60年代，滁菊在全椒县被广泛种植，所以也有称"新滁菊"为"全菊"（全椒菊花）之说。《儒林外史》的作者清代吴敬梓是全椒人，曾作《惜秋华·伤菊花红叶》，极为有名，词咏菊花，甚有佳句，如："荣露凝脂，看施元的的，脸霞初晕。冷淡幽姿……似佳人绝世，翠眉蓬鬓。呈素质表，腻理香销灯烬。""新滁菊"植株直立，头状花序略小，舌状花稠密，花朵多，亩产可达70～80公斤。近年来，滁菊研究所研发出滁菊饮料、滁菊养生茶、滁菊蜜、滁菊口含片、滁菊喷干粉、滁菊保健酒、滁菊保健枕、滁菊提取黄酮和挥发油等共四大系列20多个产品，"金玉滁菊"获国家绿色食品称号。

黄山贡菊又名徽菊，采自黄山纯天然野生菊花。黄山贡菊（以下简称贡菊）的花蒂绿色，花瓣白色，头状花序呈扁圆形或不规则球形，头状花序有白色舌状花，中心管状花少或无。贡菊具有疏散风热、平肝明目、清热解毒之功效。现代药理表明，菊花里含有丰富的维生素A，可保护眼睛健康。贡菊对中枢神经有镇静作用，常饮能平心安神。

贡菊主产于黄山市歙县，歙县种植菊花有700多年的历史。明弘治十五年（1502年）《徽州府志·土产》记："菊，其种类甚多。宋歙人有王子发者为图八十一种。"佐证了歙县菊花种植历史不仅久远，且品种繁多，至少在乾隆三十六年（1771年）时歙县境内即有81种之多，并由当地人王子发一一绘制成贡菊分布图。在《歙县志》（民国二十六年铅印本，石国柱等修，许承尧纂）《物产篇》"药属"一栏下列有"白菊花"条："花小而心带绿色，邑人治畦经营之，能解煤毒，代名饮，驰名各省，销图利厚。"不仅指出了歙菊的药用和饮用功效，还描述了此品种外形紧致、花白心绿的主要特点，及当地人分畦种植的方法，并特别强调了歙菊的名气、畅销和经济效益。

徽菊作为贡菊的历史，大约可以追溯到清光绪年间。清光绪年间，北京紫禁城里流行红眼病，皇上下旨，遍访名医良药，徽州知府献上徽州菊花干，京人泡服后眼疾即愈。于是，徽菊名气大振，被尊称"贡菊"。贡菊药用功能广泛，具有疏风散热、清凉解毒、养肝明目之效，民间也常以此泡茶、泡酒，排毒健身。徽菊种植一直是当地百姓的主要经济支柱之一。

黄山贡菊是从菊花群体中选育出的优良品种，原产于歙县金竹岭一带。人们经常用鲜菊花或菊花干泡水泡茶，医治目赤羞明、胆虚心燥等病。现今，农家门前屋后广种菊花，为了久藏又特意烘制成干菊花，金竹岭由此闻名远近。金竹岭黄山贡菊景观位于安徽省黄山市歙县南部山区北岸镇金竹村，距离县城20余公里。地处崇山峻岭之间的金竹村，作为徽州贡菊的一个核心产区，一直沿袭着种菊的传统，全村300余户，几乎家家种菊，菊花种植面积达到2 000余亩，亩效益达万元以上。每年秋末冬初之时，在海拔五六百米的山岭上，在竹林松海的环抱中，漫山遍野的贡菊花进入开采期，美如仙境的胜景也会迎来天南海北的摄影爱好者与观光客。金竹岭作为黄山百佳摄影点之一，名不虚传。近年来，在黄山全域旅游发展的过程中，金竹岭黄山贡菊景观也越来越受到游客的关注。

赞安徽菊花：

淮西药都白花挤，贡菊京城医眼疾。

诸香和谐盛雅酒，醉翁不醉有滁菊。

（五）九华黄精

黄精，属百合科黄精属草本植物，又名鸡头参、老虎姜、野生姜等。黄精喜阴湿，具有喜阴、耐寒、怕干旱等特性，对生长环境要求极高，土壤、气温、降水量、日照等自然条件都要充分适应黄精的生长需要，因此，黄精多生长于阴湿山坡或沟谷旁。黄精一枝多叶，叶短似竹，地下茎块，根茎横生，根状茎圆柱状，结节膨大，肥大肉质，节间一头粗、一头细。根茎一般一年长一节，十年长一尺，俗称黄土之精华。明代安徽凤阳人朱橚《救荒本草》对黄精有详细记载："生山谷，南北皆有之。嵩山、茅山者佳。根生肥地者大如拳，薄地者犹如拇指。叶似竹叶，或二叶、或三叶、或四五叶，俱皆对节而生，味甘，性平，无毒。又云茎光滑者谓之太阳之草，名曰黄精，食之可以长生。"李时珍在《本草纲目》中记："仙家以为芝草之类，以其得坤土之精粹，故谓之黄精。"黄精在安徽栽植历史早，产地比较广泛。唐代安徽和县乌江人张籍《寄王侍御》诗曰："爱君紫阁峰前好，新作书堂药灶成。见欲移居相近住，有田多与种黄精。"唐代安徽歙县人许宣平《见李白诗又吟》："一池荷叶衣无尽，两亩黄精食有馀。"

九华黄精，产于安徽省青阳县，产区分布在酉华、乔木、新河等乡镇，相邻的贵池区涓桥、梅村、里山、墩上，石台县矶滩、仙寓、七都等地均有种植。种植黄精要求土层较深厚、疏松肥沃、排水和保水性能较好的壤土，种植的主要品种有当地选育的“九臻1号”“九臻2号”。九华山产黄精质量最佳，民间有“北有长白山人参，南有九华山黄精”之称。九华黄精在当地亦称为“地藏黄精”，因当年金地藏在九华山时，曾以黄精饭充饥。金地藏《酬惠米》中记：“而今飧食黄精饭，腹饱忘思前日饥。”有的地方称黄精为“鹿竹”“兔竹”，循其义，指叶似竹的黄精为鹿、兔常食，加工后的黄精也供人食，在粮食奇缺的荒年，黄精常常被称为“救穷草”“救命草”。明代兰茂著《滇南本草》有云：“洗净，九蒸，九晒，服之甘美。俗亦能救荒，故名救穷草。”明代陈嘉谟《本草蒙筌》又云：“洗净九蒸九曝代粮，可过凶年。因味甘甜，又名米脯。”《本草纲目》上说，黄精苗“单服九蒸九曝食之，驻颜断谷”。黄精当粮食吃，能够童颜鹤发，延年益寿，古时候很多人在辟谷的时候就只吃黄精，九华黄精也常被称为九华僧尼的“仙人饭”。西晋张华《博物志》曾记：“黄帝问天老曰：‘天地所生岂有食之令人不死者乎？’天老曰：‘太阳之草，名曰黄精，飧之，可以长生。”

九华黄精之特在于其集药、食于一体，被医家和佛家公认为养生保健之佳品。黄精，味甘、性平和、无毒，养阴、健脾、润肺、益肾、补中益气、抗衰延年，宜于久服。地藏黄精富含蛋白质、淀粉、氨基酸等多种营养成分，具有补肾、降血、防止动脉血管硬化、促进胰岛素活性等功效，常食能延年益寿。黄精因其性平和，久服补脾气又补脾阴，能够润肺生津、益肾补精，无大补温燥之弊。黄精如同食蔬，可以广泛入馔，如黄精米面、黄精芝麻丸、黄精蒸鸡、黄精汤等。近年来，青阳县通过基地建设大力发展九华山黄精生产，并开发了黄精酒、黄精素饼、黄精蜜饯、黄精速溶茶、黄精果、黄精含片等系列产品。九华僧侣食素，创制了丰富的素食素菜，九华素饼是代表性素食。九华素饼以黄精、绿豆粉为主要原料制作而成，素饼味道清甜，外皮酥脆不油腻，料中用九华山野生黄精使素饼更加油润，且气味芳香。目前，九华山黄精的种植面积已达11 000亩，较大面积的种植基地有18个。“九华黄精”被认定为国家森林生态产品、国家地理标志保护产品和证明商标，被选为“十大皖药”之一。

九华黄精之特还在于黄精的“九制”。九华山成品黄精以天然黄精为原料，经过九蒸九晒工序，得具内赤外黄之形、甘甜之味的“九制黄精”。黄精的炮制方法有很多，如清蒸、酒蒸、九蒸九晒、黑豆制等，其中以“九蒸九晒”制法最为广泛。黄精的炮制始于南朝刘宋时期，在南朝宋《雷公炮炙论》中记述了黄精炮制的晒制之法：“凡采得，以溪水洗净后，蒸，从巳至子，刀薄切片，曝干用。”唐代孙思邈《千金翼方》记载了黄精的重蒸法：“九月末掘取根，拣肥大者去目，熟蒸曝干，又蒸曝干，食之如蜜，可停。”重蒸法可以说是“九蒸九晒”制法的基础，唐代孟诜《食疗本草》在黄精重蒸法的基础上，提出了黄精“九蒸九曝（晒）”炮制法：“饵黄精……其法：可取瓮子去底，釜上安置令得，所盛黄精令满，密盖，蒸之，令汽溜，即曝之。第二遍蒸之亦如此，九蒸九曝。”黄精的九蒸九晒炮制工艺初步形成。唐代韦应物《饵黄精》诗云：“灵药出西山，服食采其根。九蒸换凡骨，经著上世言。候火起中夜，馨香满南轩。斋居感众灵，药术启妙门。自怀物外心，岂与俗士论。终期脱印绶，永与天壤存。”黄精经九蒸九晒后，其黄精多糖含量下降、皂苷含量上升，5-羟甲基糠醛含量则先上升后下降，表现出降血糖、抗氧化、抗肿瘤、抗病毒、抗抑郁、抗疲劳、抑菌抗炎、调节免疫力、改善记忆力等多种生理活性，这也从现代科学意义上印证了其“九蒸换凡骨”的功效。

黄精的主要有效成分是多糖，九华山盛产的黄精多糖含量远高于国家药典标准。黄精植株3年生根，长出第1节，之后每年生长1节，按照多糖含量高的标准，九华黄精种子繁殖5年生黄精为最佳，此时黄精根茎肥厚饱满，以秋季采收为佳。根茎繁殖的九华黄精以3年生采挖为宜，采收方法：先将九华黄精根茎带土挖出，去茎叶，将泥土刮掉；经短时间风干；加工前，去须根，以清水清洗，用蒸笼蒸20分钟左右至透心后，晒揉至全干即可。加工的黄精以块大肥润、色黄、断面半透明者为品质最佳。《安徽大辞典》记：“九华黄精根茎肥满，断面角质光亮，并以传统加工方法加以精制，质居前茅。”

赞九华黄精：

酉华灵药出西山，根生肥地大如拳。

九制九华黄精粹，九臻虎姜仙人饭。

（六）胡玉美蚕豆酱

胡玉美蚕豆辣酱为安庆特产，是以蚕豆、红大椒为主要原料，经自然发酵、露天晒制而成的辣酱。“玉美”为售酱店名，取“玉成其美”之意。胡玉美蚕豆辣酱至今已有190年历史，系“中华老字号”企业，对于酱园之品，民间有“北有六必居，南有胡玉美”之说。

胡玉美酱创始于清光绪年间，是在四川辣酱风味的基础上，经多年创新、试制而成的一种酱料。《安徽省志·轻工业志》记载：“清道光十年（1830年），徽州婺源（今江西婺源）人胡兆祥在多年经营小本豆腐、酱货的基础上，在安庆商业中心四牌楼创办‘胡玉美’酱园，开园之初，仅有酱缸30余口。”胡兆祥经营豆酱、酱油、酱菜及酱干四种货物，品种有黄豆酱、酱油、什锦酱菜、酱黄瓜、酱莴苣等。之后，胡玉美酱园通过“三进山城”“数下闽浙”“东渡扶桑”，改良传统制酱、制曲工艺，博采众家之长，创制出了独特的多菌种蚕豆辣酱浓醪发酵工艺，造就了“体稠色艳，味鲜醇厚”的辣酱特色。胡玉美酱色泽泛红，味香细腻，微辣而甜，风味独特，曾获巴拿马万国博览会金质奖章，中华人民共和国成立后，被评为安徽省优质产品和轻工业部优质产品。

胡玉美蚕豆酱传承历史酿造配方，其制法可谓“承不泥古，新不离宗”，制辣之味，承川渝之辛辣，应皖苏之中和，是极具特色的制酱之法，具有独特的地方风味。其手工酿造工艺主要有蚕豆蒸煮，通风制曲，天然日晒、夜露发酵，红辣椒腌制，灭菌等。特别是日晒夜露，需人工不断翻动，换缸翻晒，使其自然发酵，逐渐变得色泽红润，味辣而甘美。20世纪30年代，胡玉美酱园占了安庆酱品市场的大部分份额，酱园开设的分店遍布安庆市区，东门有“胡永源”，西门有“胡广源”“胡永大”，南门有“和丰”，城中有“胡广美”“玉美货栈”等。此外，胡玉美酱园还在周边地区建立代销点10余处。安徽省外，胡玉美酱园在南京中央商场、汉口新市场、上海等地开办支店及经销处，还利用“胡玉美”的麦陇香分店同上海“冠生园”“梅林”联合经商，沟通津、沪、宁、平、汉的商业渠道，使此时的“胡玉美”进入鼎盛时期，成为全国较有影响的近代民族企业之一。

安庆历史悠久，人文荟萃。在东周时为古皖国所在地，素有“万里长江此封喉，吴楚分疆第一州”之美称，属国家历史文化名城。千年古城塑造了安庆崇文尚德的城市文化特质。安庆是中国国粹京剧的发源地之一，也是中国五大剧种之一黄梅戏的发源地和传承地，有“文化之邦、戏剧之乡”的美誉。目前，胡玉美酱主要产品有蚕豆辣酱、辣油椒酱、酱油、复合调味酱、酱菜等，同时，公司不断创新辣酱品种，制出鲜虾酱、牛肉酱、酸辣酱、甜辣酱、香菇酱等新品。胡玉美蚕豆辣酱被评为安徽省质量免检产品、省名牌产品、全国食品行业名牌产品；2002年，胡玉美蚕豆辣酱被国家质检总局认定为原产地域产品；2012年，荣获“安庆市非物质文化遗产”项目；2014年，获得“安徽省非物质文化遗产”项目；2006年，“蚕豆辣酱”被认定为国家地理标志保护产品。

胡玉美蚕豆酱之兴盛，得益于制辣之味，前述制辣“承川渝之辛辣，应皖苏之中和”，体现的是因人而味，得其味而其味美。川渝辣，麻辣辛香，突出麻、辣、香、鲜、油大、味厚、嫩、烫，重用“三椒”（辣椒、花椒、胡椒）和鲜姜。徽菜的辣度很低，苏菜咸甜适中、口味平和、辣味鲜见。中国自古有“五味杂陈”之说，这杂陈的五味，指酸、苦、辛、咸、甜。不过当时的“辛”并不是我们今天所说的辣，而是泛指花椒、姜、葱等辛香调料的味。明代末期，辣椒由海路从美洲的秘鲁、墨西哥传入中国。现在，国人餐桌上辣椒几乎是必不可少的了，辣在酸甜苦辣中居首，全国不乏辣得刻骨铭心之处。川渝人有“蜀人好滋味，尚辛香”，尊麻辣、煳辣，辛辣鲜香、无辣不欢是川渝菜的风格和特色，也是川菜的灵魂。川人之辣，以花椒为伴，可谓聚变为辣之极味。湘人也为嗜辣一族，有咸辣、鲜辣、酸辣、甜辣，可谓聚合成辣之纯粹。鄂人偏爱的辣，介于干辣与麻辣之间，尤好卤辣，堪称辣之别致。以辣椒为菜的云贵人，集香辣、麻辣、酸辣各种辣之大成。贵州人爱齐全之辣，糊辣椒专门做蘸水用，分成素蘸水和荤蘸水；油辣椒，为吃粉、面专用，又分为带肉的和素的；糟辣椒，碎碎的专门用于炒菜、炒饭；干红辣椒，用于煸炒；还有烧烤辣椒、手撕豆腐辣椒、香辣脆、泡尖椒等，辣得香醇，可叹为辣之博大。赣菜之辣算是辣之“内功流”，赣菜可谓辣椒炒一切，赣菜索辣椒看似平平无奇，赣菜之辣全在菜里，可算辣之深邃。陕西有一句话“都说川湘能吃辣，老陕吃辣把人怕”，陕西人吃面，桌子上啥菜没有，就一盘油泼辣子即可，“一碗燃面熙熙攘攘，没有辣子嘟嘟囔囔”，谓之辣之平实。

胡玉美蚕豆酱辣味不重，在文化上也承应了皖江文化的兼容性。皖江文化地区范围为芜湖、安庆、池州、铜陵、宣城、滁州与马鞍山。皖江自元末以来，因为战争的缘故，移民对皖江开发具有重要影响。皖江地区主要是移民地区，世居皖江地区最早的也只是在唐、宋时期。皖江人的先祖多来自徽州和江西鄱阳，多数是元、明时期迁来的。移民地区人们的生活环境改变较多，见识较多，易于接受新生事物，因此，皖江人的思想观念比较开放，常常得风气之先。八百里皖江，哺育了善于创新的人文传统。

安徽农业生产地域广泛，酱品也比较多。皖南地区的姚村闷酱，产于郎溪县姚村，姚村有石佛山和天子湖。石佛山有“小九华”之称，山多怪石，形似大佛，有风动石、撑云石、和尚石等怪石景点，被誉为“皖南怪石大观园”。姚村闷酱香气浓郁、口感醇厚、色彩味浓、咸甜适口，具有香、辣、鲜、醇等独特风味。闷酱也是做菜的佐料。广泛产于安庆、宣城、池州、铜陵、黄山地区的石磨辣椒酱，俗称“辣椒糊”，是人们日常生活中必不可少的调味料之一，拌饭、拌面，或涂馍、饼、锅巴，食用极为广泛。皖中地区的和县善厚镇“鸡笼山”辣椒酱，由辣椒、辣油、葱、姜等加工而成，具有优雅细腻、香辣突出的特点。巢湖地区的香辣虾米酱、鲜虾酱，以鲜取胜。阜阳剁椒蒜蓉香辣酱、酱豆子、黄豆瓣酱、五洲香辣牛肉酱、夹馍拌饭酱、捂酱豆等，酱品非常多。晒酱豆子是过去沿淮地区做酱的传统产品，酱缸里也常常放入长豆角、刀豆、红辣椒，还有一种叫作艮瓜的菜瓜，有时甚至还将吃剩的西瓜皮白瓤，切下洗净，用于酱腌，其味极脆。

赞胡玉美蚕豆酱：

宜城胡家百年香，红润辣甜玉美酱。

不论黔赣与川湘，正和之味在皖乡。

（七）八公山豆腐

八公山豆腐属于沿淮菜系名品，以大豆制成，因其产地而得名。大豆为豆科大豆属，原产中国，古称菽，其种子含有丰富的蛋白质，制成豆腐后，其中的蛋白质更易被消化吸收。豆腐在中国食物史中地位尤尊，它改变、完善了中国人的食物结构。豆腐所含的蛋白质提高了人们的营养水平，弥补了古代农业生产以谷物为主的粮食供给结构局限。安徽是中国大豆的原产地，原产大豆源属淮河水系的涡河和淝河沿途荒滩发现的紫黑色小荚野生大豆。2004 年，在淮南市大通区、八公山区、凤台县也发现较大规模的野生大豆生长群落。

寿县是豆腐发源地，南朝谢绰《宋拾遗录》载："豆腐之术，三代前后未闻。此物至汉淮南王始传其术于世。"南宋朱熹《素食诗》道："种豆豆苗稀，力竭心已腐；早知淮南术，安坐获泉布。"诗末自注："世传豆腐本为淮南王术。"明李时珍《本草纲目》载："豆腐之法，始于汉淮南王刘安。"八公山豆腐主要产于淮南八公山一带，即淮南市八公山区与寿县的交界地。相传 2 000 多年前，汉高祖刘邦之孙淮南王刘安，被解职至寿春，与宾客苏非、李尚、田由、雷被、伍被、晋昌、毛被和左吴（号称"八公"），寻炼长生不老之丹药，偶以八公山泉水、黄豆、盐卤（一说石膏）制成豆腐。汪曾祺《豆腐》诗曰："淮南治丹砂，偶然成豆腐。馨香异兰麝，色白如牛乳。"八公山豆腐，当地亦称之为"四季豆腐"，因豆腐四季可食，故而得名。

初制成的八公山豆腐形似玉板、嫩若凝脂，食之口感细腻、清爽滑利。豆腐制成后无黄浆水味，托不散碎。成菜的豆腐外脆里嫩，滋味鲜美。清代汪汲《事物原会》记述早在西汉古籍就有"刘安做豆腐"的记载。当地制作豆腐的技艺世代相传，传统制作技艺主要包括选料、浸泡、磨浆、挤浆、煮浆、点膏、蹲脑、压单八项流程，被列入第四批国家级非物质文化遗产项目名录。八公山豆腐具有容易造型、丰简随意、调味从心、可荤可素之特点，历史上曾作为贡品。卢苏在《八公山豆腐》中曾记述：以八公山豆腐为主要原料做成的菜肴，烹调方法达 30 多种，能做 400 多种。豆腐烹调可以氽、熬、烩、炖、焖、煨、煮、烧、扒、炸、煸、熘、爆、炒、贴、煎、烹、蒸、烤、黑、卤、酱、拌、拔丝、蜜汁、挂霜等，其中代表性的有八宝瓤豆腐、芙蓉豆腐、琵琶豆腐、葡萄豆腐、寿桃豆腐，能组成豆品样多、风味独特的"八公山豆腐宴"。豆腐菜肴在我国居众素之首，孙中山先生在《建国方略》中说："中国素食者必食豆腐。夫豆腐者，实植物中之肉料也，此物有肉料之功，而无肉料之毒。"八公山豆腐制品现已形成了多种品系，包括水豆腐、半脱水豆品（千张）、油炸制品（炸豆腐泡）、卤制品（五香豆腐干豆腐丝）、熏制品、冻豆腐、干燥豆品（豆腐皮、油皮）和发酵制品（豆腐乳、臭豆腐）等。豆腐及其制品富含植物蛋白，有人体必需的 8 种氨基酸，常食用豆腐，可以降低血液中胆固醇的含量，减缓动脉硬化，是公认的保健食品。加工豆腐离不开用于盛水、浸泡、接浆、接晃单的较大容器，大缸也就成了八公山豆腐的必备品。寿州有著名的“寿州窑”，现在淮南市大通区上窑镇有古寿州窑遗址。寿州窑是中国唐代六大瓷窑之一。过去窑主要产碗、盏、盘、罐、壶、钵、杯、水盂和砖，水盂其实就是体小的缸。唐代陆羽《茶经》将寿州窑列在当时名窑的第六位，并予以“寿州瓷黄”之名，即示过去寿州窑以烧黄釉为主。寿州窑所产黄釉陶缸（也称大卷缸），厚实经用，耐低温，也耐高温，广受老百姓欢迎，陶缸成为加工豆腐离不开的工具。现在窑厂生产的陶缸，因为缸涂黄釉，寿州陶缸也往往被称作“金缸”，又因缸体精美，较为珍贵，加之耐用，不易损坏，可数代使用，寿州陶缸亦有“子孙缸”之美誉。

“莫道豆腐平常菜，大厨烹成席上珍”“磨砺而出，方正清廉”，人们往往把历经磨难、洁白无瑕的豆腐和不流于世俗的人生高尚追求相比拟。现今，淮南豆腐宴及寿州豆腐宴也开发出多种豆腐菜品，如“爆竹声声”、“鸡浆豆腐”、“五彩豆腐”、“刘安点丹”、豆腐水饺、小葱豆腐、香椿豆腐、乾隆豆腐、家常豆腐等。“爆竹声声”是用豆腐包裹凤尾虾，再挂糊炸，凤尾虾尾红身黄，形如爆竹，豆腐比虾肉还鲜嫩；“五彩豆腐”是将豆腐切成细丝，再与蛋皮、青椒、胡萝卜、皮蛋丝拌和；“刘安点丹”由一盏“小油灯”和一盆蘸料组成，油灯盅里白色粉末（熟石膏），再在油灯盅里倒上一些豆浆，结成了豆腐。豆腐水饺的馅心用的是鲜肉，饺子皮用豆腐拌淀粉擀制而成，饺子水煮至熟后，不破不散不烂，口感如同豆腐花。中秋之时，淮南凤台、寿县一带的餐桌上少不了一道“淮王鱼炖豆腐”。

寿县，古称寿春、寿阳、寿州，是国务院 1986 年颁布的历史文化名城之一。自楚考烈二十二年（前 241 年）迁都于此之后，寿春曾 10 次为郡，境内八公山古称淝陵、北山、紫金山，是历史“淝水之战”故地，留有“风声鹤唳，草木皆兵”“一人得道，鸡犬升天”等成语。八公山国家森林公园地处北亚热带北缘的湿润季风气候区，园内有珍珠泉、玉露泉，泉水澄清味甘，终年不竭。傍山存有淮南王墓、淮南王炼丹井、宾阳楼等历史名迹。改革开放以来，淮南市连续 20 多年举办“中国豆腐文化节”，以豆腐为媒，促文化搭台，唱经贸大戏。寿县结合保护豆腐遗产，传承豆腐技艺，弘扬豆腐文化，不断延伸豆制品产业链，打造集大豆种植、豆制品加工销售、豆腐文化旅游为一体的产业融合发展之路。以豆腐制品为主的“八公山泉”牌商标被评为安徽省著名商标，2008 年，八公山豆腐被列为中国国家地理标志产品；2014 年，八公山豆腐传统制作技艺入选第四批国家级非物质文化遗产代表性项目名录；2016年，安徽寿县八公山黄豆种植与豆腐文化系统被列为全国农业文化遗产普查项目。

豆饼与豆腐虽无“至亲”之源，但说起八公山豆腐也不得不提到豆饼。豆饼在安徽沿淮各地均有生产加工，俗成“绿豆饼”“豆饼子”“洛涧豆片”“金钱饼”“小豆饼”。豆饼厚薄均匀，色泽淡黄，味美清香。做豆饼也常常称作“点豆饼”，豆饼的制作是用石磨将绿豆去皮磨粉，加适量面粉，加水搅匀成粉浆，再用带漏洞的铁皮壶，滴入平锅中，摊煎成铜钱状的饼片，星星点点的豆饼煞是好看。制成的豆饼一面微焦，可炸、可炒、可烩，主要制作的菜品有：软炒豆饼、香炸豆饼、怪味豆饼等。淮南、蚌埠、寿县等地的小豆饼很有名。小豆饼也是淮南牛肉汤、寿县牛肉粉丝的主要配料。

谈起豆饼，不得不说绿豆圆。沿淮河两岸的人家均有生产加工绿豆圆的习惯，绿豆圆是安徽淮河沿岸家常菜品，绿豆圆又称“小豆圆”“糊虾圆”。家庭做绿豆圆的主要方法为：绿豆泡水后去皮磨成粉，以小干虾、面粉、黄豆芽瓣合拌在一起，加葱、五香粉和精盐，搓成小圆子放入六成热的油锅中，用中火煎炸，至圆子呈金黄色浮出油面时，捞出沥油即成。绿豆圆子色泽金黄，食之口感香脆且具清热解毒之功效。绿豆圆子易保管、易储存、食用方便，既可用于煮、烩、烫、涮，也可直接食用。记得小时候，春节前家里会炸很多绿豆圆，冷凉后放入粽子形大竹篓（称为“气死猫”）中，悬吊在厨房屋梁，以防老鼠偷食，也防馋嘴的猫儿“念叨”。由于气温较低，且竹篓四处通风，绿豆圆较耐存放，可以吃几十天不变质。据称，绿豆圆早在宋代就有，赵匡胤兵困南唐时，淮南芦集的百姓制作了很多绿豆圆子，以慰太祖，芦集绿豆圆在当地也被称为“救驾圆”。

安徽具有特色的豆腐非常多，谓之特色，主要依据是原料非豆而形似豆腐，此类豆腐制作的原料和方法众多。值得一述的有九华山观音豆腐（徽州祁门也有）、皖西南地区的黄栗豆腐和金寨红豆腐。观音豆腐以腐婢树（当地称为观音树）叶特制而成，腐婢树当地称为豆腐柴，属直立灌木，叶片呈卵状披针形、倒卵形、椭圆形，有臭味。观音豆腐制作过程主要包括：将观音草叶采捡洗后，反复搓揉，出清浓汁后，将观音叶放入沸水中，再用布滤出浓汁，加草木灰过滤后的灰水（起凝固成型之用），冷凉凝固后即成绿色凝重、晶莹剔透、形似翡翠的观音豆腐。食用观音豆腐，可以用糖凉拌，可以用芥末酱油、蒜泥、醋等凉拌，也可以爆炒。观音豆腐含粗蛋白量高达29%～34.1%，含有多种维生素和微量元素以及人体所需的19种氨基酸，以赖氨酸、天冬氨酸、谷氨酸、甘氨酸、丝氨酸、苏氨酸含量最高，被誉为“森林蔬菜”。观音豆腐通体碧绿，水滑晶莹，食之清凉爽口，回味无穷。位于大别山的金寨也产观音豆腐，当地人叫“神仙豆腐”。黄栗豆腐以野生的黄栗（橡子、槠栗）作原料，经清洗、浸泡、水磨、沉淀、脱涩、熬制、冷却等工序制作而成。黄栗豆腐入口细腻柔滑，风味独特，营养丰富。现代科学有示，橡子可预防铅等重金属对人体的毒害，黄栗粉还可治泻痢，又可增强细胞代谢，促进骨骼生长，防止贫血，降低高血压。橡子可食的记载较早，唐代皮日休《橡媪叹》就写道："秋深橡子熟，散落榛芜冈，伛伛黄发媪，拾之践晨霜。移时始盈掬，尽日方满筐，几曝复几蒸，用作三冬粮……"北宋兖州人石介的《留题敏夫隐君》诗记："三迥到此寻逋客，杯案萧疏滋味长。山饭半瓯橡子熟，春蔬一筋术苗香。"金寨红豆腐尤为独特，是用猪血、碎猪肉、红椒、豆腐、陈皮、生姜、大蒜等多种食材加盐配制而成，拌匀后做成馒头状或捏成圆粑状，填入洗净的猪肠衣或猪小肚子（猪膀胱）内，日晒数日，烟熏月余即可成。食用时，将其切成片状，蒸煮、炒菜均可。成菜的红豆腐色如枣，味鲜嫩油润、酥松带沙、鲜美咸甜。

皖南黟县腊八豆腐也十分独特，腊八豆腐的制作在农历腊月初八前后，制料为农家自磨的豆腐，把豆腐抹上盐水，用草绳悬挂在通风处晾晒而成，可三个月不变质、不变味，色泽黄润如玉时，即吃即摘取。腊八豆腐咸中透甜、香鲜美味，可以单独成菜，也可与肉类炒或炖。六安霍邱、叶集等地，每逢春初，家家喜爱用质地较嫩的豆腐用香椿或小葱拌。香椿拌豆腐尤为独特，制作时需先将豆腐用竹筷搅碎，搅得越细碎越好，再将开水焯过的香椿切碎，放入搅碎的豆腐中，加碎青葱末、食盐后，继续搅拌，滴入芝麻油，即成。香椿拌豆腐颜色清白，味道香润，回味无穷。

豆腐发酵制品中，安徽黄山"毛豆腐"尤为出名，毛豆腐多制作于休宁、歙县、屯溪等县区，徽州民谚云："徽州风情一大怪，豆腐长毛上等菜。"徽州独特的地理环境和温润的气候孕育出了特殊的"毛豆腐"，由豆腐"变身"为毛豆腐，对制作场地的环境条件要求是较为苛刻的，需要温度 18 ℃左右，环境湿度 50%～55%的条件。豆腐经霉菌发酵，方可长出一层浓密细长的绒毛，毛上面附着有黑色颗粒孢子。毛豆腐中毛霉菌能够分泌蛋白酶，让大豆蛋白降解成氨基酸等物质，加工后能形成毛豆腐异常的鲜美之味。毛豆腐的主要做法是生煎，煎炸后的毛豆腐色泽斑斓相间，乌黄有致，香味极佳，内部非常软糯，与当地手工石磨辣椒糊相配蘸，极为美味，食客有"日啖小吃毛豆腐，不辞长作徽州人"之说。

除了毛豆腐，安徽的臭豆腐在中国豆腐制品史上也具殊位。安徽太平（今黄山区）人王致和发明了臭豆腐。臭豆腐的雅称为"腐乳"，按照颜色，腐乳一般分为青方、红方、白方三大类。白腐乳块小，质地细滑松软，表面橙黄透明；红腐乳装坛后还要加入白酒继续沁润，数月后才能开坛食用，红腐乳的表面呈自然红色，切面为黄白色，口感醇厚，风味独特，常用于作烹饪调味品；青腐乳就是臭豆腐，也叫“青方”，“王致和”始创于清康熙八年（1669 年），与“同仁堂”同龄，青腐乳俗名“大呆臭”，传说康熙皇帝品尝后赞之，御笔亲书“青方”二字赐给王致和，“大呆臭”因此改了一个文雅之名——青方。青腐乳制作历史已有 300 多年，一直作为御膳小菜送往宫廷，慈禧太后也曾赐名“御青方”。1669 年，王致和进京会试落第，为谋生计，“转型创业”开始做豆腐生意，其间也不忘继续攻读，以备下科，可谓“半工半读”。偶然间，王致和发现了臭豆腐。之后，他大胆尝试，于 1670 年开起制作臭豆腐的小作坊。清康熙十七年（1678 年），王致和在前门外延寿寺街路西开设了“王致和南酱园”。“王致和南酱园”的六个字分刻为两块匾。咸丰年间，状元孙家鼐（安徽寿县人）曾书两幅藏头对，一曰：“致君美味传千里，和我天机养寸心”。另一幅曰：“酱配龙蟠调芍药，园开鸡跖钟芙蓉”，冠顶横幅为“致和酱园”。王致和臭豆腐风味独特，具有特殊的硫酯香气，滋味鲜美，咸淡适口，臭中含香，独有细、软、鲜、香的特点，而且具有很高的历史价值和营养价值。2008 年 6 月，王致和腐乳酿造技艺被正式列入国家级非物质文化遗产保护名录。安徽除此之外的豆制“臭品”还有不少，宣州水阳臭干、无为臭干、石台七都臭豆腐、芜湖灌汁臭豆腐及六安市老城区云路街臭干子、臭面筋也较为有名。与芜湖烤臭豆腐相似，六安臭面筋用红炉小火慢慢烧制，外脆而黄、内嫩而白，佐以辣酱，满口生香、回味无穷。始于清代咸丰年间的淮北市临涣培乳肉与腐乳也与“臭豆腐”有关。临涣培乳肉的制作，要选用当地酱菜培腐乳的汤汁为辅料。其制法是：先将五花肉切成大方块形，加水煮沸，去掉油脂，冷却后再切成大肉片，淋上培乳汁，加入佐料，锅蒸煮熟后，再滗去油脂便可食用。临涣培乳肉乳香奇特，肉肥不腻爽口。

安徽的茶干种类颇多，加工类型和风味也极具特色。当涂县有黄池茶干，茶干以大豆为原料，配以隔年陈酱，加桂皮、甘草、鸡汁等二十余种调料，采用传统工艺制作而成，黄池茶干以特有的清酱味而称著。茶干质地厚实、有韧劲，咸淡适口，有豆制品特有的清香，又兼有清徐的酱味，嚼后口舌生香。2003 年，“黄池”“金菜地”注册商标均被评为安徽省著名商标；茶干与牛肉酱、瘦肉酱、鲜虾酱被评为安徽省名牌产品，茶干和脆萝卜、乳瓜、大蒜子四个产品被评为国家绿色食品。与黄池茶干相邻的采石矶茶干，历史悠久，源于清嘉庆年间，至今已有 200 多年历史，为清廷贡品。采石茶干香味独特，历史上销售于金陵各地，素具盛誉。采石茶干之特在于其品种繁多，有鸡丝、火腿、牛肉、麻辣、海鲜等 10 多种，茶干色泽酱红，风味独特，细嚼味长，回味持久，对折不断。徽州著名茶干要数休宁县五城龙湾的五城茶干，五城茶干之特在于用料，茶干用料极为讲究，可谓“料为第一要义”。茶干主要原料黄豆必须是当年新收的，卤制的酱油须用洪昌酱园豆汁原油，用以调料的桂皮、茴香等须质量上乘之品。五城茶干咸淡相宜，质纯味鲜，柔韧香醇。铜陵大通茶干特色是形方体薄、形方如牌、体薄如纸，有弹性、韧性（一块干子可以卷成一个小筒），色艳味浓、鲜美耐嚼，主要做法是讲究点卤和筛浆，用以筛浆的网布眼很细，每块干坯用纱布包裹，上板压紧。然后将白干子放进冬菇、八角、甘草、冰糖和原汁酱油配制的汁水里浸泡大半天，再放进锅里煮，待捞上来后再拌上麻油。因此，制成的干子形方体薄、有弹性，其中的蒲包干、臭豆腐干更有独特风格。合肥有三河茶干，产于肥西县三河镇，其特色为形薄如纸，色泽纯正，香味悠长，口感细腻富有弹性，回味悠长。其中的压制极为讲究，白干用纱布包好，用铁榨加千斤顶压20小时，压成干坯，方能酱制。

年少时，曾听家母经常哼读的一句顺口溜："轱辘轱辘磨豆腐，半夜起来磨豆腐。谁说豆腐不如肉，价钱便宜养料足。"在过去物质贫乏的时代，豆腐俨然成了渴求解馋吃肉的替代品，就能够替代肉食的豆腐塑形来看，九华山素宴可谓典型代表。九华山素斋之特在于：凡荤菜名目，素菜都可取其形、制成食。以此可解人们缺少或禁忌的"舌尖上"之馋。素斋有极具荤菜之形的素鸡、素鸭、素鱼、素香肠、素海参、素火腿、素鲍鱼等。九华素斋各类菜品在造型艺术上属"以荤托素"，素斋菜品的外形需要与原物极为相似。在素斋原料选择上，采用了传统寺院素斋，不纳荤腥，全部素食，素食制成的原料必须属无污染绿色产品。

皖西霍邱有韭菜腌黄豆，此菜品既有蔬菜，兼有植物蛋白，也可称"科学的营养供给"。韭菜腌黄豆是把一小把整的韭菜晾干，撒盐搓揉，裹入炒熟的黄豆，裹得要紧实，与辣椒（青红皆可）放在一同腌制。腌制中，需要一层一层规则地把裹紧的菜团码放入缸中，再一层一层撒少许精盐。腌成的韭菜腌黄豆，随吃随取，清凉可口，佐粥极佳。

从豆的种植历史而观，汉代豆的种植范围开始扩大，对豆的利用方式渐于多样，豆腐、豆豉、豆芽、豆酱均已出现。在古代以植物性粮食供给为主的饮食中，豆的重要性极为显著。豆富含植物性蛋白质，是人体所需的主要营养。就豆腐的"科学理性"营养而观，豆腐可弥补古代以谷物为主的饮食中蛋白营养的供给不足，这就是豆腐对中国农产品历史供给和食物结构的特殊贡献。可以说，豆及豆腐在中华民族生存和发展史上有着不可或缺的贡献，当代作家冯骥才曾说："养育龙种，豆腐有功"。

赞八公山豆腐：

八公仙授玉食方，玉板凝脂异兰香。

莫道豆腐平常菜，方正须得磨砺将。

（八）怀宁贡糕

怀宁贡糕是安徽省怀宁县传统名特产品，属当地“三粒寸”糯米加工产品。贡糕糕色洁白，质地柔软，香甜适度、酥松可口。糕片具有厚薄均匀、搓推似牌、曲卷如纸之特点。怀宁县处于亚热带湿润季风气候区，气候温和、光照充足、霜雪期短，适宜种植糯米。本地产“三粒寸”糯米（“三粒米并排才有一寸长”之意），口感松软甜腻，适合做糕点。怀宁贡糕主要原料有“三粒寸”糯米、芝麻油、白砂糖，佐以橘饼、核桃仁、红绿丝等辅料。贡糕制作，须精炒炒米、细磨制粉，后经化糖、拌料、上芯、压糕、润潮、切片等多道工序，制成的贡糕“形似玉，白似壁，薄如蝉翼甜如蜜”。

怀宁贡糕始于宋，贡糕极品“顶雪贡糕”相传与宋代著名政治家、文学家王安石有关。王安石任舒州通判时，曾游天柱山，尝怀宁地方米糕，赞其色香味俱佳，尤糕色如白雪，谓之“顶雪糕”。之后，献顶雪糕与宋神宗，神宗将“顶雪糕”封为“贡糕”，始年年进贡。至明永乐年间，此糕又嗣为“宫廷名点”。至今，怀宁贡糕制作工艺仍传承过去的制糕方法，糕之味一直得以秉持“原汁原味”。2015 年 10 月，国家质检总局批准“怀宁贡糕”为原产地域保护产品。

顶雪贡糕是怀宁贡糕中的上品，糕薄可曲卷如纸；糕白如雪，似山顶白雪，软绵酥松；糕片点火即燃，如燃似烛。顶雪贡糕主要原料选用优质糯米和精炼麻油，依托怀宁地方传统生产工艺精制而成，该工艺曾收录于《中国名食百科》。1985 年、1989 年，“顶雪贡糕”两度被评为原国家轻工部优质产品称号；1988 年获中国首届食品博览会银奖；2009 年，“顶雪贡糕”制作工艺列入非物质文化遗产县级保护。

汉代称米糕为“稻饼”“糍”，西汉扬雄在《方言》中已记有“糕”的称谓，魏晋南北朝《食次》载有米糕“白茧糖”的制作方法（爰引《齐民要术》)。唐宋始，南方成为中国水稻生产的中心地区，稻米在江淮已是百姓主食，稻食品类也逐渐多样化。宋元时期，水稻种植在南方稻作区得到了较大的发展，不过在明清以前，主要是再生双季稻。明清时期，南方稻制则发展为间作双季稻和连作双季稻。据《农田余话》的记载，明初，闽广之地已有间作双季稻的栽培。到了明末，据《天工开物》记：“南方平原，田多一岁两栽两获者……六月刈初禾，……插再生秧”，此述表明在南方平原地区，连作双季稻的栽培已比较普遍。在双季稻的基础上，再加上小麦油菜等越冬作物，就形成一年三熟的种植制。

怀宁贡糕为中国南方米糕的代表之一。米糕，按颜色来分，有方头糕、糕元宝、金元宝（加黄糖）、银元宝（添白糖）。据加入的辅料来分，有万字糕、麻烘糕、果仁糕等多种。皖南产的“万字糕”，即在糕体中部，以果肉染色而成的青、红、绿等色丝状物质排成万字符，寓意健康、长寿、喜乐；“麻烘糕”即糕体中加入黑白芝麻，形成麻点状；“果仁糕”是糕体中加入不同的干果果仁，如核桃、花生等，使糕味除了米粉的糯香之外，还兼具干果的甘甜。就形状来分，有条头糕（形狭而长）、条半糕（形稍阔）；照喜庆场合来说，又有状元糕、双喜糕、龙凤糕、长寿糕之说。在皖中、皖南地区，正月送食糕寓意着“年年高”；重阳，食糕象征“长寿”之意，糕随品种，其寓意便愈加丰富了。逢腊月；江南人家或雇糕工至家磨粉蒸糕，各糕肆门市如云。在安庆、池州、宣城、芜湖等地，正月来往拜年，送礼作为最能表情达意的一种交往方式。受环境、风俗习惯的影响，送礼品是一门较为讲究的艺术，无论何礼，所送礼品必有怀宁贡糕或别的片糕。“糕”寓意步步高升、越来越好，示糕（高）为糕（高），吉祥祝福均寓其称。送糕，意味着祝人家“高升、高就、福星高照”，透着吉利、祥和、幸福，此时糕就超越食品了，成了高兴、高升、高就的祝愿。

糕的制作以糯米为主料，米洗净后放入木制或竹制的笼屉中蒸，煮成米饭后，摊开于太阳下曝晒，形成一粒粒坚硬的“阴米”（“冬米”）。制糕时，将细粒河沙大火炒热，加入适量阴米，沿着锅的内壁，略点几滴食用油，快速翻炒，阴米爆为“发米”，再将发米碾成细粉。在熟米粉中加入适量的水和白糖，搅拌和匀，将其均匀地铺置于一个特制的木匣之中。按糕的种类，在粉坯中放入所需要的青红丝、果仁、黑白芝麻等，再覆盖上一层厚薄合适的熟米粉，用特制的方木将其夯实成一个整体，连匣一起入锅蒸煮 10 多分钟。待粉块晾凉后取出，用刀分割成一个个长方体，再将每一个长方体切成一个个薄片。切糕极有技巧，要求不一刀到底，略留一丝丝的关联，保证整条方片糕不断裂，以松软而不散塌、完整而不易碎为贡糕上品。

贡糕的种类有多种，因地域而异。与贡糕相仿的米糕，在皖南和皖西地区称“方片糕”“云片糕”，福建则称“雪片糕”，江苏阜宁叫“大糕”，江浙一带称之为步步糕。无论何种称谓，糕的核心食俗要义都离不开吉祥、祝福和尊重。自古以来，中国民间都有礼尚往来的传统，逢年过节、婚丧嫁娶、升职升学诸事，亲朋好友、远亲近邻，总免不了会随份礼。礼不在厚薄，讲究的是关爱，体现的则是情怀。糕非价高品奢，但洁白似雪，香甜如蜜，以“糕”喻“高”，吉祥祝福的心意既平实又深远。“高”字，按其本义可释为：其一由下到上距离大的，与“低”相对；其二等级在上的；其三在一般标准或平均程度之上；其四为敬辞，尊称别人之谓；其五热烈、盛大；其六显贵，道德水平高；其七宗族中最在上之称。析之，均为优、贵、上、尊、雄、显诸意，“高”字的文化寓意极为丰富。重阳节亦有登高吃重阳糕的风俗，登高吃糕，取步步高的吉祥之意，连梯子之用也沾了“步步高升”的光。当乔迁喜时，主人带着梯子步入新居，就寓意着步步高升，就连当下年夜菜的蒸菜、蒸糕也有了蒸蒸日上、步步高升的美名。

糕因集食物之交流和吉利幸福之美意，也成很多民间“礼尚往来”的代表性物品。中国文化强调“礼尚往来”，《礼记·曲礼上》曰：“礼尚往来，往而不来，非礼也；来而不往，亦非礼也。”礼尚往来的传统做法和持续遵循，有交往礼仪之据，也有利益交换之因。徐勇先生在《农民理性的扩张：“中国奇迹”的创造主体分析》一文中写道：“由于资源和财富有限，使农民不能不考虑如何使自己的损失最小化或收益最大化，以满足自己和整个家庭正常生活的需要。”诺贝尔经济学奖获得者舒尔茨认为：“农民在他们的经济活动中一般是精明的、讲究实效的和善于盘算的。”但是，与商人的算计不同，在农业社会，农民的算计是缺乏交换的算计，实为对仅有的“存量财富”进行精打细算的算计，主要是基于生存之需，遵循生活“安全第一”原则，是一种“过日子经济”。

与米糕加工相似的酥糖，安徽各地也有不少名产，如铜陵的顺安酥糖、南陵的“广善酥”、滁州的琅琊酥糖（“面糖”）、无为的襄安麻油黑芝麻酥糖、黄山的“徽墨酥”、安庆的墨子酥和池州芝麻桂花酥糖等。与米糕不同，酥糖所用的粉主要以面粉为主。早在唐代末年，铜陵顺安酥糖就在当地被广泛制作。制作顺安酥糖的主料为优质面粉、细白糖、黑芝麻，配以适量的桂花、青梅、金桔饼等。酥糖的特点是松柔甜润，成条不散。顺安酥糖成块不散，入口即融化，《铜陵县地方志》记载：早在唐代，顺安设立“临津驿”开始，铜陵“顺安酥糖”即声名远扬。芜湖南陵的“广善酥”也非常有名，“广善”并非地名，广善之名源于佛教：因缘具足果成熟，当广种善因，广结善缘。“广善酥”与素食有关，南陵与佛教圣地九华山相近，上山香客因吃素食之需促进了“广善酥”的成名。广善酥糖由米粉和面粉制成的屑子和麦芽糖骨子组成，加工过程包括碾胥、熬糖、拉糖、压糖等。“广善酥”糖胥香甜、麻香浓郁、骨子松脆，糖皮薄酥、糖馅香甜，不粘牙，不腻口，食后无渣。安庆的墨子酥在安徽传统酥糖糕点中的地位是极高的，20 世纪 80 年代初，安庆开设的“安庆之窗”，在全国 21 个省、直辖市、自治区设有 63 个。“安庆之窗”以食品为主，以多种经营和技术协作为主开展横向联合，灵活经营，被誉为“窗口经济”。“安庆之窗”所售的当家食品就是墨子酥和怀宁贡糕，可以说这两种食品深深地印记在 20 世纪 80 年代安徽人的味蕾上。墨子酥因形如古墨而得名，色泽乌黑，油润细腻，入口丝滑。墨子酥用黑芝麻、小磨麻油、精细白糖等多种原料制成。

墨子酥以安庆糕点名坊“麦陇香”和“柏兆记”之品为上。酥糖在安徽各地均有，配料虽不同，但无太大之异。笔者童年对酥糖的最早记忆并非大名鼎鼎的安庆墨子酥，而是现已难觅的霍邱“西湖叠酥”。其实，家乡称酥糖为“面糖”，与滁州对酥糖的称谓相近。有记忆以来，每年逢农历“祭灶”，家母都会在中午开始做糖，有花生糖、芝麻糖、糖豆子和面糖，面糖味道最佳。“祭灶”在农历十二月二十三日或二十四日。每家每户对“祭灶”之日的选择不一样，俗有“庄祭三（二十三），买祭四（二十四）”，也有“农三（二十三）商四（二十四）”之说，安徽淮北、沿淮及皖南又称“祭灶”叫“小年”。

赞怀宁贡糕：

白玉蝉翼捻如牌，怀宁贡糕恰顶雪。

贵非价高与品奢，一片也胜千斤载。

（九）水东蜜枣

水东蜜枣是以水东镇青枣为原料制成的糖渍干制品，其外形扁平，晶亮透明，金丝细缕，色似琥珀，鹅黄亮铿，故又名之“金丝琥珀枣”。水东蜜枣个体匀称，风味独特，枣香清雅，甜蜜可口，脆而细软，入口微嚼即化。

水东青枣品质优良，主要品种为宣城圆枣和宣城尖枣，属大枣种类。我国加工水东蜜枣有300多年的历史。历史上，水东当地有“家家有枣林，户户做蜜枣”的传统。仲秋之际，水东一带枣农喜收鲜枣后，都会精制蜜枣。青枣扁平匀称，个大核小，皮薄肉纯，脆甜体紧。水东蜜枣的加工工艺十分讲究，采摘青枣须在处暑前后，时值青枣泛白成熟，枣厂便开锅制枣。青枣采下后，须经分拣、切割、拣切、淘洗、糖煮、养浆、稀烘、挤工、老烘、拣板十道工序。其中切割尤为讲究，完全以传统的手工方法，在小小的鲜枣上割40～100刀，且刀刀均匀、不浅不深，方能让枣子在之后的“糖煮”过程中，既容易煮熟、饱吸糖分，又久藏不坏。糖煮制作也有独到要求，将白糖与水配置好后，待青枣开锅沸腾（翻头）后，还需大火烧煮，目的是排出枣内水分，使青枣收身、变黄，待枣浆上所起白沫变浅黄至金黄，并伴有嗤嗤的声响时，枣子来浆，试捏几粒冷却后的枣子，手感枣肉质细化可触及硬核时，表明枣子煮好，可以启锅了。蜜枣制成后，按制作方法与个头大小，将水东蜜枣分为七个等级，特级叫天香，须先去核装心，天香风味最佳，以下蜜枣依次叫天元、提顶、超蛋、顶面、大面、蛋面。成品蜜枣色如琥珀，金黄铿亮，核肉分明，透明感强，历史上曾被列为贡品，民间谓之“龙珠”。

水东蜜枣之源，相传与水东禅寺和尚爱食水东鲜枣有关。由于鲜枣不好保鲜，寺僧就将枣切丝后用“和尚帽子”和“托篮”煮枣、灌蜜，可长期贮藏，蜜枣由此而生。又有传说，在清康熙年间，当地有新婚夫妻，丈夫远出经商，妻子将家乡的特产青枣用蜂蜜煮后晾干，寄给远方的丈夫，以期不忘乡土之情和夫妻之恩。丈夫回信说，蜜煮青枣虽好，只是外甜内不甜。心灵手巧的妻子，将髻发的银簪磨制成锋利的刀片，细心地将青枣割切出一条条细缝，再用蜜糖煮，煮熟的枣子内外都鲜甜。这种制作精细、香甜可口的蜜枣，被里人广为仿制，成为当地特有的名产，并很快传扬四方，被人们命名为水东蜜枣。蒲松龄的老师清初著名诗人施闰章在《枣枣曲》一诗中写道：“井梧未落枣欲黄，秋风来早吹妾裳。含情剥枣寄远方，绵绵重迭千回肠”，形象地描绘了妻为夫制枣的情景。

宣州有俚语：“水东的枣子，水阳的嫂子。”水东枣子饱满、甜美、圆润，以枣喻嫂，足显宣州嫂子甜美圆润、饱满温情、内集慧灵。水阳镇是千年古镇，坐落在水阳江畔，苏、皖三县（宣州区、高淳区、芜湖县）交界处，江边有梓潼阁和龙溪塔沿两岸相对，民间传是三国吴五路总兵大将丁奉设的瞭望台。“总管庙”有“丁奉佩剑，千顷波涛拾金宝，小亭临江，十万良田拢水阳”的记载。著名的金宝圩分布在水阳镇区域，境内“三水七田”，沟渠纵横，河道交错，田地肥沃，气候温润，称得上江南鱼米之乡。水东镇居水阳江东，故名水东。水东历史悠久，为皖东南重要的水运码头，已有1 100余年历史，有龙泉洞、水东老街、宗村乡村旅游示范村、古道、石林。老街尚存有唐宋老街、宋代花戏楼、十八踏御井、皖南皮影戏博物馆、千年古刹宁东寺、老饭店司泰和等历史文化遗址。镇东群山环抱，竹林茂密，西南丘陵起伏，沃土浑厚，尺余之深，植枣树最为宜。《宣城县志》载：“枣出水东，有头、圆等。”清沈泌《割枣谣》曰：“出分藩翰处区房，酿花成蜜胥芬芳。长至天寒例割枣，留取一半资蜂食。”

枣在中国种植历史悠久，《诗经》有“八月剥枣，十月获稻；为此春酒，以介眉寿”的记载。枣有药用，汉代《神农本草经》记载：“大枣，味甘，平。主心腹邪气，安中养脾，助十二经，平胃气，通九窍，补少气、少津液、身中不足，大惊，四肢重，和百药”。宋代寇宗奭《本草衍义》乃言：“枣益脾。”元代朱丹溪述：“枣：属土而有火，味甘性缓。”蜜枣药性甘、平，具有补益脾胃、养心安神、滋阴养血的功效，临床可治脾胃虚弱所致的腹胀腹泻。蜜枣含有丰富的维生素、蛋白质、核黄素、微量元素，具有改善贫血的作用，可调节血压、改善睡眠、保护肝脏、提高免疫力。

现今，宣州致力蜜枣产业发展，蜜枣产品由过去的单一蜜枣发展到浆枣、枣脯、枣醋等多个品种。水东镇以蜜枣特色为切入口，以“甜蜜”为主题，打造“甜蜜”的蜜枣产业，涵盖蜜枣种植、蜜枣加工、枣木加工、枣木工艺、创意产业等，延伸至枣园采摘、农业观光、健康养生等生态休闲产业；多次举办“中国蜜枣节”，推进特色小镇——“甜蜜小镇”建设。2018年，国家对水东蜜枣实施农产品地理标志登记保护。

水东蜜枣之特在于“切割”，千割万条，用的是不懈的“勤”，勤在传统农业生产中极为重要。传统农学思想“三才”理论，是人们在长期农业生产实践中，对农业生产规律认识深入的表现。其基本内容包含人们对农业生产基本要素的认识，对自然规律和客观规律的认识，对客观规律性和主观能动性之间辩证关系的认识等。《吕氏春秋·审时》篇曰：“夫稼，为之者人也，生之者地也，养之者天也。”在中国农业科学技术史上，第一次科学地概括了天地人三者之间的辩证关系。“三才”指的是天、地、人。“天”和“地”则是指气候、土壤和地形等生物有机体赖以生存的自然条件，属于农业生产中的环境因素。“人”则是作为农业生产的主体存在的。生物有机体和其赖以生存的环境条件还需要有人的社会生产劳动来掌握、控制和调节。农业生产中做到“天时、地宜、人力”就可以获得好收成；中国传统手工业生产中也同样讲究“天有时，地有气，树有美，工有巧”；而军事作战中更强调“天时、地利、人和”是获胜的保障。

“三才”理论也对中国形成独特的精耕细作的优良传统具有深刻的影响。天、地之条件，人们难以从根本上改变，那么“三才”的综合效力的提高，只有依靠充分发挥人的主观能动作用。在农业生产措施上，对土地精耕细作技术的使用（如最早的代田法），对耕作栽培技术的研究（如古代耕作大法，间种套种），对培肥地力的注重（如地力常新说），从生产、管理、资源利用等方面，奠定了中国农业精耕细作优良传统的农业技术体系。精耕细作需要将“为之者人”和“人力”极大地发挥，勤为其本。人力之勤，在传统农业生产中表现得可谓淋漓尽致。

人力之勤，不仅体现在历代农业生产对土地、耕作、水利、田间管理等方面，还明显地表现在种植制度上。就复种而言，复种技术包括间作、混作、套作、连作等形式。复种技术最早在西汉即有使用，《氾胜之书》中有瓜、薤（野蒜）、小豆间作的记载。由于人口的急剧增长，至清代，复种的种植方式大量出现。清代农学家杨山山、郑世铎在《知本提纲》中记述用“实验地”开展连种“一岁三收”而地力不减的复种法。无论一岁几收，也不论地力减与不减，其间人力大量的投入是缺不了的。

传统农业精耕细作的优良传统，在耕犁不断创新的历史实践中同样得到了充分地体现。从动力上看，由人力耕作到畜力耕作的演变，为深耕细作奠定了坚实的基础；从牵引机构上看，从木质硬套到绳索软套的演变，为提高耕作水平和耕作效率创造了良好条件；从犁具上看，从无壁犁到有壁犁的演变，为提高耕作质量提供了可靠的保证。

传统农业精耕细作技术方式产生原因很多，就其本质来看，主要是中国传统农业结构所致。农桑分作是中国农业结构的特点，从食物和衣料供给上看，中国传统农业生产方式可谓：桑粮分作，“二举二得”。反观古代欧洲，农牧结合是其农业结构的特点，畜牧业兼有衣食的双重功能；从食物和衣料供给上看，西方传统农业生产方式可谓：农牧结合，“一举两得”。曾雄生在《中西农业结构及其发展问题之比较》中述其原因：其一，耕地不足。因为农桑在大多数情况下都是以分作的形式出现的，比农牧结合需要更多的土地。农牧结合需要的土地相对少些，十八、十九世纪以前西方广泛存在的休闲制便可证明。农桑结构对土地的需求量大，使得原有的牧地都被开垦成农田。中国在殷商时期尚有大片土地可供放牧，还有专门的牧场，到唐宋时期出现了“田尽而地，地尽而山，山乡细民，必求垦佃，犹胜不稼”（《王祯农书·农器图谱集之一》）的局面，畜牧业也因此日趋萎缩。其二，劳力不足。中国农业采用精耕细作，需要大量的劳动力，农桑结合需要比农牧结合多得多的劳力，且要采用精耕细作的方式，这对劳动力的需要远远超出了理论的估计，因此就出现了劳力不足的问题。随着人口的增加，对衣食的需求也要增加，进一步加剧了耕地的不足，恶性循环的结果必然导致畜牧业和林业的进一步萎缩。其三，畜力不足。自从畜力运用于农业之后，农业对畜力的依赖与日俱增，畜力成为关系国计民生的大事。汉代有教民挽犁之说，唐代有作人耕之法，宋代有踏犁之式，明代有代耕之法，虽以马耕载，但实不多见，于是便出现了人代牛耕，以劳力代畜力的作法。其四，供给食物低效。仅从农业所要解决的食物问题而言，农桑结合的结果仅为提供植物性食物，使得肉食缺乏。西方由于畜牧业的发展，不仅提供大量的畜力，而且还可提供相当数量的肉食和乳品。中、西方人的食物结构及热量相差很大，中国只是解决温饱问题，动物性食物和衣物还非常短缺。“锄禾日当午，汗滴禾下土”，即使如此，精耕细作的农业生产方式仍不能满足日益增长的人口对食物的需求，以致出现“四海无闲田，农夫犹饿死”的局面。

徐勇先生在《农民理性的扩张：“中国奇迹”的创造主体分析》一文中称：中国农民可以说是世界上最为勤劳的群体，勤扒苦做、起早贪黑是高尚的、为人称道的行为；“休息是不符合道德要求的”，游手好闲、好吃懒做、偷懒耍滑更为农民所鄙视。毛泽东指出“中国人从来就是一个伟大的勇敢的勤劳的民族”，又说“中华民族不但以刻苦耐劳著称于世，同时又是酷爱自由、富于革命传统的民族”。韦伯也认为：“中国人的勤奋与劳动能力一直被认为无与伦比。”还有人则将中国人视为“勤劳的蚂蚁”。中华民族是一个勤劳善良的民族，中华民族的劳动精神世代传承，勤为本，俭养德，勤劳一直以来都是我们中华民族的传统美德，并且成了民族精神的象征，“勤于劳动”也成为“修齐治平”的根本道德品质。“勤”就是民生在勤，不偷懒；“劳”就是尽“人为之力”，创造更多物质财富或精神财富的活动。勤劳是民族之质，全国教育大会也提出劳动教育是扎根中国大地办教育的要求。增强文化自信，必须在全社会弘扬劳动精神，形成崇尚劳动、尊重劳动、懂得劳动的社会氛围。

赞水东蜜枣：

仲秋水东糖煮灶，刀绣百丝琥珀枣。

天道人为须在勤，二年可收十三料。

（十）宣城木榨油

宣城市宣州区自秦置县，四季分明、气候温和，适合油菜生长，现油料作物种植面积2.57万公顷，是国家级生态示范试点区、全国农产品标准化综合示范区。宣州区盛产油菜籽，且粮油生产加工业也为宣州区四大支柱产业之一。油菜属十字花科芸苔属草本油料作物，其种子球形，呈黄棕色。中国栽种、加工菜籽油的历史可溯至唐代。至明代，随着油菜开始在长江中下游地区大面积种植，加工菜籽油技艺也被引入宣州。

传统木榨榨油是宣州传统的油料制作工艺，该工艺历史悠久。木榨榨油作为一种制油方法，历代农书典籍中都有所载，早见于北魏贾思勰《齐民要术》中芥酱法所谓“捣介子”，可以说是压榨取油之法。元《王祯农书》记载的立槽楔式榨，详细记载了炒制、榨油工具，如油槽、油锤、铁制炒炕面等，配以插图，作诗附后。“巨材成榨床，细溜刻槩口。麻烂入重圈，机械应心手。取之亦多方，脂膏竟谁有？回顾室中妇，何尝润蓬首。”诗中所记的榨油工具复杂而完备。明宋应星《天工开物》提及的“南方榨”等，也说明了楔式木榨为江南传统木制榨油的主要设备。木榨工艺可谓传统油料加工主要之法，盛行至今。

宣城木榨油原料选取宣州本地籽粒饱满的“双低”油菜（低芥酸、低硫苷的优质油菜）籽，木榨榨油生产工艺主要包括车籽、炒籽、磨粉、蒸粉、结草、铺粉、圈饼、踩饼、压饼、上榨、插楔、撞榨、接油、沉淀、缸醒等16道工序，100多个流程。炒籽需要猛火烘炒，至籽有油香味，摊凉后碾轧熟籽成细粉；籽粉置于蒸笼，用沸水蒸煮至为咖啡色止；将稻草制成草结放入铁环，粉料倾入圈内，形成圆饼；粉饼放榨樘中，装上木楔，用木槌撞击，至饼内的油榨干为止；滤去杂质，成油灌瓶，以蜂胶密封。古法木榨榨油能够最大程度保留油的原香和营养，宣城木榨油色泽枣红、澄清透亮，具有菜籽油固有的气味和滋味，香味浓郁持久，口感纯正，营养成分损失少且耐贮藏。2015年

12月4日，国家批准对宣城木榨油实施地理标志产品保护。2017年，宣城市宣州区敬亭山年产木榨菜籽油、芝麻油、山茶油已达4 000余吨。

宣州现有皖南木榨油博物馆，建于养贤乡工业园区内，集工业、农业、文化、旅游于一体，是安徽省第四批省级非物质文化遗产代表性项目，曾入镜央视《舌尖上的中国》第二季。木榨油博物馆将皖南木榨油的非遗文化传承和发扬光大，已成为全国最大的木榨油生产基地，内有20座大型木榨机，"活态"传承着从"炒锅煸香""上槽碾末""稻草蒸煮"，到"包饼进榨""沉淀沥油""木槌冲压"等多项古老工艺。内存"中国木榨王"是木榨博物馆的镇馆之宝，据考，该榨的木料树龄超过1 300年。

中国传统基本消费品归纳为家庭日常"开门七件事"，即柴、米、油、盐、酱、醋、茶。其中，油的地位相当高。当代历史专栏作者郭晔旻专门撰文，考究中国何时开始以油"炒"为烹饪方法，实为有趣。夏商前，先民已经普及了煮食方法，商代之时，人们率先掌握"蒸"之烹饪方式，到了周代，中原地区的烹饪技术已经相当成熟。《国礼·天官·膳夫》里对"八珍"的记载就全面展示了当时烹调的技术和技巧。所谓"八珍"，即淳熬、淳母、炮豚、炮牂、捣珍、渍、熬和肝膋，加工方法以炮、烤、煎为主；先秦时期，人们开始以动物脂肪加工食物，并对脂肪进行了基于形态角度的分类，"凝者曰脂，释者曰膏"。"五谷"（粟、稻、麦、菽、麻）之菽（大豆）可作榨油原料，荏、油菜则是被作为蔬菜食用的。史料记载，植物油加工最早在东汉末年、魏晋时期，北魏《齐民要术》记载："荏油色绿可爱，其气香美，煮饼亚胡麻油，而胜麻子脂膏。麻子脂膏，并有腥气。"对芝麻油、荏油、大麻子油的气味和品质进行了比较。《齐民要术》也记载了用油炒鸡蛋的做法："打破，着铜铛中，搅令黄白相杂。细擘葱白，下盐米、浑豉，麻油炒之，甚香美。"书中称为"炒鸡子法"。

按照《中国居民膳食指南（2016年）》标准：每天吃25～30克食用油为健康的范围，而现在中国居民人均每天食用油摄入量约为42克，近乎超了1倍，由此可见，传统烹饪方法"好油"的传统习惯延续至今。传统中国饮食以多放油为味美，所谓"舍得油水好茶饭"；油亦珍贵，以油为准衡量物珍，所谓"贵如油"。有一则笑话，据说当年蒋介石去西安品尝小吃，老百姓私下猜测，这顿饭肯定得有2斤油泼辣子拌面，可见当时大众对饮食好坏的标准或档次的评判，主要以油为是。没有油，菜就不香，也许是味蕾上的直观感受，但其实食用油的确能增加饭菜的色、香、味。前文已述中国传统农业生产结构导致供给食物低效，农桑结构提供的仅为植物性食物，使得肉食缺乏，热量产生少。较之于淀粉、蛋白质，同单位的脂肪提供热量更多，因此，从客观的摄食效果和饥饿的主观心理来看，摄食者觉得脂肪高的食物更美味。从西方和中国各种营养的摄入比例可以看出，古代中国人摄入碳水化合物较多，同比蛋白质、脂肪的摄入量低少。

初有文字时，并无“油”字，早时称油为“膏”或“脂”。《考工记》郑玄注：“脂，牛羊属；膏，豕属。”古人之称谓荤油，牛油羊油称脂，猪油称膏。有了榨油技术，饮食生活才始有素油。素油的榨取工艺始于汉，刘熙《释名》记：“柰油，捣实和以涂缯上，燥而发之，形似油也。杏油亦如之。”柰为“花红”“沙果”，以其籽来榨油，其实产不出真正的油。早时的素油多取自“乌臼”（即乌桕），其果外包白色蜡质，榨出的油只能作蜡。时至三国，《三国志·魏志》记：“孙权至合肥新城，满宠驰往赴，募壮士数十人，折松为炬，灌以麻油，从上风放火，烧贼攻具。”这里表明的是以芝麻油作为照明燃料。晋人张华《博物志·卷四·物理》中记：“煎麻油。水气尽无烟，不复沸则还冷。可内手搅之。得水则焰起，散卒不灭。”可见，芝麻油是最早的素用食油。《汉书》记，芝麻是张骞从西域带回的，名“胡麻”。榨油技术最早见于《齐民要术》，其中记有“白胡麻”“八棱胡麻”两种品种，并注明“白者油多”。芝麻油在唐宋才成为极普遍的烹饪用素油，《梦溪笔谈》记：“如今之北方人喜用麻油煎物，不问何物，皆用油煎”。明代《天工开物》记：“凡油供馔食用者，胡麻、莱菔子（莱菔即萝卜）、黄豆、菘菜子为上，苏麻、芸台子次之；木茶子次之，苋菜子次之，大麻仁为下。”《天工开物》记当时榨油，“北京有磨法，朝鲜有舂法，以治胡麻，其余则皆从榨出也”，记榨各种菜籽油的各种方法。现代食用的植物油，多为花生油、豆油、菜籽油；其他油类，主要有玉米油、橄榄油、山茶油、棕榈油、葵花子油、芝麻油、亚麻籽油（胡麻）、米糠油、葡萄籽油、核桃油、牡丹籽油等。植物油也称“素油”，在中国的广泛食用并不为早。黄林纳在《我国主要油料作物及植物油的起源与发展史》一文中写道：到北魏之时，《齐民要术》成书的年代，植物油的生产加工变得普遍，人们对植物油的认识也进一步加深。“收（荏）子压取油，可以煮饼。（荏油色绿可爱，其气香美，煮饼亚胡麻油，而胜麻子脂膏。麻子脂膏，并有腥气。然荏油不可为泽，焦人发。研为羹臛，美于麻子远矣。又可以为烛。”《齐民要术》载：瓠羹、膏煎紫菜、薤白菜、托饭（加少量的水缓火油焖）、瓜瓠法等素食的加工多用植物油做调味品，当时植物油主要是脂麻油、麻子油和荏油。

在唐代，胡饼极为流行，胡饼中有一种胡麻饼，以油烤制时在饼上撒了一层芝麻。白居易在《寄胡麻饼与杨万州》中赞美道：“胡麻饼样学京都，面脆油香出新炉。寄与饥馋杨大使，尝看得似辅兴无？”可见，油烤制食品已经开始商品化。唐末韩鄂《四时纂要》记载的油料种类有荏油、麻油、大麻油、蔓菁子油等，并云：“此月收蔓菁子，压支年油。”所谓支年油，就是常年用的油。两宋时期，食用油已作为餐饮业重要的调味品。欧阳修《卖油翁》记述了陈尧咨射箭和卖油翁酌油的故事，卖油翁自钱孔滴油而“钱不湿”，说明了熟能生巧的道理，从其侧面，也能看出当时食用油买卖已很普遍。钱塘人吴自牧《梁梦录》中就有“油作”的记载，“油作”即专门制作食用油的作坊。北宋苏颂《图经本草》载：“（油菜）出油胜诸子，油入蔬清香，造烛甚明，点灯光亮，涂发黑润，饼饲猪以肥，上田壅苗堪茂。秦人名菜麻，言子可出油如芝麻也。”元代油菜种植较为广泛，南方地区油菜种植制也逐渐形成。《农桑辑要撮要》载：“九月种油菜，宜肥地种之，以水频浇灌，十月种则无根脚。”“十一月锄油菜，锄净，加粪壅其根，此月不培壅，来年无根脚。”至明代，油料作物种类增多，种植区域相当广泛。宋应星在《天工开物·膏液》中系统地总结了油料加工技术，对油料作物种类也有较为详细地分类，主要有胡麻、莱菔子（萝卜）、黄豆、菘菜（青菜）、苏麻、油菜、油茶、苋菜、大麻、亚麻、棉籽、蓖麻、樟树、冬青、桐15种，对每种作物的出油率及油的品质也有记载，甚至还介绍了油料加工的机械。可以说，明代油料加工技术已经趋于成熟。明末花生的引种与种植的推广，进一步丰富了油料作物的种类，光绪年间《贵县志》（贵港旧县志）记载：用花生榨油“每年不下千数万斤”。

出生于20世纪70年代前的人，对于肚子里没油水的感受，应该是有非常真切的“胃肠记忆”。以农耕为主的粮食生产方式的食物供给效率较低，同时，需投入大量的畜力和人力，一粥一饭，当念来处不易。先秦时期，一般人家一天吃两顿饭，即“两餐制”，为“饔”和“飧”，朱熹《集注》中记：“朝曰饔，夕曰飧。”只有帝王每天吃四顿饭。行至今日的“一日三餐”，有人认为始于汉代，也有考证者言之始于唐宋。至明代，土豆和玉米被引进，粮食产量有了大幅提高，人们每天的食制开始有了一日多餐，清代甚至还出现了吃“晚点”（宋代经济繁荣之时也曾有过）。

由于食物供给量偏少，兼之动物性食物不多，古代人的饭量一般都比较大。《史记·廉颇蔺相如列传》有记：“赵使者既见廉颇，廉颇为之一饭斗米，肉十斤，被甲上马，以示尚可用。”廉颇一顿饭吃掉一斗米、十斤肉，表示自己还堪大用，此即“廉颇老矣，尚能饭否”的典故。即便古人普遍食量大，但也不失饮食礼仪，需要吃出礼仪、礼法和内涵。孔子说过“席不正不坐，割不正不食”。古人用筷极为讲究，使用忌讳很多，“品箸留声”“击盏敲盅”“执箸巡城”“迷箸刨坟”“颠倒乾坤”“定海神针”“当众上香”等用筷礼仪禁忌至今尚存。

以木榨油，须木槌千击之工，更须千击之韧，方能取得极贵之油。在过去食无油水、胃中清寡的年代，人们唯有勤劳，耰而不辍，才能获得“舍得油水”的好茶饭。

赞宣城木榨油：

巨材立槽撞好油，纯白有备应心手。

木槌千击逼榨樘，粉饼生香溢宣州。

05

五、养殖类

（一）霍寿黑猪

淮猪是中国重要的地方猪种，属华北型猪种，是黄淮海黑猪的主要类群。全国畜牧总站畜禽资源处在《安徽淮猪遗传资源保护和利用现状调查报告》中指出，安徽省是淮猪分布的主要省份，历史高峰期，全省淮猪分布于近三分之一县区。安徽淮猪有皖北猪和定远猪两个类群，其中定远猪包括霍寿黑猪类群。

淮猪的肉质好、抗逆性强、耐粗饲，是我国古老的地方优良品种，晋代张华《博物志》亦有记载，距今已有2 000多年历史。淮猪体型中等偏大，被毛全黑，鬃毛较长，硬而富有弹性，冬季生有棕黄色卷曲绒毛，当地人俗称“红毛猪”，也有被毛稀疏体长者俗称“扁担猪”。戚桂成在《淮猪》中写道：淮猪眼明亮有神，耳根软，耳大下垂过颌，额部有明显菱形皱纹，嘴较长多呈筒状；背腰狭而微凹，腹大下垂。淮猪繁殖性能优，据《中国猪品种志》记载，3及3胎以上的母猪平均能产仔12.62头。2000年，淮猪被列入全国地方优良畜禽品种保护名录。

2 000多年前，淮北地区因战争破坏和水灾，当地淮猪逐渐南迁到安徽淮河两岸，经长期培育，在淮河以南逐渐形成定远猪品种。定远猪体形中等，体质健壮，头部较小，脸狭长适度，面纹较浅细，三条横纹十分明显。额与头呈流线型，耳大，耳根软下垂至嘴角，颈细长，背腰平直，臀部倾斜，胸腹较深，腹部微有下垂，全身黑毛较稀而硬。定远猪具有繁殖力高、抗逆性和抗病性强、肉质好、耐粗饲的优良特性。“桥尾”是定远县的一种特产，至今已有200多年历史。制作桥尾十分讲究，要选用当地的定远猪臀部带尾骨的一块肥瘦间半的肉盘，经过精心加工，腌制而成，其风味独特。用定远猪腌制的桥尾曾在巴拿马博览会上受到国际友人的赞誉。

霍寿黑猪是定远猪的一个类群，产于大别山东麓淮河上游支流淠河、史河流域。张伟力在《霍寿黑猪分型简介》中指出：霍寿黑猪主要有3个类型：即虎头型猪、黄瓜条型猪和油葫芦型猪。虎头型猪是当今中国地方猪种中体格最大的类群。霍寿黑猪是安徽省优良地方品种之一，养殖历史悠久，主要分布在寿县、霍邱、金寨、长丰、定远、淮南等地。该猪主要特征是体型中等，偏于肉用型，全身被毛黑色，身腰较长，嘴筒长直，鼻吻特别发达；肉质好，肌纤维细，肌间脂肪沉积能力强。

过去，安徽农家或小镇家庭往往有养猪的习惯，家庭养猪是传统“庭院经济”的主要构成部分。按照现代经济的定义，庭院经济是农民以自己的住宅院落及其周围为基地，以家庭为生产和经营单位的经济生产类型，生产经营项目繁多，模式多种多样。按照现代农业经济学来考量，庭院经济投资少，见效快，商品率高，经营灵活，适应市场变化；庭院经济集约化程度高，能合理开发农业土特产资源，继承和发展传统技艺。现代庭院经济模式，细分有庭院养殖模式，庭院生态循环模式，庭院园艺模式，加工业模式，休闲产业模式，综合发展模式等。

安徽传统庭院种养殖可谓庭院的“微经济”，其量虽“微”，但作用不可小觑。在过去，庭院种养殖能将农家庭院的“方寸地”建成维持一家生计的“保障园”。就种植业来说，屋前屋后农家菜园（包括改革开放前的“自留地”）种的蔬菜，有经历寒冬后的乌菜、大白菜、菠菜、小葱、青蒜等；至春夏时节，从香椿头开始，茄子、西红柿、土豆、水萝卜、辣椒、小白菜、空心菜、豆角、扁豆、丝瓜接踵而至，从不续断，品质好且无公害。房前屋后的空地上，也不乏各类果树，从杏开始，枇杷、李、桃、葡萄、猕猴桃、橘、赖葡萄、梨、苹果，直到冬季仍高挂在树枝上通红的柿子。田地里有菜，四季常青；树上有果，四季可供。虽然蔬菜、果木种植面积不大，对家庭来说够吃够送，也能售卖少量产品，带来了可观的经济效益，同时还美化了居住环境。就养殖业而言，屋旁有鸡舍鸭舍，房侧有猪圈鹅栏，鸡鸭鹅可食、腌，产的蛋可卖，换取针头线脑、油盐酱醋、火柴蜡烛。养猪可谓是庭院经济一年的“聚宝盆”。一般来说，一家一年养两头猪，一头用于杀年猪，供年关自家吃；另一头用于卖，换得的钱可维持日常生活开支。霍寿黑猪出栏体重可达100～115千克，猪肉皮厚，腿粗壮而精实，肉色樱桃红，肌间脂肪沉淀非常好，肉质肥中带瘦，正色正香，凝脂细肉。在改革开放前，农村经济较为困难之时，一头黑猪能够卖个好价钱，是一般家庭在新年买布做新衣、打酒买年货、准备压岁钱和开春孩子上学交书本费（那时学费好像是免费的）的主要来源。杀年猪后，往往能吃到几顿鲜肉，这也是一年中最开心的日子，所剩的鲜肉用来腌制，腊肉可以一直吃到端午节。在安徽大部分地区，都有腌腊货（鸡肉、鸭肉、猪肉、猪蹄、腊肠）的传统，吊挂在各家门前晾晒的“腊味”往往是最诱人的风景。家里来了客人，在腊肉上割下一块，切成片，或者蒸熟，或者炒菜，极为方便，也最有味道。令人难忘的是腊肉煮干饭，肉饭同香，尤其是用铁锅和柴火焖出的金黄腊肉饭锅巴，油而不腻，干而不柴，腊香干脆。大别山腹地的安庆市岳西县的“插田饭锅巴”与此类似。

赞霍寿黑猪：

猪亦有虎头，正色樱桃红。
农家聚宝盆，最忆蒸腊肉。

（二）安庆六白猪

安庆六白猪俗名“六花猪”，因其全身被毛黑色，但额部、尾端和四肢下部六处均为白色，被称为六白猪，有的地方也称“六点白”“六端白”“踏雪白”等。猪额头有白色流星状猪毛，似“乌云盖白雪”。安庆六白猪主要分布于安庆市太湖县、望江县、宿松县和怀宁县等地。太湖县是六白猪主产区，也是国家瘦肉型商品猪基地县。安庆六白猪具有繁殖性能强、肉质好、皮薄毛稀、耐粗饲和抗逆性强等特点。张海英在《安庆六白猪的保种与利用》一文中记：安庆六白猪体型中等偏小，头轻，嘴筒宽中等长，鼻面微凹，耳大下垂至嘴角，皮薄，毛稀。腹小微下垂，四肢结实，背腰平直，体形修长，后躯丰满，有效乳头七对以上。六白猪有六个类型：“长穴白”“花六白”“四点白”“两端白”“前三白”和“后三白”。六白猪猪肉又称雪花梅肉，肉色深红悦目，纹理细微清晰，小脂肪沉积与肌束浓密交织，产生红白相间的特有图案，尤如朝霞满天。其肉干爽无水、坚挺而富有弹性，以指压，痕迹恢复迅速。六白猪肉属酱肉和炖肉原料之极品，也可用作火锅鲜肉。

胡海南在《“熊猫猪”的兴微继绝之路》一文中写道，六白猪来自江西鄱阳花猪。望江、宿松、太湖等县志记载，望江、宿松、太湖居民在西汉时由江西鄱阳迁至，种猪之鄱阳花猪随移民带入。安庆六白猪由华北型黑猪同华中型花猪长期混交而成，猪种来源复杂，北部受皖北黑猪南迁安庆的影响，西部受湖北黄梅眉花猪的影响，南部受江西彭泽、鄱阳花猪的影响。六白猪具有一定的遗传多样性，是经过人们长期精心饲养管理和严格选择而育成具有“六白”特征的、耐青粗饲料的优良地方猪种。2001 年，安庆六白猪被安徽省农业委员会列入第一批“安徽省地方畜禽品种保护名录”。2006 年，被农业部确定为国家级畜禽遗传资源保护品种，安徽省仅有安庆六白猪属国家级地方猪种质资源。央视中文国际频道《走遍中国》系列片《地标物产》也报道过安庆六白猪。胡海南指出：安庆六白猪号称“熊猫猪”，足见其稀有且珍贵，主要因为安庆六白猪种群数量急剧下降。目前，安徽农垦国家级安庆六白猪保种场存栏纯种种猪不足 400 头。

过去，农民饲养六白猪，以青草粗粮为主。农民没有多余的钱买饲料，粮食更匮乏，只能到山坡上、荒地里寻找各种猪草喂猪。猪草分类有很多，在安庆地区，蒲公英、车前草、红薯叶都是最常见的猪草，其中也包括折耳根（鱼腥草）、葎草、野苋菜和水葫芦。外来猪种与六白猪杂交后，增强了猪的抵抗力，杂种猪发病率也比外来猪种发病率显著降低，六白猪又耐粗食，当地群众称“六白猪是草包猪，糠育肥”。安庆有黄梅戏，黄梅戏的代表作品有《打猪草》。1957 年 5 月《安徽省第一届戏曲观摩大会纪念刊》第 22 期中曾载：“根据宿松县吴正香同志调查，《打猪草》所反映的是一百多年前宿松陈汉沟崔家坪发生的一件因偷竹笋引起的风波。由黄梅的烧窑工人和宿松县的农民缩写成小型剧本，以后才搬上舞台。”剧中最经典的《对花调》很有地方特色。剧中，陶金花唱道：“小女子本姓陶，天天打猪草。昨天起晚了，今天要赶早。篮子拿手中，带关两扇门。不往别处走，单往猪草林。急忙走急忙行，来到猪草林。用目来观看，㨃！猪草爱坏人（指猪草长得茂盛，让人喜爱）。拔草不小心，碰断笋两根。有人来看见，当我是偷他的笋，当我偷他的笋，真正急死人。”六白猪在安庆民间戏剧中常常受到“青睐”，在经典黄梅戏《打猪草》的创新与发展中，作为地方特产的“六白猪”，也越来越成为唱词中的“主角”“名头”。当代黄梅戏《打猪草》中有唱词：“黑猪养到十月中，风味不与儿时同。排云细膘无穷玉，映日五花别样红。”“乌云盖雪六端白，好似天蓬下凡来，耳闻松涛心由静，尾扫湖水浪自开。”

饲养六白猪，农民有圈内积肥的习惯，“庄稼一枝花，全靠粪当家”，过去猪粪可是好肥料。《安徽地方志·农业志》中“肥料沿革”记载：安徽农业生产上使用有机肥料的历史悠久，在积肥、造肥、保肥和放肥等方面都积累了丰富的经验。东汉时，淮北、沿江、江南一带，施肥已成为农业生产的重要技术措施。元代《王祯农书》“粪壤篇”对肥料的种类和使用记载有：“其火粪种土同草木堆叠烧之，土热冷定用碌碡碾细用之”“为农者必储粪朽以粪之，则地力常新壮而收获不减”。当时的肥料种类有：人粪尿、踏粪（圈肥）、火粪（熏土、草木灰）、泥粪（塘泥、肥泥和人粪尿合拌）、苗粪（指用一般豆类禾谷类作物充作绿肥）、草粪（指栽培的绿肥作物）等。踏粪（圈肥）大多指猪粪，一头猪的粪便可增产 100～150 千克的粮食，安徽江淮地区有“养猪赚钱，猪粪肥田”“粮多猪多，猪多粪多，粪多粮多”之说。在过去农田用肥十分紧张的情况下，猪粪因质地较细，且含有较多的有机质和氮磷钾成分，常常用以做基肥。现今，用来捡拾猪粪、狗粪以及其他牲畜粪便的“粪箕”很难找到了，但在改革开放前，农村几乎处处可见左手提着粪箕，右手拿着粪耙的拾粪人，沿着街头巷尾到处拾粪，赚取工分。猪栏里的粪和拾来的粪倒在围厕里边，或直接交给当时生产队倒入公厕。

赞安庆六白猪：

乌云盖白雪，朝霞深红悦。

赶早打猪草，急煞长白穴。

（三）符离集烧鸡

符离集烧鸡产于宿州市北符离镇。符离镇北有离山，因盛产可治风症的药材符离草而得名。符离镇现属埇桥区，古符离属徐淮地区，老符离附近有濉河。历史上，濉河与上游的故黄河同样具有行洪之功能，因水而成的众多沼泽，致此地草木茂盛，造就了野鸡天然栖息地。当地居民捕捉离山野鸡，以食驯化，用于家养。后来离山野鸡逐步演化成符离土麻鸡。符离镇地势南低北高，其间分布60多座小山丘，十分适合动植物的生长。唐时，白居易之父白季庚任职于徐州，当时为躲避徐州战乱，白季庚把家居送至宿州符离安居，白居易的“离离原上草，一岁一枯荣”，写的便是符离。“原上草”也佐证了符离山下曾是一片大草原，其间昆虫繁多，为野鸡栖息繁衍提供了天然场所，至今符离北部山区仍有大量色彩艳丽的野鸡。当地产符离麻鸡，为烧鸡制作提供了得天独厚的原料。唐尧时代，徐州人彭祖发明了烹鸡术，《楚辞·天问》载：“彭铿斟雉帝何飨，受寿永多夫何久长？”1984年，徐州考古发掘汉墓，在楚王刘戊之墓的庖厨间，出土文物有铜鼎、盆、勺等食物容器。当地流传在庖厨间保存有楚王属县的贡奉物品符离鸡，盖有“符离丞印”的封记，如果得以考证，则符离鸡的出现至少在2 000年以前。相传，清代乾隆二十二年（1757年），乾隆皇帝第二次南巡，宿州知州张开仕进贡符离集卤鸡，乾隆帝品尝后称赞不已。朱启祥在《符离集烧鸡的来历》一文中记：符离集烧鸡制作技术形成于20世纪初，原居山东德州经营“五香扒鸡”的管在州，为避蝗灾，随外嫁独女迁居符离集，以“红曲鸡”技艺改进了符离集烧鸡的制作工艺。1915年，江苏丰县人魏广明来符离集经营烧鸡生意，借鉴管在州制作“红曲鸡”技艺，制成更具特色的符离烧鸡。之后，符离集人韩景玉在管、魏两家制作特长之上，增加了剪断鸡软骨、折断鸡肋骨两道制作工序，使符离集烧鸡造型更加美观，并在烧制卤料中辅以各类中药，将符离集烧鸡制成为色、香、味、型俱佳的名品，韩景玉也被尊为符离集烧鸡的创始人。中华人民共和国成立后，地方政府为了打造品牌，成立了符离集烧鸡联营社，将各类烧鸡之品统一定名为“符离集烧鸡”。老馋在《烧鸡难忘符离集》一文中记：符离集烧鸡制作过程中，特有秘诀，即“炸酥要用麻油”“润色要用饴糖”“增味要用十三香”，整形后的鸡要均匀地涂抹一层约20％浓度的稀饴糖浆，挂起风干半个小时，再将鸡翻炸至外皮呈金黄色即捞出，沥去油，以老卤老汤加新料包焖卤。制成的烧鸡金黄油亮、肥而不腻、芳香浓郁、酥嫩鲜美，“肉烂而连丝”“嚼骨有余香”，趁热拎起鸡腿轻轻一抖，鸡肉全部可脱落。正因如此，它能与德州扒鸡齐名，位居中华烧鸡之首。小宽在《绿皮火车时代的烧鸡》一文中描述：许多人会怀念绿皮车厢里的食物，最常被人们提及的是烧鸡。中国“四大名鸡”的沟帮子熏鸡、德州扒鸡、道口烧鸡、符离集烧鸡都与火车相关。沟帮子在辽宁锦州，位于东北沈山铁路和沟海铁路的交会处；山东德州则在京沪铁路和京杭大运河的交会点上；安徽宿州符离集也是交通要道，同样是京沪铁路的枢纽；道口则位于河南省安阳市滑县，也是东西南北两条铁路交会之地。

淮北麻鸡，当地也称符离鸡，原产地为安徽省宿州市，主要分布于宿州埇桥区、萧县、灵璧等县和淮北濉溪县。麻鸡体型较小，雏鸡羽毛似麻雀羽，鸡头顶部有深褐色绒羽带，背部有3～4条深色羽带。鸡的冠型以单冠者居多，冠直立，有6～8个冠峰，属蛋肉兼用型的小型麻鸡，是中国传统知名食品符离烧鸡原材料。淮北麻鸡体躯窄，体态匀称秀丽，羽毛丰满而紧凑。李雷在《淮北麻鸡（符离鸡）品种资源的现状与保护》一文中记：符离鸡品种在1980年宿县农业资源普查时，被认定为地方优良品种。2000年，淮北麻鸡被列入国家畜禽资源保护名录，2002年，国家家禽遗传资源管理委员会开展了畜禽资源调查，共整理了81个地方品种，淮北麻鸡被确定为优良地方品种。2004年6月，“淮北麻鸡”被编入《中国禽类遗传资源》。

淮北麻鸡除了作为符离烧鸡原材料而知名外，也是萧县皇藏峪蘑菇鸡的主要制作食材。皇藏峪因刘邦称帝前避项羽兵追捕、藏身该山而得名。《汉书·地理志》记载：“汉高祖微时常隐芒砀山间，此山有皇藏洞，汉高祖避难处。”皇藏峪蘑菇鸡由峪中野生蘑菇和麻公鸡烧制而成，烧制用三年左右公鸡，加上野生蘑菇旺火烧煮，文火慢炖，烧成的鸡肉肉丝精细、鲜美香浓。萧县鸡丝面也较为有名，该菜品由清末民初丁氏三兄弟创制，丁氏三兄弟曾为袁世凯御膳房掌勺。鸡丝面用鸡肉和鸡骨架炖煮出来的纯鸡汤为底，盖手撕鸡丝，鸡汤香浓醇厚，面条也非常筋道。宿州灵璧的“地锅鸡”也是用淮北麻鸡烧制而成。地锅鸡原本不是用厨房的锅灶烧制的。地锅鸡之名源于农家或汴河上的渔民用石头垒成简陋的灶台，放上大锅，俗称“地锅”。锅中红烧成的鸡块边贴上生面做的饼贴，焖熟即成，人们围石头灶台坐着，席地而吃，称为吃地锅鸡。地锅鸡以鸡块配蔬菜（茄子、马铃薯等），用辣椒和花椒为佐料烧制而成。地锅鸡成菜光润红亮，香气浓郁，由于汤汁较少，鸡肉味细腻，饼借菜味、菜借饼味，软滑干香，汤浓饼酥。锅边贴的生面饼，多为面粉、玉米粉加鸡蛋制成，制菜时要将面饼蘸清水按贴于锅边，用小火慢慢烘烤。除了宿州、灵璧一带有地锅鸡外，阜阳、蚌埠、徐州、凤阳也有此道菜。与生面做的贴饼类似的有淮河南岸霍邱的“喝巴馍”。“喝巴馍”也称“靠锅站”，当地也叫“贴死面馍”。其做法是，锅中清水烧开后，在锅边沿用巴掌反贴饼子，蒸熟即成。“喝巴馍”之“喝”，因蒸馍馍下有水，“巴”或指所贴之饼正好一巴掌大，且需要用巴掌反贴。因为与巴掌有关，“喝巴馍”另有延伸之义，“赏两个喝巴馍（赏两个巴掌）”为委婉的斥责、惩罚之义。“喝巴馍”紧实，吃后非常“抗饿”，在过去饮食极为清寡之时，“喝巴馍”更显得肉筋丝甜、清甜焦香。

赞符离集烧鸡：

油酥糖色肉连丝，嚼骨有味嫩鲜滋。

绿皮车来一路香，千里难舍符离集。

（四）淮南麻黄鸡

淮南麻黄鸡，亦称霍邱麻黄鸡、霍邱鸡，是一种肉蛋兼用型优质地方良种鸡，因原产于淮河以南丘陵地带而被命名“淮南麻黄鸡”。淮南麻黄鸡原产地为安徽省六安市霍邱县、金安区、裕安区和淮南市寿县等地，曾入选《国家畜禽遗传资源品种名录》。淮南麻黄鸡青嘴、青脚，单冠直立，胸深背宽，躯体呈方形，体态匀称，体型中等。麻黄鸡羽毛丰满，公鸡金红羽、尾羽墨绿色，母鸡麻黄羽。烧制而成的淮南麻黄鸡肉质紧，风味独特，肉香味厚，肉中氨基酸尤为丰富。麻黄母鸡是熬制母鸡汤的最佳品种，炖制的鸡肉口感细嫩醇厚；麻黄公鸡为烧鸡公首选品种，红烧的鸡肉肉质劲道，富含胶质。淮南麻黄鸡所产鸡蛋，个头中等均匀，蛋壳为粉红色，蛋清浓稠，蛋黄色深呈油性状，有着鲜美的土生蛋香味。耿照玉在《合作助推淮南麻黄鸡遗传资源保护和利用》一文中记：淮南麻黄鸡一度被列为安徽省濒临灭绝的家禽品种。20 世纪 80 年代开始，安徽农业大学研究团队对淮南麻黄鸡的 12 个世代进行提纯选育和杂交育种，选育出产蛋量高、遗传性稳定的高产系和生长速度快、适应性强的快速系。这项研究成果获安徽省科技进步奖三等奖。近年来，研究团队还制定了《淮南麻黄鸡保种方案》《蛋产淮南麻黄鸡鸡饲料管理技术规程》等标准，合作建设淮南麻黄鸡保种场，加大了对淮南麻黄鸡遗传资源的保护。

以淮南麻黄鸡制成的菜品，较有名气的有“怀远五岔烧全鸡”“金寨板栗烧鸡”“寿县粉皮烧鸡”“红烧淮滩土公鸡”。寿县还有一道非常特殊的土菜，用麻黄鸡制作的“鸡海”。“鸡海”有上百年的历史，由于会制此菜者已非常少，在正阳关老街、隐贤古街方能寻到此道美味。“鸡海”实为两种鸡汤锅子，属一鸡两吃，一是用鸡骨头搭配蔬菜做成鸡汤锅，二是鸡肉搭配芙蓉蛋做成鸡肉火锅，这两道菜合并在一起就是“鸡海”。“鸡海”的制作食材是 3 年以上土养麻黄母鸡，加工时要用刀将鸡肉与骨头分离，再用刀捶打鸡肉，使之变软。鸡肉和鸡骨腌制好，以小火慢炖 3 个小时，再用鸡肉与鸡骨做汤。搭配在鸡肉里的芙蓉蛋是“鸡海”的最大特色，芙蓉蛋的制法非常独特，先用筷子把纯蛋清不停地搅拌，直到蛋清打散起泡沫，待筷子能在泡沫中“直立”不倒为准；再用拌有葱姜佐料的肉馅包裹在打好的蛋清里，在三到四成热的油中进行炸制即成。芙蓉蛋似泡芙的口感，极为软糯。

在农村家庭，饲养麻黄母鸡主要用于产蛋，母鸡平均年产蛋120～180枚，且蛋大、壳厚、色红。霍邱麻黄鸡禽蛋产量曾居全国第二，“鸡蛋炒小辣椒”“腊肉黄鳝笨鸡蛋”都是当地名菜。麻黄鸡公鸡肉质筋道，红烧鸡菜肴中，怀远“五岔烧全鸡”较有名气，此菜相传是以“大禹烧全鸡”方法烹制而成。相传涂山会盟，确立了大禹为天下共主，大禹在涂山大宴诸侯时，烧全鸡即是主菜。大禹受舜帝之命到怀远涂山治理淮河洪水，劈山疏导，涂山氏国接纳了大禹入赘为婿，并令按十全十美之说捉十只红冠公鸡交给司厨，除毛、苦胆及污物外，其他全部入菜，谓之全鸡（吉），至今涂山仍有“大禹烧全鸡”这道地方名菜。烧全鸡之特在于鸡的心、肝、肫、血、头、爪、肠等全部入菜，辅以生姜、葱段、大蒜、辣椒，加上八角、胡椒、花椒、桂皮、陈皮等十味中药材，经多道工序，用文、武火烧制而成。烧全鸡入口浓香，热烫鲜嫩，鸡肉红亮，油滴诱人，肉质紧嫩，极为香美。当代，最为有名的以淮南麻黄鸡为料的菜品当数“肥西老母鸡汤”。烹制肥西老母鸡汤，不需要加入任何辅助材料，母鸡经老火炖烂，鸡汤清亮透黄，愈久弥香。史载近代台湾省第一任巡抚刘铭传（肥西大潜山麓刘老圩人），对家乡的这道美味也甚是推崇。现今，“肥西老母鸡汤”已成国内快餐业著名品牌，2012年，品牌升级为“老乡鸡”，先后获得“中国驰名商标”“国家地理标志”“中华餐饮名店”“中华名吃”“绿色产品”“中国优秀快餐品牌”等荣誉称号，“老乡鸡”荣登2018年度中国快餐企业70强中式快餐第一品牌。

鸡是十二生肖中唯一的家禽，被列为六畜、六牲之一，民俗和文化中对鸡素有所爱，如成语闻鸡起舞、金鸡独立、鸡鸣馌耕、鸡犬桑麻等。汉代韩婴所著的《韩诗外传》认为“鸡有五德，首带冠，文也；足搏距，武也；敌前敢斗，勇也；见食相呼，仁也；守夜不失，信也”。鸡又与“吉”谐音，是吉祥的象征，在民俗文化中，鸡还有驱毒辟邪的含意。霍邱城西湖、城东湖一带渔民，每年农历正月初一、正月十五两日，都要用两个大火把（麻秸扎的）从船头照到船艄，叫“照船”，意为驱逐邪秽；同时，要举行祭湖仪式，船上摆上猪头、猪蹄等供品，宰一只金红羽大公鸡，将鸡血洒在靠船的淌浪板上，再往下滴到河水里，谓之“大吉满湖红”。农历正月初五日为“五风头”，“风头”是渔户开网捕鱼好坏的预兆，也是决定一年渔业生产丰歉的日子。这天风好，即为大吉大利，风头不好，谓之不吉。

中国待客菜肴须有“鸡鸭鱼肉”，为何饮食序列中鸡为第一位？一是鸡在中国最早被驯化并饲养。陕西西安半坡遗址、浙江河姆渡遗址、河南新郑裴李岗、山东滕县北辛等遗址，都先后出土了鸡骨骼。先民驯化原鸡最初是用来司晨报晓，故因稽（计）时而得名，雅称“司晨”。二是养鸡非常广泛。过去农村几乎家家户户都养鸡，就连城里有简陋条件的住户也非常热衷养鸡。大到婚丧嫁娶的宴席上，小到一个鸡蛋，都离不开鸡。三是鸡作为食材易于烧制又好搭配。炖、炒、烧、烤、炸、卤、蒸……都能做出美味鸡，民间有“无鸡不成宴”的说法。烧制鸡肉也易于搭配，栗子、菜心、菜花、魔芋、洋葱皆可。四是鸡肉价格实惠，又具丰富的营养。鸡肉有温中益气、补虚填精等作用。

赞淮南麻黄鸡：

青嘴青脚金黄羽，淮滩大禹烧全鸡。

隐贤不闲揞蛋清，蓼西满湖兆大吉。

（五）皖西大白鹅

皖西白鹅主要分布在皖西的霍邱、寿县、六安、肥西、长丰以及河南的固始等地。六安市境内，淠史杭灌区纵横其间，湖泊、池塘星罗棋布，为白鹅生长提供了良好的自然条件。郝玉凯在《我国鹅品种简介》中写道，皖西白鹅是当地经过长期选育而形成的白鹅优良品种，明代嘉靖年间（1522—1566 年）就有白鹅的文字记载。皖西白鹅全身羽毛洁白、细致紧凑，具有早期生长快、觅食力强、以草为主，耐粗饲、耗料少，肉质好，羽绒品质优良等特点。皖西白鹅个头大，羽毛白、适应性强、肉质嫩、味香美，因一直是贡品，故有“贡鹅”之称。皖西白鹅以草食为主，产绒量高，鹅绒朵大而洁白，富有弹性，蓬松度好，鹅绒质量居全国之冠。皖西鹅鸭交易专门市场，也有几百年的历史。肥西县（原属六安地区）的高刘镇白鹅交易市场，因鹅及鹅绒质量好，产量大，在安徽江淮地区白鹅交易中曾占有重要地位。随着羽绒制品的快速发展，市场对鹅鸭羽绒需求也越来越多，不少集镇形成鹅鸭羽绒的专业市场，如六安北部固镇的专业羽绒市场。鹅鸭羽绒交易的兴旺也促进了鹅、鸭养殖业的发展，该镇饲养的鹅、鸭已达 30 余万只。2016 年，皖西白鹅品种被列为安徽省省级畜禽遗传资源保护品种。据宋代苏轼《东坡志林》记述，鹅有三职：替盗、却蛇、祈雨。“养鸡报晓，养鹅防盗”，六安地区有养鹅的习惯和经验，养殖白鹅一为增加收入，二为防盗。皖西大白鹅个大体高，叫声洪亮，可为农户看门守院，对陌生人常追啄不放。

农家养鹅不仅为了售卖鲜鹅，还为年关制作“腊鹅”。皖西腊鹅，以霍邱、寿县、六安所产的最为著名。腌制腊鹅比较简单，入冬后将宰杀的鹅，从背上用厚刀砸剖开，用大粒盐在鹅身和掏空的鹅肚内反复搓揉，肉厚处多擦，再用筷子在鹅身穿几个眼；将鹅装入木盆中加盖，腌2天左右，取出，在太阳下挂晒1～2天，晒时用小竹棍将鹅腔撑开；水分晾干后，收于自然通风好的屋檐下接连数日晾晒，待鹅尾部滴油时，腊鹅即制好。蒸熟的腊鹅肉紧实有嚼劲、咸香诱人，腌制的鹅肠、鹅爪和鹅胗（肫）味道更佳。在皖西地区，腌制咸货是过年不可或缺的备菜。腊鹅的咸香，区别于其他地方鹅烧制的卤味、烧味，其味尤其独特。皖西大白鹅鹅绒朵大，弹性好，保暖性能强，蓬松度高，一只鹅每年能拔300～500克鹅绒。过去，条件较好的农家有很多自制的鹅绒制品，用开水烫洗过的鹅绒，晾晒后，可制成鹅绒鞋垫、手套、棉鞋及背心，鹅绒制品非常珍贵，拥有者也非常令人羡慕。传说清代状元孙家鼐从家乡寿州进京赶考前，其母特意为他赶制了鹅绒背心，并烀熟一只腊鹅给他带着路上吃。孙家鼐中状元后，寿县百姓称用皖西白鹅腌制的腊鹅为“状元腊鹅”。与之相似的有贵州“状元蹄”，清末青岩人赵以炯赴京赶考，携其母卤制的猪脚路上吃，之后，赵以炯金榜题名，高中状元。看来，“母亲的味道”的确强大，于儿女以安慰、以亲蔼，更于激励。赵以炯是在光绪十二年（1886年）中的状元，非常难得的是，赵以炯为云贵两省自科举以来“以状元及第而夺魁天下”的第一人。“状元腊鹅”“状元蹄”皆因状元而名，只不过孙家鼐是光绪帝师，赵以炯为光绪笔点。孙家鼐是清咸丰九年（1859年）的状元，与翁同龢同为光绪帝师，为京师大学堂（今北京大学）首任管理学务大臣。

长丰县吴山镇产“吴山贡鹅”，以皖西大白鹅为料制成，属于徽菜系，因其产自合肥吴山镇而得名。吴山镇位于长丰、肥西、寿县三县的结合部，饲养皖西白鹅历史也非常悠久。在1965年未设长丰县前，吴山属寿县，过去长丰县境内大部分地区属寿州长丰乡。吴山贡鹅色泽清爽，香气浓郁，味美醇厚。此菜源于唐僖宗乾符年间，唐末五代十国期间，合肥人杨行密攻庐州（今合肥）、战广陵、克淮南、伐江夏，占有淮河以南、长江以东的三十余州地盘，创吴国，称吴王。家乡百姓以卤鹅进贡吴王，遂有吴山贡鹅。《合肥县志》记载：杨行密葬于吴山，墓基如山，其女儿百花公主为护陵守孝，在墓北建庵。故后人以吴国为号，吴王之墓为山，公主庵为庙，起地名为吴山庙。吴山贡鹅的售卖以鹅头、鹅掌、鹅膀、鹅肉、鹅血、鹅肠、鹅肝、鹅胗八件为主；贡鹅有多种吃法，最常用的吃法有“三大件”（鹅头、鹅爪、鹅翅膀）、“五小件”（鹅心、鹅肝、鹅舌、鹅肠、鹅肫），均需配上辣糊汤、锅巴鹅汤、鹅血煲等。

与皖西白鹅产地、体型、体重及生物学特征基本相同的雁鹅也是皖西历史养殖鹅品种，属雁鹅系灰色鹅品种，产于安徽省霍邱、寿县、六安等地。雁鹅耐粗饲、抗病力强，体形较大，羽毛灰色，鹅背有一条明显的褐色条纹，腹部灰白色。雁鹅头部圆而略方，上嘴基部的肉瘤为黑色，质地较柔软，呈桃形向上突出。雁鹅喙黑色，足呈橙黄色，爪黑色，颈细长有喉袋，体背灰褐，各羽缘白色。成年的雄雁鹅体重有5.5～6千克，雌鹅也有4.7～5.2千克。雁鹅的肉用性能较好，且肉质肥嫩，成年的雁鹅常被腌制成腊鹅。腊制的雁鹅，肉色紫里透红，煮熟后油香四溢。与白鹅相似，雁鹅毛、雁鹅绒也是用于做羽绒制品的优质毛、绒原料。

赞皖西大白鹅：

羽身被白红峨冠，防盗不输丕保安。

腊鹅勠力中状元，吴王也爱五小件。

（六）巢湖麻鸭

巢湖麻鸭，俗称“麻鸭”，是一种具有地方特色的优质中型、蛋肉兼用型鸭种。巢湖麻鸭适应性强，行动敏捷，善于潜水，觅食性强，适宜放牧，凡湖泊、河流、塘口等有放牧条件的地方均可饲养。巢湖麻鸭体型匀称紧凑，头中等大小，颈细长，体稍长；公鸭“绿头粉裆”，母鸭“浅麻细花”，羽毛以黑灰杂白为主，富有光泽，趾蹼橘黄色，爪泛黑色。巢湖麻鸭平均年产蛋量为180～200个，平均蛋重为70～75克。徐文明在《巢湖麻鸭的现状及开发建议》中记：巢湖麻鸭肌体皮薄骨细，肉嫩味美，且脂肪适中，具有觅食力强、耐寒力强，产蛋较多，皮薄、肉嫩、骨细、味鲜的特点。

巢湖麻鸭原产巢湖周围的庐江县、无为市、居巢区，主要分布于沿湖、沿河圩区的乡镇，周边的肥东县、肥西县、含山县、和县、舒城县等地，巢湖麻鸭也有广泛分布。明嘉靖四十二年（1562年）的《庐江志·货殖篇》中就已经把鸭列为家禽之首。巢湖麻鸭作为我国优良的地方家禽品种，已被列入《中国家禽品种志》。巢湖麻鸭也是安徽省重点保护的当家地方品种。2016年，巢湖麻鸭被列入安徽省省级畜禽遗传资源保护品种。何基保在《巢湖鸭资源调查与思考》中指出：巢湖麻鸭具有皮薄、骨细、肉嫩、味美的特点，体质健壮，前躯中等宽深，后躯发育良好，两腿结实有力，行动敏捷，羽毛紧密而具有光泽，抗逆性和觅食性强，适于放牧，产蛋较多。久负盛名的“南京板鸭”“无为板鸭”“庐州烤鸭”及“庐江柳风板鸭”均以巢湖麻鸭为主要鸭源。

巢湖流域有水稻田养巢湖麻鸭的习惯，稻田养麻鸭，可以鸭除虫、除草，也可利用鸭粪增肥，产出无公害、无农药残留的安全优质大米。庐江县有“稻鸭共生”绿色农业生产技术，该技术是利用巢湖麻鸭觅食力强的特性，为水稻除虫、除草；同时，水稻田则为鸭提供丰富的动、植物食物。皖江地区稻田养鸭除虫技术始于明代。明万历年间，福建有庠生陈经纶，其父陈振龙是中国历史上最早引种甘薯者。陈经纶继承父志，很重视农业科技的发明和推广，明万历二十五年（1597年），陈经纶在教人种薯的过程中，观察“时蝗复起，遍嚼薯叶，后见飞鸟数十下而啄之，视之则鹭鸟也”，便想到了养鸭除蝗的办法。他在鹭鸟食蝗虫的启示下，发明了饲鸭治蝗之法，并写成《治蝗笔记》（1597年，后收入《治蝗传习录》）。养鸭治蝗在当时并未推广，真正用于生产，则是清乾隆三十八年（1773年）的事。当时陈经纶的五世孙陈九振在芜湖做官，到任后，适逢蝗灾，他便用这种家传祖法捕蝗，随即见效，终于一举扑灭了蝗害。陈九振因此升了官，当上了含山（安徽含山县）知县，其他州县亦仿效，之后蝗遂不为灾。

在老合肥人的眼里，庐州烤鸭一点儿不输北京烤鸭。过去，庐州烤鸭以南京湖鸭为主要加工鸭源，属宫廷御膳鸭品。至明代，烤鸭技艺流至民间，庐州烤鸭采用炭火烘烤，鸭味酥香，肥而不腻，香气浓郁，皮酥肉嫩。现在，庐州烤鸭主要用巢湖麻鸭来烤制。庐州烤鸭店曾被中国烹饪协会授予“中华餐饮名店”。说到庐州烤鸭店，就不得不提到鸭油烧饼。鸭油烧饼似千层饼，面里以葱花、鸭油相和，然后烤制。烧饼焦黄透酥，鸭油的鲜美混合着芝麻香，非常美味。

巢湖麻鸭也是无为板鸭的加工鸭源，无为板鸭又称“无为熏鸭”，产于无为市，已有200多年的制作历史。板鸭色泽金黄油亮，皮脂厚润，肉质鲜嫩，醇香味美，回味隽永。陈蕾在《无为板鸭文化研究》一文中述：无为板鸭的制作选取无为麻鸭为原料，配以肉桂、八角、花椒、丁香、小茴香等三十多种中草药，再加其他调料。加工程序为宰杀、盐腌、去污、熏烤、卤熟、刷油等，卤制过程使用“百年老汤”，加工工艺考究。目前，无为全县有1 000多户加工板鸭，4万多人在全国各地从事板鸭加工销售，无为城区数百家餐馆大多将板鸭作为一道必不可少的特色菜。当地居民家里来客，以购买板鸭为敬客。只要来客，就买板鸭，约定俗成，城乡一致。板鸭待客，主人觉得尊重客人，客人更感受到礼遇，心与心的距离自然拉近。走亲访友以板鸭为重要礼品，《无为县志》记载，在清道光年间板鸭就已闻名，“民俗婚筵多用鹅，后改为鸭”。至今，男女订婚后，男方在结婚前，逢年过节，要去女方以及女方的亲戚家送礼送板鸭。至今，此风俗依旧不变，当地称之“超节”。

与巢湖麻鸭能够媲美的安徽鸭品种是淮南麻鸭。淮南麻鸭产于河南信阳市，安徽六安、阜阳沿淮等地，其体色以黑、灰为主，故命其名为麻鸭。成年淮南麻鸭全身褐麻色，胫、蹼黄红色，喙青黄色。成年公鸭黑头，白颈圈，颈上部为黑色发绿光，翅尾部有少量黑色，胸腹部多为白色。成年母鸭全身褐麻色，眼上有1条黄或白眉，喙青黄色，胸腹色略浅，趾、胫、蹼为黄红色。母鸭产蛋年均130枚，平均蛋重为61克，蛋壳青色。

淮南麻鸭易饲养，适宜沟、塘、湖、堰放养，耐粗饲、抗病强、生长快、产蛋高、肉质鲜嫩、绒毛细软。安徽沿淮一带，饲养淮南麻鸭的农户比较多。淮南麻鸭除了用以菜食，也用于产蛋。腌咸鸭蛋是安徽人普遍的习惯，端午节吃粽子也少不了鸭蛋，把鸭蛋和粽子放在锅里一块儿煮，煮熟的鸭蛋更好吃。沿淮地区，每逢端午，门前插艾，制香荷包，早食粽子、鸭蛋，此民俗仍沿袭至今。香荷包以寿县最为有名，寿县香荷包以寿州香草为主要香料，寿州香草又称“离香草”。据最新考证，香草为白花草木樨，草茎圆且中空，叶对生，花柄长。香草的栽培，一般在每年九月下种，翌年四月收割。香草成熟后，经收、烫、窖、晒，制成干香草，剪草可制荷包、香囊，剪碎的香草如米粒大小，其味极香。历史上，香草主要用于端午节缝制香包，将剪碎的干香草塞入造型各异的香荷包中，缝好，即可制成香荷包。香包散发的香味能祛臭、驱虫、避汗气。寿县民俗有寿州香草具“进门香”之功能，有辟邪、镇宅之用；具“凝神香”之功能，有安神、助眠之效；具“护身香”之功能，有防病害、驱百害之用。寿州香草主要产于安徽寿州等地，是中国的特有植物。过去，只有生长在寿县城内报恩寺东田地里的香草才具香味，换易其他地方则无香味。据说，赵匡胤率军攻打南唐寿州时，战马跑至报恩寺东草地吃草，久久不愿意走，牵亦不离。赵匡胤遂闻此草，其味芳香，遂称之为香草，以此得名。当地又有传说，唐朝玄奘法师来到东禅寺，传授佛法，晚坐禅时闻一股淡淡清香，知是佛祖经书之味，立即朝西跪拜，次日清晨来到后院，见一片青草散发出幽幽的清香，既得寿州香草。

沿淮地区人家吃咸鸭蛋离不开“鏊子馍”，“一个鏊子馍抵仨菜”。“鏊子”之名源于鏊子锅，鏊子锅是一种向上凸起的铁制圆形炉，类似山东煎饼鏊子，可以烙制薄饼。“鏊子馍”以“死面”（未发酵的面）为料，煎成后，似北方的烙馍。“鏊子馍”软而薄，吃的时候要卷上咸鸭蛋、青椒蒜泥等，佐以腌雪里蕻（也称雪里红）及稀饭，是“鏊子馍”经典的吃法。一个咸鸭蛋一般三刀四瓣，人口多的家户则五刀六瓣，青椒蒜泥需用“碓窑子”捣碎而成。

安徽还有一种奇特的养殖鸭品种——媒鸭。媒鸭与家鸭相似，个头较小，嘴短尾长，脚小掌红，羽毛多光泽，雄野鸭头部有亮绿的毛，两翼有蓝色斑点，属肉用中型鸭品种。目前，媒鸭已形成一个地方家禽品种。媒鸭在安徽有多地养殖，如五河县沱湖媒鸭、郎溪县南漪湖媒鸭及枞阳媒鸭。枞阳媒鸭为代表性的媒鸭品种。窦祖淮等人在《驯养的野鸭——媒鸭》一文中写道：枞阳地处长江下游北岸，境内湖泊、河流纵横，有陈瑶湖、白荡湖、菜子湖等大型湖泊，过去都是野鸭冬季栖息之地。枞阳县官埠桥镇、枞阳镇、会宫乡、老洲镇等地沿湖、沿河的渔民，有张网捕野鸭的习惯和传统，早在明清时期就开始驯养野鸭。媒鸭，当地称之“间谍鸭”，每年霜降前后，渔户在水面拴上驯化后的媒鸭，用鱼网布下“美丽的陷阱”，来捕捉野鸭。媒鸭是有做“间谍”资本的，就其外形来看，母鸭全身长着麻褐色的羽毛，公鸭都是绿头，脖子上都带着白色的项圈，这些特征都类似野鸭。从声音来听，媒鸭和野鸭叫声极为相似。当然，野鸭也可能已厌倦了越冬长途的劳累，就此投入媒鸭的“温柔”之乡。通过利用驯养的野鸭为“美鸭计”诱饵吸引越冬野鸭，使野鸭种群逐代扩大，形成了媒鸭独特的家禽资源，这也成为“媒鸭”名字的由来。媒鸭养殖的品种大多是经越冬野鸭与当地家鸭杂交而产生的独特品种，枞阳媒鸭逐渐成为当地农户养殖的鸭品种。枞阳媒鸭外貌形态酷似野鸭，头圆形，颈细长，鸭头与颈部有较短的绿色闪羽，媒鸭飞翔能力不及野鸭，但比家鸭善飞。枞阳媒鸭可野外放牧，耐粗饲，觅食力、抗病力强。公媒鸭体型较大，体重1.25～1.5千克，母媒鸭体重1～1.25千克。母媒鸭年产蛋为100～120枚，蛋壳呈青绿色。2018年，枞阳媒鸭被认定为地理标志保护产品，并被列入《安徽省省级畜禽遗传资源保护名录》。

赞巢湖麻鸭：

浅麻细花觅食忙，绿头除蝗着粉裆。

庐江柳风暖金陵，媒鸭陈瑶不思乡。

（七）淮王鱼

淮王鱼亦称肥王鱼、鮰鳇鱼，学名长吻鮠，属天然野生鱼类，为鲿科鮠属。淮王鱼是淮水的特有珍稀物种，为珍稀食用鱼类、国家二级保护动物，有“水中活化石”之美誉。“淮河八百里，横贯豫皖苏。欲得肥王鱼，唯有硖山口。”淮王鱼主要生长于寿县正阳关至凤台县黑龙潭河段，常以流水湍急处石头之间为栖生之处。淮王鱼鱼体光滑无鳞，形似鲶鱼，呈鲜黄色或粉红色（特别缺氧的状态下），随水温变化鱼体色，可呈淡灰、青白、粉红三色交替。据《寿州志》记载：西汉淮南王刘安谓淮王鱼为“回黄”，常以此鱼宴请宾客。淮南王喜食“回黄”，世间遂皆称之“淮王鱼”。清代《凤台县志》记：“又有青金鱼，形类鲶，极鲜美，产黑石潭石穴中，亦他所所无也。鳇（注：即仿之所谓“淝王鱼”，形如鲶鱼，更像小鲨，淮南地区鱼中上品）鱼不恒有，间有之，其岁有水，土人以为候。”《淮河硖石文化》写道：古代典籍记载，淮河中有一种鱼长相怪异，背部青灰，肚皮黄白，身上无鳞，嘴在颔下，这就是今天所说的淮王鱼。李时珍《本草纲目》记：“鳠即今之鮰鱼，似鲇而口在颔下，尾有歧，南人方音转为鮠也。”硕青在《凤台的淮王鱼》一文中记：“淮王鱼背部灰黑色，腹部粉白色带微红，有鼻须一对，短小，上颚口角须一对；下颚口须二对。鱼口开于腹面，口唇厚，齿如磨石，为肉食性鱼类。喜食小虾、小鱼、泥鳅、丝子虫、小螺，谷雨前后产卵。”淮王鱼肉细腻，肉多刺少，脂肪甚多，味道鲜美。淮王鱼有“淮上筵席之珍”的美誉，其鱼汤如奶汁，“奶汁淮王鱼”入列《中国菜谱》。20世纪末以来，由于淮河水质污染和过度捕捞，淮王鱼的数量已经大幅减少，濒于绝迹。

“淝王鱼”出自鱼肉多而细嫩，“淮王鱼”出自淮南王喜食之典故。淮王鱼之所以称为淝王鱼，还得因于“淮”和“淝”在当地的发音相似。“淝”字在淮南、凤寿、颍上、霍邱等地发音为“huí”，与“淮”字发音类似。淝河在安徽境内有四条，一是东淝河，古名东淝水，发源于合肥市肥西县大潜山北麓椿树岗，汇流至淮南市寿县保义镇开荒集白洋店，入瓦埠湖，经寿县城关北门港，过五里闸，在后赵台村入淮河。东淝河末段流经八公山南段，是秦晋淝水之战地。二是南淝河，古称施水，发源于合肥市西北部江淮分水岭东南侧，跨红石桥，经鸡鸣山，向东南流入董铺水库，穿合肥城区，于肥东施口注入巢湖。先秦时期，在南淝河上游江淮分水岭处开凿有人工运河，运河沟通长江流域的南淝河和淮河流域的东淝河。东淝河与南淝河在合肥市内汇合，也是合肥之名的来源——“合淝”。三是西淝河，古名夏淝水，发源于河南省鹿邑县，流经安徽亳州市、太和、涡阳、利辛、颍上、凤台等县市，于凤台县西峡口（硖山口）注入淮河。四是北淝河，古称夏水、泓水、陂水、北淝水、北淮水，源出河南省商丘市，流经安徽亳州、涡阳、蒙城、濉溪（是濉溪与怀远界河）、怀远、五河等县境，于沫河口注入淮河。安徽人常说：“走千走万，不如淮河两岸。”诗经《小雅·鼓钟》曰：“鼓钟将将，淮水汤汤，忧心且伤。淑人君子，怀允不忘。”沿淮百姓“喝的是淮河水，吃的是淮王鱼，玩的是“花鼓灯”，唱的是“倒七戏”。”沿淮河各地，拥有得天独厚的自然资源，物产丰富，有山有水，更有独特鱼种。

淮王鱼仅产于淮河中游凤台硖山口，硖山口为千里淮河第一峡，上游淮水受硖山口峭石阻挡，迂回冲刷而下，水流湍急，淮王鱼就生活在这里。硖山口，古称“长淮津要”，位于凤台县城西南刘集乡山口村。淮水东流在此受八公山阻挡，折回倒流，将硖石劈为两半，淮水西流数十里。东西硖石高有十余丈，夹淮相峙，西硖石顶有清代建的四角凉亭，名为“慰农亭”，亭两旁的石柱上刻着一幅清光绪年间凤台知县颜海飏手书的对联：“选胜值公余，看淮水安澜，硖山拱秀；系怀在民隐，愿春耕恒足，秋稼丰登”。硖山口传说始于大禹治水时开凿的山峡，古时西硖建有禹王庙。淮水出硖山口恢复东向，流经的峡口还有怀远荆、涂两山之间的断梅谷和嘉山（今安徽明光市）浮山峡。硖山口是淮河三峡中最窄的一峡，平均宽300～400米，最狭处仅100多米，两岸危岩对峙，峭壁如削。相传硖石山原是一座整体，因淮水被其阻塞，泛滥成灾，后被大禹用神鞭劈开，于是分成东西两座山。硖山口有“硖石晴岚”景色，北宋隐逸诗人林逋曾赋有《游硖石寺》，曰：“长淮如练楚山青，禹凿招提甲画屏。数崦林萝攒野色，一崖楼阁贮天形。灯惊独鸟回晴坞，钟送遥帆落晚汀。不会剃头无事者，几人能老此禅扃。”清代李玉书《淮上泛舟经硖石》诗云：“禹凿当年迹尚留，中间一线泄淮流。石豹虎蹲山街寺，硖石风雷浪簸舟。峭壁如门惊水立，平湖似镜任天浮。推蓬指点峰高处，两岸藤花挂晚秋。”值得一提的是，乾隆元年（1736 年）李玉书曾对《元亨疗马集》进行了修编。《元亨疗马集》是明代六安州西河口乡人喻本元、喻本亨兄弟所著，是一部总结性的兽医经典。《元亨疗马集》对家畜生理、病理、诊断、病症、治疗及预防均有较为全面的论述，尤其是其中总结的“治未病”原则，强调以一年四季气候之变化，相应地进行饲养管理和使役，才能让牲畜不染病。由于全面而通俗，《元亨疗马集》流行极为广泛。明、清两代不断对疗马集翻刊，李玉书对原书做了删补和改编，把《元亨疗马集》四卷改为《马经大全》六卷，把《元亨疗牛集》二卷改为《图像水黄牛经大全》二卷，加上《驼经》一卷，一起付刻，题名为《牛马驼经大全集》。

梁实秋先生在《雅舍谈吃》一书中有篇《两做鱼》，写道：“全国各地皆有鱼产，松花江的白鱼、津沽的银鱼、近海的石首鱼（即黄花鱼）、松江之鲈、长江之鲥、江淮之鮰、远洋之鲳……无不佳美，难分轩轾。”淮王鱼清蒸、白煮、红烧、片炒皆可，尤其是清蒸做汤的“奶汁淮王鱼”味道更佳。这种菜品的做法，关键是要用少量猪油煎鱼，加入佐料后，旺火烧沸，后须文火煨，待汤色为乳白色时，加豆腐块、火腿片、冬菇片入汤，烧沸，加盐、胡椒粉少许，放入青菜心烧沸即成。烧制奶汁淝王鱼，需热油、热汤，经大火白煮而成，汤汁浓白似奶，鲜如鸡汤，鱼肉嫩似豆腐，风味独特。

赞淮王鱼：

长淮如练楚山苍，硖山石穴有淝王。

晴岚湖镜任天浮，奶汁不输佛跳墙。

（八）秋浦花鳜

秋浦花鳜，属鲈形目鮨科鳜鱼属，属长江水系翘嘴鳜鱼，又名桂花鱼，产于池州市贵池区、石台县秋浦河。至今，东至县洋湖镇（原属贵池）有“鳜鱼岔”。秋浦花鳜为淡水鱼类，体侧扁，尾鳍呈扇形，口大鳞细，体表青黄色，有黑色斑点，徽菜“臭鳜鱼”就是以贵池鳜鱼为主料烧制而成的。花鳜肉质特别清新细腻，肉质成薄片状，无肌间刺，味道鲜美可口，营养丰富，富含人体必需的氨基酸。近年来，当地政府联合安徽农业大学开展“秋浦花鳜”养殖技术合作，推进花鳜纯天然养殖和标准化养殖。目前，贵池养殖品种主要有翘嘴鳜、秋浦斑鳜和秋浦杂交斑鳜。池州传统的鳜鱼有三种：花鳜、泥鳜和石鳜。泥鳜腹部脂肪多，石鳜腹部精瘦，花鳜较为适中。

唐代诗人李白曾五次游览秋浦河，赏水品鱼，留下了很多传世诗句。《秋浦歌十七首》曰：“水如一匹练，此地即平天。耐可乘明月，看花上酒船。”宋代杨万里，泊舟池口，品尝秋浦河鳜鱼后，留下“一双白锦跳银刀，玉质黑章大于掌”的千古佳句。古时“池州十景”有“鱼贵口归帆”，鱼贵口即今天贵池池口，“鱼贵”二字古时是一个字，也许古字“鱼贵”就是“秋浦花鳜”的“鳜”字。徽州人吃鳜鱼都要从贵池等沿江地区靠挑夫运进，往返一趟要一个多星期。当时没有保鲜设备，鱼商让挑夫们星夜兼程沿古徽道赶往池州购得鳜鱼，肩挑马驮将秋浦花鳜沿徽池古道挑往徽州贩卖。由于路途较远，鱼必须用盐“码”以防腐坏，再将干荷叶弄潮，把鱼一层一层包裹住保湿，花鳜臭而不腐。中国民间有“臭”味系列美食，如臭豆腐、臭腐乳、臭咸菜、臭苋菜梗、臭咸鸭蛋、臭皮蛋、臭鳜鱼等，其臭味分腐臭、霉臭、酵臭等类型，臭鳜鱼的臭味应属轻度发酵的酵臭味。闻鱼有臭味，观鱼体却没有腐烂，仍具大部分的新鲜度，具备可加工的食材条件。大多臭鳜鱼只限于红烧，红烧臭鳜鱼成菜特点是：鲜嫩微辣、肉质酥嫩、鲜香入骨，夹取食用时，鱼肉自然展开成“百页状”或“蒜瓣状”，吃起来齿间留香。

贩鳜鱼的徽池古道主要有大洪岭古道、石门岭古道及榉根关古道。大洪岭古道南起祁门县大坦乡大洪村，跨越大洪岭，可至祁门县安凌镇雷湖村。大洪岭古为祁门、黟县、石台县界，亦为三方分水岭，雨水往北经石台入秋浦河，往南过阊江入鄱阳湖，往东南入青弋江，三者都汇入长江。在祁门，臭鳜鱼叫作“桶鱼”，古时祁门人将茶叶、毛竹、木炭等山货通过大洪岭古道运往长江一带，返程时再采购一些鱼虾回来贩卖，祁门人爱吃的鳜鱼常常是贩鱼的大宗货种。大洪岭古道有很多免费施茶的茶亭，当地村志有记：“地方绅耆暨徽商各善士捐助茶田，以安僧人，使设夏水冬汤，以济行旅。”茶亭门前也有对联：“千里路迢迢，如是我来我往，我坐我行，休叹关山难越；一亭风习习，何分谁主谁宾，谁先谁后，大家萍水相逢。”古时徽人外出，两脚走天下，他们“鸡鸣就道，冲残满地严霜；日午磨肩，蒸透几重薄衫”，长途跋涉到了岭头，歇歇脚，不分故旧新知，“望里亭而憩息，藉杯水以消烦”，喝口茶后，再继续赶路。石门岭位于黟县柯村镇宝溪村，岭头以东为黟县，岭头以北为石台县横渡镇琏溪村，岭头以西是祁门县。石门岭有石门岭古道，是古时黟县去往贵池的必经之路，可顺长江达安庆、九江、芜湖等地。石门岭古道存有“茶园碑记”石碑和“万善同归”的功德石碑，刻记有先人因茶结缘、修路建亭、乐善好施的善举。榉根关古道南起祁门县箬坑乡，北至石台县仙寓镇，是古代“徽池古道”的一部分，因穿越仙寓山上的榉根关而得名。此道往北，可直达长江南岸，属古徽州通往池州的“官道”，也是商旅往来极为集中的要道，新鲜鳜鱼大多由此经池州、石台进入徽州。

“万善同归”语出佛经《普贤行愿品》“万善同皈极乐世界”。人爱鳜鱼之味美，殊不知贩其之途万千辛，徽池古道交通极不便捷的情况下，贩鱼人与贩鱼人、贩鱼人与路途人之间的往来关系甚为重要，“一亭风习习，何分谁主谁宾”“到崇山峻岭头，不分新知与故旧，望里亭而憩息，藉杯水以消愁”。行路人就此变成了一家人似的，互相尊重，互相关爱，共存共荣，可谓：万善同归无量寿，千人协力有同筑。萍水之逢，茶叙即友，克独脚之难行。释孔子之“益者三友，友直、友谅、友多闻”；合孟子之“天时不如地利，地利不如人和”；契高适之“莫愁前路无知己，天下谁人不识君”。从某种意义上可以说，在贩鱼的徽池古道上，既能体现出徽州人的坚忍和开拓，如“徽骆驼”“绩溪牛”的耐饥渴、能负重、能致远的勤劳与隐忍，又能体现池州人淳朴好客和婉约亲温的一面。

秋浦河源出石台仙寓山，汇牯牛降北坡考坑、竹溪、大小剡溪等诸水入公信河，经珂田、占大、大演，于香口村注入秋浦河；另有一源自祁门大洪岭，经石台县兰关、纳琏溪、管溪入鸿陵河，于香口村与公信河相汇入秋浦河，而后经七里、矶滩、高坦、灌口、殷汇，从池口入长江。秋浦河除了河水清澈、景色宜人，也被称为“流淌着诗的河”。李白“五到秋浦”，留下了40多首脍炙人口的美诗，《秋浦河十七首》赞秋浦山水“山鸡羞绿水，不敢照毛衣”“千千石楠树，万万女贞林”“秋浦田舍翁，采鱼水中宿；妻子张白鹇，结罝映深竹”。除了大名鼎鼎的鳜鱼，秋浦河也产特有鱼类——沙鳅。秋浦河沙鳅为中华沙鳅的一种，中华沙鳅分布于长江上、中游水系，习惯栖息于流水环境中，在水体的下层活动，为底栖动物食性的鱼类，属鳅科沙鳅亚科。沙鳅体表黏液多，捕捞后凝结成涎，秋浦河渔民多称其为“涎鱼子”或“花泥鳅”等，沙鳅肉质细嫩，味道鲜美，常晒成鳅干，用干红辣椒为佐料，做成干煸沙鳅。

赞秋浦花鳜：

贵口迎帆归，但爱鳜鱼美。

鸡鸣就古道，汗衫磨肩碎。

（九）休宁泉水鱼

安徽省休宁县山泉流水养鱼系统，被收入第三批中国重要农业文化遗产名录，也是全国第一个纯渔业的重要农业文化遗产。休宁县位于安徽省最南端，隶属黄山市，属北亚热带湿润季风气候，境内崇山峻岭绵延不绝，森林覆盖率约82%。休宁雨量充沛，水系发达，有大小河流237条，水资源极为丰富，是新安江、富春江、钱塘江的发源地。山泉流水养鱼，是休宁县内山区传统的养鱼方法，至少有1 000多年历史。南宋的《新安志》和明清时期的《徽州府志》《休宁县志》，都有关于该地区流水养鱼的详细记载，现产地仍有很多历史文化遗存，板桥乡凰腾村现存建于明代的半月形古鱼池，统流水养鱼方法，自古至今，不断传承。

休宁山区农民依托优越的生态环境，在村落附近或家前屋后，或庭院、天井中，挖坑筑池，引入清澈甘冽的山泉溪水放养家鱼。鱼池的形状随地形、水流量和主人的审美而异，有长方形、半圆形、圆形、葫芦形、扇形等，不拘一格。这是代代延续的生产传统，也是一道别具生机的人文风景。鱼池都设有进水口和出水口，池内水流均匀，鱼粪、残渣可以随水自然流走，池内长期保持着优异的水质。

休宁山区青草、菜叶、瓜果等饲料来源丰富，流水养鱼以草鱼为主要品种，搭配少量当地特有的红鲤鱼。这种养鱼方式占地少、投资小、产量高、易管理，适合千家万户开展。每平方米鱼池可年产成鱼10～20公斤。鱼群常年生长于洁净、清凉、水质较硬的山泉流水环境中，摄食当地无污染的天然饵料，鱼肉细腻鲜美，富含多种微量元素，鱼肉的粗蛋白、氨基酸、钙等营养素含量远高于普通养殖的草鱼；鱼肉胶原蛋白含量高，具有很高的营养价值，特别适合制作粉蒸泉水鱼。以前，徽州山区物资匮乏之时，有“一鱼三吃”之习惯，第一吃为炖鱼头汤，鱼汤奶白；第二吃即红烧鱼块；第三吃就是“红烧划水”，有的地方也称为青鱼划水、清波划水。“划水”也称甩水，是鱼尾的一种俗称。划水为菜，指鱼的尾部连尾鳍的一段，鱼肉特别嫩滑。“红烧划水”寓意为顺风顺水，即过去为徽州放木排和徽商远行之顺利而赋予的文化之意。“红烧划水”属于徽菜系，其制法以青蒜为制作主料，以红烧为主，口味属于咸鲜味，菜品色泽红亮、卤汁稠浓、肥糯油润。除了传统徽菜鱼的“一鱼三吃”外，休宁泉水鱼还有“一鱼四吃”的做法。这第四吃是非常少见的“粉蒸泉水鱼”，粉蒸鱼食材只能用当地产的泉水鱼，其味极为滑嫩，似水豆腐之嫩，又似氽汤鱼之滑。

休宁山泉流水养鱼生态系统是以“森林—溪塘—池鱼—村落—田园”构成的农业生态系统。山泉流水养鱼生态系统通过水陆相互作用，森林、溪塘、鱼塘鱼池、村落和田园，把多种生物聚集在同一个单位的土地上，组成复杂的生态系统，能够多层次利用物质和能量，产生了维持养分平衡、自动调节水分、缓冲旱涝冲击、满足供求法则、节约和集约利用自然资源、充分利用人力资源、提高复杂系统的稳定性等功效，形成了人与自然和谐共处、村落与池塘共生、水鱼与林山共育、人文与自然共荣的生态系统。这种传统生态系统是休宁山区农业生态的典型代表，它体现了山区居民对自然资源的合理利用与创造性开发，为山区居民提供了充足的优质动物蛋白。为居民生活服务的生态景观历经千年不毁，充分体现了山区居民与自然环境的和谐发展，堪称传统技术条件下山区资源综合利用的最佳方式。这一生态系统的建立，增加了溪水在上游的停留和保持，营造出多样的生态基底和多元的生态空间，对生物多样性保护、水土保持、水源涵养、气候调节与适应有着重要意义。

山泉流水饲养出来的鱼是地道的有机绿色食品，符合人们对绿色健康的消费需求，鱼产业市场前景广阔。以山泉鱼塘为核心的立体生态系统，蕴含丰富的人文与自然景观资源，具备良好的旅游开发价值。流水养鱼生态系统保障了山民的口粮和生计，防止了因人口压力过大产生的林地过度垦殖，实现了真正意义的天、地、人和谐共处，在农学、生态学、地理学、历史学、经济学、管理学等诸多领域都具有很高的科研价值。中国是一个多山国家，山地面积比重近70%，休宁山泉流水养鱼这一宝贵遗产，是生态农业的典型范例，对全国各地建设山地农业生态系统具有重要的示范价值。山泉流水养鱼生态系统在历史积淀中孕育了厚重的文化，衍生出与这一生态系统密切相关的乡村宗教礼仪、风俗习惯、民间文艺及饮食文化。在休宁乡间，鱼龙文化源远流长，中秋节舞板凳龙、嬉鱼灯闹元宵等传统民俗延续至今。

受益于农业文化遗产品牌，泉水鱼得以“草鱼变金鱼”，可谓“凤凰涅槃”，又恰“华丽转身”。自休宁山泉流水养鱼生态系统入选“中国重要农业文化遗产”以来，休宁县确立了“保护优先，科学利用”的原则，立足实际情况，在发掘中保护，在利用中传承。休宁山泉流水养鱼生态系统迎来了前所未有的保护和发展机遇，已经成为山区农业增效、乡村旅游的重要支撑。《人民日报》曾以《高山泉水清，草鱼变金鱼》为题，在生态版专题报道了休宁发展泉水鱼产业，促群众脱贫致富的故事。《黄山日报》也以《鱼跃龙门——泉水鱼的三次飞跃》为题报道了休宁泉水鱼从餐桌美味到产业引擎，从山里游到城市，从家门口的风景变为农业文化遗产，跳跃出一道美丽的发展弧线的历程。休宁县立足特色优势，打响泉水养鱼品牌，坚持规模化、标准化、绿色化，做大做强产业，真正让草鱼变成“金鱼”。目前，流水养鱼开始扩大到黄山市其他区县，乃至皖西南山区和皖东丘陵地区。

赞休宁泉水鱼：

山下屋前方池具，泉水也爱与鲩戏。

仲秋尽舞板凳龙，昔日草混变金鱼。

（十）其他

银鱼

银鱼，俗称面丈鱼、炮仗鱼、帅鱼、面条鱼、冰鱼，因体长略圆，细嫩透明，色泽如银而得名。安徽银鱼尤以安徽寿县瓦埠湖、霍邱县城西湖、巢湖、明光市的女山湖、宿松县下仓的大官湖、五河县天井湖最为著名。银鱼极富钙质，是高蛋白、低脂肪食的鱼类。银鱼营养十分丰富，但对于水质的要求极高。

巢湖银鱼，古称“脍残鱼”“玉余鱼”“白小”“冰鱼”等，素有“鱼类皇后”之美誉。巢湖银鱼产于中国五大淡水湖之一的巢湖，肉密无刺、滋味鲜美。银鱼，体柔若无骨无肠，呈半透明状，漫游水中似银梭织锦，快似银箭离弦，所以，古人又把它喻为玉簪、银梭。唐代杜甫曾有《白小》诗曰：“白小群分命，天然二寸鱼。细微沾水族，风俗当园蔬。入肆银花乱，倾箱雪片虚。生成犹拾卵，尽其义何如。”形象地道出了银鱼的特质。宋代司马光《送崔尉尧封之官巢县》记：“弱岁家淮南，常怀风土美。悠然送君行，思逐高秋起。巢湖映微寒，照眼正清泚。低昂蘧荷芡，明灭繁葭苇。银花鲙鱼肥，玉粒炊香黍。居人自丰乐，不与他乡比。况得良吏来，倍复蒙嘉祉。”“银花鲙鱼”就是指巢湖银鱼。巢湖也产大银鱼，俗称“面鱼”，与银鱼不太一样，面鱼有一根主刺。银鱼可蒸、烩，银鱼蒸蛋在巢湖、合肥地区叫“银鱼涨蛋”，皖西地区叫“银鱼扑蛋”。霍邱城西湖银鱼也极为有名，其特在鱼色白透明、体长稍短。城西湖处于沣河尾闾，所以亦称“沣湖”，古称“穷水”，流经县城西，出陂后北流注入淮河。与银鱼相伴的名产是沣虾，沣虾实为“秀丽白虾”，生长在河、湖交汇之处沣河桥头。清同治八年（1869 年）《霍山县志》记载：虾，《尔雅》：鰝。大虾产沣河桥者佳。土人云：“同腐煮食，则虾自入腐中。其种背有一缕红线可别。”银鱼和沣虾历代皆为贡品。五河县天井湖也产银鱼，鱼体较大，全身洁白碧透，有独特的金眼圈，当地人称之为“金眼”。在五河淮河对岸的明光市（原嘉山县）女山湖也产银鱼。

与银鱼相似的还有五河县的千头鱼、东至县的麦鱼和泾县琴溪鱼。千头鱼体长类似银鱼，比银鱼稍短，产于五河沱湖，生长于沿湖浅水草丛中，常制成小鱼干，配辣椒炒吃。池州东至县的麦鱼，体长在1～2厘米，实为“鰕虎鱼”，常加工制成麦鱼干，炒食或为炖排骨汤配料。在皖南泾县琴溪一带产琴鱼，琴鱼属鲈鱼目虎鱼科，鱼体细且短小，长约5厘米，鱼口宽，有须，重唇四鳃，头嘴宽、身尾细，鳞为银白色。琴鱼之贵，在于其上市时间极短，琴鱼出于“三月三日前后三四日”，由于琴鱼之珍稀，在唐代琴鱼就被列为贡品。宋代宣州人梅尧臣有《琴鱼》诗曰：“大鱼人骑上天去，留得小鱼来按觞。吾物吾乡不须念，大官常馔有肥羊。”琴鱼为食，极少作为鱼干制菜，大多以琴鱼加入盐开水中，配茴香、茶叶、糖，将鱼焓熟，再用炭火烘干后饮用，曰之为“琴鱼茶”。琴鱼做成的鱼干可以当作茶点，也作为茶叶饮用，泡琴鱼干为茶，这种食用方法最为独特，甚至在世间罕见。

寿县瓦埠湖也盛产银鱼，与瓦埠湖相邻的芍陂（Què bēi），现名安丰塘，位于淮河中游南岸、安徽省寿县城南35公里处，距今已有2 600多年历史，比都江堰还早300年，是中国最早的大型蓄水灌溉工程。目前，芍陂周长24.6公里，面积34平方公里，蓄水量最高达1亿立方米，灌溉面积67万多亩。1988年1月，芍陂被确定为全国重点文物保护单位。2015年10月，芍陂被列入“世界灌溉工程遗产”名录，成为安徽省首个世界灌溉工程遗产，同年11月，芍陂被公布为第三批“中国重要农业文化遗产”。目前，寿县政府正在积极申报全球重要农业文化遗产。芍陂始建于春秋楚庄王时期（前601—前593年），当时，楚国正处于开拓疆土、争夺霸业的关键时期，为巩固对淮南地区的统治、发展当地的农业生产、保障楚国稳固的后方粮仓，时任楚国令尹的孙叔敖主持修建了芍陂水利工程。由此，芍陂开始了2 600多年的灌溉历史，至今仍然为寿县13个乡镇、114个行政村、约60万人口的农业生产生活而服务。据《水经注》记载，陂中有白芍亭，芍陂因此而得名。东晋时在此地侨置安丰县，芍陂又称“安丰塘”。为纪念芍陂创始人孙叔敖而修建的孙公祠，就坐落在塘坝北侧边。

从春秋到清末，芍陂及灌区的发展几起几落，总体来说战乱时期工程失修，灌区就会萎缩，相对和平时期灌区就会得到发展。芍陂历史上有两次较大改建：一次是在隋朝，将原来的环塘5个水门增建为36门，相应的灌排渠系也更加完善；另一次是在清康熙年间，由于湖区围垦严重，环塘水门由36门减少为28门。由于清末失修，20世纪20年代末，芍陂的灌溉面积仅为7万亩。抗日战争前，经过疏浚培修，灌溉面积增至20万亩，此后因战争失修，灌溉面积又萎缩至8万亩。中华人民共和国成立后，芍陂被纳入淠史杭灌区进行了系统整治，成为淠史杭灌区重要的反调节水库。目前，蓄水陂塘现在的面积为34平方公里，环塘水门22座，有分水闸、节制闸、退水闸等渠系配套工程数百座，渠系总长度678.3公里。芍陂作为中国最早的陂塘蓄水灌溉工程，经过两千多年的发展演变，持续运用至今，在中国乃至全球灌溉农业发展史上都具有重要的地位。早在西汉时期，地方政府就设有陂官，寿县出土的汉代都水官铁锤，见证了当时政府对芍陂灌溉工程的管理规范。孙公祠中现存几十块记载历代芍陂治理的碑刻和历史文献、灌溉管理制度、祭祀仪式等，构成芍陂丰富的灌溉文化。在孙公祠每年都有祭祀活动，祭祀仪式上，舞龙、花鼓灯、抬阁肘阁等具有农业文明特征的民俗活动延续至今。芍陂灌区以种植小麦和水稻为主，盛产大豆、酥梨、席草、香草等上千种生物资源。主产于寿县的皖西白鹅是国家级畜禽遗传资源保护品种，享有世界珍禽和世界羽绒之最的美誉；陂塘灌区广泛种植席草，是中国四大席草基地之一；寿县也是豆腐的发源地，现在还保留传统的制作工艺，打席子、柳编等传统手工业传承至今。

赞安徽银鱼：

居巢游白小，面丈有千条。

银梭忙织锦，脍残蒸佳肴。

长江鲥鱼

鲥鱼，过去称“鰣鱼”。鲥鱼鱼体呈椭圆形，口大，鱼鳞色如银，腹部具棱鳞。过去，鲥鱼在安徽芜湖、当涂、池州、安庆一带长江水域有产，现已绝迹。鲥鱼肉质细嫩，味极鲜美，肉之质感，有“鱼中之王”“江南席珍”之美称，被列为长江“三鲜”，居中国名贵鱼类之首。长江鱼谚云：鲥鱼“生在鄱阳，长在海洋，死在长江”。鲥鱼有生殖洄游习性，每年春夏之交，溯江洄游产卵，鲥鱼因时而珍，“初夏时有，余月则无”。鲥鱼之尊，在于其贵，此“贵”意为活鲥鱼一般吃不到，因其离水即死，遂成其品位之高、生得最娇。李时珍《本草纲目》也有证，“一丝挂网即不复动”，因此，鲥鱼有“惜鳞鱼”的别称。潘春华在《闲话鲥鱼》一文中记：鲥鱼不仅是席上珍品，而且药用价值颇高，鲥鱼肉味甘，性平，有强壮滋补、温中益气、暖中补虚、开胃醒脾、消热解毒之功效。长江鲥鱼主要产于长江下游，在安徽当涂采石的横江区域的鲥鱼味道最佳。宋代王安石有“鲥鱼出网蔽江渚，荻笋肥甘胜牛乳。百钱可得酒斗许，虽非社日长闻鼓”的诗句。宋代梅尧臣有《时鱼诗》：“四月时鱼跃浪花，渔舟出没浪为家。”宋代苏轼称其为“南国绝色之佳”，曰：“芽姜紫醋炙银鱼，雪碗擎来二尺余，尚有桃花春气在，此中风味胜莼鲈。”清代郑板桥写得最直截了当，诗曰：“扬州鲜笋趁鲥鱼，烂煮春风三月初。”清康熙年间，鲥鱼成为“满汉全席”菜品。池州、安庆一带江面也有鲥鱼，清代吴敬梓在《虞美人·贵池客舍晤管绍姬、周怀臣、汪荆门、姚川怀》中曰：“几年同作金陵客，古渡寻桃叶。今年作客在池州，买得鲥鱼沽酒共勾留。”当代作家叶兆言在《回味中的长江三鲜》中写道：历史地看，刀鱼是藏在民间的小家碧玉，鲥鱼则天生一股福贵气。其形容捕捞鲥鱼为“网得西施国色真”。安铁生在《鳞品第一赞鲥鱼》一文中写道：“古有‘莼鲈之思’，我有鲥鱼之思。”清康熙年间，鲥鱼被宫内授予“鳞品第一”。袁枚在《随园食单》中称，烹饪鲥鱼应做到“有味使之出，无味使之入”，以达到原汁原鲜、滋润绝美的最高境界。《简明水产词典》（1983 年版）载：“长江径流量大，鲥鱼生殖群体也大。1962 年前，长江鲥鱼年产量在 300～500 吨，1971 年为 70 吨，1974 年达1 575 吨，创历史最高纪录。”现在，由于水质污染和过度捕捞，野生长江鲥鱼已经绝迹。历史上，被芜湖当地人啧啧称道的“初夏三鲜”：鲥鱼、樱桃、竹笋，如今人们再也品尝不到鲥鱼之味了。

赞长江鲥鱼：

皖江初夏顾惜鳞，鳞品之冠堪古今。

今惜西施国色真，真味无迹空留笋。

长江刀鱼

刀鱼产于长江，素有“长江第一鲜”的美称。刀鱼与鲥鱼、河豚并称为是长江三鲜，每当阳春将会、桃红柳绿之时，正是长江刀鱼旺汛季节。刀鱼又称刀鲚、毛鲚，是一种洄游鱼类，渔谚云：“河豚刀鱼来踏青”，形象地说明了这两种鱼类洄游的季节习性。刀鱼溯流可到九江一带，也有调查认为最远可至洞庭湖。刀鱼体形从头向尾部逐渐变细，鱼腹部圆润，上颌长，胸鳍鳍条细长，臀鳍长，并与尾鳍相连，尾鳍短小，由于其体长、身侧扁，向后渐细尖呈镰刀状，故而得“刀”之名。刀鱼游泳速度快，有“刀鱼如箭”之说。清道光年间，诗人清端描述刀鱼有佳句：“扬子江头雪做涛，纤鳞泼泼形如刀。渔人举网巨浪生，银花耀彩腾光毫。”岁至春季，刀鱼沿长江洄游至湖泊、长江支流，或于长江干流进行产卵活动，此时也是其味道最为鲜美之时。长江刀鱼黄背、鳞片白亮，光泽度高，体色白里透亮。刀鱼不仅味美，还能为药。《本草纲目》载：“鲚，性味甘，平，肉敷痔瘘。”现代药理研究也表明，刀鱼有补气活血、泻火解毒之作用。

长江珍贵鱼种数量衰减严重，鲥鱼已灭绝，野生河豚数量也极少，刀鱼数量急剧下降，刀鱼产量从过去最高 4 142 吨已下降到年均不足 100 吨。黄仁术在《刀鱼的生物学特性及资源现状与保护对策》一文中记：由于滥捕滥捞和水质污染等原因，刀鱼自然资源逐年减少。目前，国家加强了保护和合理利用刀鱼资源，长江刀鱼被列入国家保护鱼类，并在上海、江苏、安徽等地建立“长江刀鲚国家级水产种质资源保护区”。2020 年 1 月，农业农村部发布《长江十年禁渔计划》，禁止捕捞天然渔业资源，2021 年开始实施。也许在不远的将来，珍贵的鲥鱼、刀鱼能够再现。

赞长江刀鱼：

八百皖江有刀鱼，小家碧玉亦第一。

河豚欲约来踏青，问遍龙王无踪迹。

江淮水牛

江淮水牛古称吴牛，《世说新语·言语》记有“臣犹吴牛，见月而喘”，故有“吴牛喘月”之说。吴牛即指江淮间的水牛，由于汗腺不发达，喜浸水中降温，故称之水牛。《本草纲目》云：“水牛色青苍，大腹锐头。”吴牛过去分布于徽州、池州、宁国、太平四府及滁州、泗州、广德等吴属之地。现在滁州、蚌埠、六安、合肥、巢湖、淮南和安庆等地均有水牛，江淮水牛被列入国家重点保护名录。历史上，江淮水牛是安徽长江以北和淮河沿岸地区农业生产的重要役畜，《后汉书·王景传》载：“（王景）迁庐江太守，先是，百姓不知牛耕，致地力有余而食常不足”，即是说：东汉明帝永平以前，安徽庐江一带“百姓不知牛耕”。永平十三年（70 年），王景任庐江太守，“教用犁耕。由是垦辟倍多，境内丰给”。江淮地区的耕犁深度较浅，一般只有三寸左右。自唐至明清，江淮耕犁的犁辕结构发生了变化，人们开始采用铁制的铁搭和曲辕，特别是曲辕犁的使用，省去了支撑犁辕的犁箭。曲辕犁是在犁梢的中部挖一长形孔槽，用木楔来固定犁辕和调节深浅，这一改进增强了耕地的效果，这种铁制犁铧的曲辕犁至今仍为江淮地区农村所沿用。

安徽江淮之间饲草丰富，气候温和湿润，为水牛养殖提供了十分有利的条件。江淮水牛体型中等，躯干结实，结构较匀称，可舍可牧。江淮水牛在驯化过程中，逐步形成了役用性能强、善过泥潭、性情较温顺和耐粗饲等特点。江淮水牛是耕种水田的主要力畜，多数水牛能独犁，日耕水田 3～5 亩。贾玉堂等在《江淮水牛遗传资源调查报告》一文中写道：江淮水牛毛色、肤色、蹄角色与分布被毛以褐黄色为主，且呈现毛梢黄色毛根黑色，被毛在肩胛部和腰角部形成相向的毛旋。四肢飞节下为黑白相间的斑状，腹部多为灰色。牛耳内有白色长毛，鼻镜、眼睑有灰白色圈，四肢下部为白色，当地称“七白”。对江淮水牛资源的利用，正在从肉役兼用牛品种向乳肉兼用型牛品种发展。近几年，安徽利用江淮水牛资源推动肉牛、奶牛产业发展，江淮水牛被列入奶水牛杂交改良项目。全椒县管坝牛肉是安徽传统的水牛肉特产，水牛肉质比黄牛更加紧实，吃起来更有嚼头。管坝位于全椒县西部山乡，历史上是回民聚居地。管坝牛肉历史悠久、风味独特，相传乾隆下江南时，途经管坝镇，在王氏茶馆歇脚饮茶，品尝管坝五香卤牛肉后，赞叹不已，称之“肉质细有嚼劲，食后满口生香”。制作管坝牛肉，须选用当地生长期为 50 个月以上的耕田老口子水牛肉为原料，以丁香、桂皮、八角、冰糖等十几味香料药材卤制而成。管坝牛肉香气扑鼻，咸鲜可口，回味醇厚。

皖北黄牛属皖北黄牛亚种，其主要产区在被誉为“中原黄牛金三角”的亳州市的蒙城、利辛、涡阳三县，其他产区有阜阳市、宿州市、淮北市及毗邻的有关县市。皖北黄牛以肉役兼用为主，耐粗饲、抗病力强，皖北黄牛性情较温顺，易管理。阜阳“三原”黄牛肉较为著名，黄牛肉的精加工产品有牛肉、牛筋、牛腱、香肚等。另外，亳州牛肉馍、阜阳牛肉包子、宿州埇桥区栏杆镇的栏杆牛肉也很有名，栏杆牛肉有1 000多年的历史，其创始人为陈姓名厨，据传陈氏是唐代宫廷御厨。栏杆牛肉以皖北黄牛为原料，成品色泽红亮，口味醇正，烂而不腻。亳州牛肉馍面皮薄，但牛肉馅极多，体现出亳州人的实在。亳州牛肉馍属西北面食风格，制作肉馍时，须把生面和好，摊成长饼状，包上以黄牛肉、大葱、细粉（山芋粉丝）段为主的馅料，后层层卷起，拍成脸盘大小、两指厚的圆饼，再放入专门的厚铁平底锅中，盖过热油，大火闷煎。熟透的牛肉馍外壳油亮，外焦里嫩，入口脆响，馅分多层，鲜嫩不腻。在物资匮乏的年代，鲜嫩的肉馅总要留给孩子吃，大人则只吃馍壳。阜阳牛肉包子在安徽也较为有名，牛肉包子外皮微微带着肉汁的黄色，是其最大的特点。牛肉包子肉纯香、汁鲜香，阜阳人吃牛肉包常与“淡麻糊”或“撒汤”相配。“淡麻糊”是用糯米与黄豆粉熬制的，加炒熟的芝麻（“芝麻盐”），配上切碎的芹菜或豆角及黄豆和小菜，撒在淡麻糊上面即成。“撒汤”源于安徽蒙城县，其做法各地略有差别。撒汤，主要是用猪排、羊骨或鸡熬制的汤，汤里稍微勾点芡汁使汤变浓，打一个鸡蛋在碗里搅匀，再用滚开的汤汁冲成蛋花，配以葱、姜、辣椒、胡椒、味精、食盐，即可制成黄澄澄的肉汤蛋花撒汤。“撒汤”之“撒”名，因“撒”之发音。传说，乾隆下江南时曾品尝此汤，问道：“这是啥汤?”厨师随手写了一个食字和它字，意思便是吃它，“饣它”，并随口答是“饣它汤”(发音同“撒”)。也有传说“撒汤”的“撒”是月字旁，右边是一个天，下面是韭，意为“皇上在月下久等的汤”之谐音。河南永城、夏邑称其为“砂汤”，与阜阳不同，汤中要加煮烂的麦仁；徐州、宿州唤之“沱汤”，“沱”之发音也同“撒”。

江淮水牛、皖北黄牛均为肉役兼用品种。细品“肉役兼用”，几乎每个人都会叹息：牛之辛劳，牛之尽瘁，牛亦可敬。牛在中国的农业历史发展过程中有着重要的作用，农耕文化之“耕”，大多是指古代农业中牛耕技术的应用。牛耕技术在中国延续了2 000多年，秦商鞅变法后，牛已成为耕地的主要动力，史书记载“秦以牛田，水通粮”，规定“盗马者死，盗牛者加”。东汉时期，牛耕技术得到普遍推广。自从畜力运用于农耕和农作之后，日常的农业生产就离不开牛。牛牵力大且耐力久，可抵7～10人之力。用牛耕代替人力耕地，“精耕细作”这一传统农业最重要的技术体系才得以成为现实，农业也因此得以持续发展。从文化意义上说，牛乃中国古代“六畜”之首，中国文化也有着爱牛、敬牛、尊牛的风俗，当下奋进新征程，还要发扬好为民服务孺子牛、创新发展拓荒牛、艰苦奋斗老黄牛的“三牛”精神。牛为辛勤劳作、忠厚纯良的代名词，牛善良、质朴、无华、耐苦。鲁迅先生曾一语道尽牛的高尚品质，它“吃进的是草，挤出的是奶”。宋代李纲《病牛》诗曰：“耕犁千亩实千箱，力尽筋疲谁复伤？但得众生皆得饱，不辞羸病卧残阳。”宋代孔平仲之《禾熟》亦曰：“百里西风禾黍香，鸣泉落窦谷登场。老牛粗了耕耘债，啮草坡头卧夕阳。”牛对人类无所求，给予人类的却无限。“吴牛喘月”之说，常常用以因遇事过分惧怕，或形容天气炎热之所致。循科学依据来推断，吴牛喘月，也许是牛烈日下过度劳累形成的条件反射，可见牛之辛劳之至。牛的一生皆予人类，就连牛羸病竭力，于临终之时，也把自身的老肉和韧皮留给人类，只其眼里流几滴无声之泪，可谓为人们奉献出自己的一切。

赞江淮水牛：

吴牛喘月为辛劳，由是方得垦倍多。

奋蹄哪须待扬鞭，力尽千亩复细作。

安徽白山羊

安徽白山羊，属黄淮山羊的地方类群，是安徽省地方山羊品种，属肉皮兼用型羊，主要分布于皖北地区的阜阳市、亳州市、宿州市和江淮之间的滁州市、六安市等地。黄淮山羊因在黄淮流域被长期养殖，因此得名黄淮山羊。黄淮山羊饲养历史较悠久，明弘治年间《安徽宿州志》、正德年间的《颍州志》对此均有记载。王宾在《安徽白山羊品种资源的保护与利用》一文中记：安徽白山羊毛色纯白，被毛短、粗，面部微凹，鼻梁平直，耳平伸，稍向前招，嘴尖唇薄。公羊角粗大，向上向后，向外伸展；母羊角小，呈镰刀状。公、母羊胡须均发达，体躯短、深。安徽白山羊耐粗饲、适应性强，繁殖率高，肉和板皮质量优。2001 年，安徽省把安徽白山羊作为该省第一批地方保护品种；2009 年，安徽白山羊入选省级畜禽遗传资源保护名录。

三伏天食羊肉在萧县，俗称吃“伏羊肉”。传说，此食羊习惯最早可追溯到尧舜时期。伏羊者，乃炎夏入伏天的羊肉也。按中医之理，入伏后，阳气虚者可适当以温性食品进补，伏天食用羊肉或具有一定的科学依据。每年入伏第一天，萧县当地的一些餐馆门面上都会挂出“伏羊节”的条幅，喜欢热闹的人们会从家中走出，聚会在各个大小饭馆吃羊肉、喝羊肉汤。据《萧县志》记载：“由于本县历史养羊较多，故传统名菜多以羊为主，有‘无羊不成席’之说。”当地人认为，伏天时，羊肉肉质鲜香，汤汁醇而不膻，食者喝汤后容易发汗、排毒，益于健康。伏天吃伏羊的习惯由此沿袭下来，形成现在的“伏羊宴美食节”。在皖西六安叶集，也有伏天食用羊肉的习俗，当地有民谣：“叶家集，三大怪：麻稭墙桩在外，鲜活的鱼炕着卖，一年四季羊肉菜。”“麻稭”也称“麻秸”，是皖西人当地土语，麻稭指麻的茎。过去，皖西种植红麻较多，当红麻开乳白色花时，便意味着麻已经成熟，之后可砍麻。砍下带青皮的麻秆，须将麻捆成捆，放入水沟沤制发酵，大约需要2个月左右的时间，待水沟有刺鼻的臭味时，表明麻基本沤好。然后经过剥麻、漂洗、上架晾干，雪白的麻秆和棕褐色的“麻皮子”即成。麻皮子用以拧制麻绳，麻稭主要用作柴火或盖房的墙、顶材料，用胶质黄泥抹在用麻稭捆扎制成的竖墙上，就砌成了墙体，这就是“麻稭墙”的由来。叶集的风干羊肉为皖西名肴，叶集人认为吃羊肉夏吃可沥汗，冬吃可暖身。风干羊肉以“叶集湾羊”为原料，“湾羊”是当地俗称，其实并没有此羊品种，“湾羊”应指当地放养在史河河湾的大别山黑山羊。“湾羊”肉色鲜红，肉味清香少膻，爽口不腻，适合南方人食用。同时，因“湾羊”肉质鲜嫩，较有弹性，适宜制作风干羊肉。在初冬时节，人们将新鲜的整羊或半羊（除去内脏）展开，肉厚的部位要用刀划开，后将羊肉悬挂在屋外或家中通风阴晾。月余之后，肉的表面呈黑紫色，有些部位甚至坚硬如铁，这就意味着羊肉“风干”了。吃时切下羊肉，洗净后放到锅里炖煮，绝不能煮烂，炖制羊肉至五六成熟的时候即可撕成肉丝，然后再炒烩，佐料除油、盐、酱、糖等之外，还要加上生姜、大蒜、辣椒，尤其是红辣椒要多放一点。当地煮食风干羊肉，一般在红泥陶炉上用栗炭文火烧煮，可烫些大白菜、粉丝、乌菜、青蒜、馓子、菠菜之类，成菜的羊肉风味尤其独特。红泥炉与现在网购的产品不一样，老式的土红泥炉的炉体较宽，燃料以金寨山区产的栗炭为主。

安徽白山羊因其肉质鲜美，具有市场竞争优势，阜阳市的安徽白山羊饲养群体较大，为皖北著名的山羊集散地，临泉县瓦店镇白山羊较为有名。当地百姓称临泉有五宝：虎头姜、领头羊、芥菜、谭笔、文王贡酒，其中领头羊就是指瓦店山羊。在临泉县和界首市山羊交易屠宰市场，年交易加工山羊达数百万只。十多年来，阜阳地区山羊的规模化养殖快速发展，阜阳市已打造以界首、临泉、颍泉等市县区为重点区域的白山羊产业带。目前，安徽建立了安徽白山羊品种扩繁场，并在阜阳市、亳州市和宿州市建立了安徽白山羊品种保护区。

赞安徽白山羊：

黄淮颍州多山羊，萧城入伏喝鲜汤。

风干烧煮须红椒，史河湾里栗火旺。

后　记

特产类农业文化遗产，即特色农产品方面的农业文化遗产，日常也称为传统农业特产，指一些特定地区在长期农业生产过程中形成的特殊、有地区特色的植物、动物、微生物产品及其加工品，有独特的发展历史或文化内涵。由于特产类农业文化遗产生长于特定的地理区域，因此，此类产品也常被称为地方特色农产品，俗称土特产。在市场经济的推动下，特产类农业文化遗产的生产分工、技术水平和产业化发展日益进步，但作为特色农产品，特产类农业文化遗产依然具有立足自然资源优势和传承传统农业文化基础的特征。在长期的自然、经济社会发展过程中，传统农业特产在其生产活动中，能够遵从天时、地利和人和的内在整体需求，并在不同时代的生产发展水平基础上实现可持续发展。2014 年，农业部制定《特色农产品区域布局规划（2013—2020 年）》把特色农产品分为特色蔬菜、特色果品、特色粮油、特色饮料、特色花卉、特色纤维、中药材、特色草食牲畜、特色猪禽和特色水珍十大类共 144 种特色农产品。

在我国农业的长期发展过程中，安徽作为中国长江、淮河两大地域农业的发祥地，滋养出了淮河文化、楚文化和徽文化，在中国农业文化发展史中占据着重要的位置。历经千年岁月，安徽各个时期的农业文明已经浸润进人们日常生活的每个层面，更留下了形态丰富的农业文化思想和农业文化遗产。安徽是一个历史悠久的农业省。几千年来，在农、林、牧、渔、蚕、茶、农田水利、农业管理诸方面积累了丰富的生产经验，拥有众多的农业典籍。本书根据近几年来的实地调研和相关网站所提供的安徽省 16 个地市级的土特产名优产品信息，从农业文化遗产资源角度挑选了其中 50 余种，重点对这些特色农产品在长期历史发展过程中所积累的文化遗产资源进行介绍。安徽省各地区特色农产品在发现、种植、养殖、加工制作乃至食用方式等方面的历史，反映了江淮先祖的辛勤劳动、聪明智慧和朴实、善良及艰苦奋斗的探索精神。

书名用“品味”一词，是基于以下之由：一是大部分为作者真正品过，知其味，兼之有多种体验而成的“主体间性”之感思；二是畏于对遗产之文化寓意的准确拿捏，也缺少精准的考究，只有“隔靴”或“点水之掠”的心得，无贾思勰著《齐民要术》时“采捃经传，爰及歌谣，询之老成，验之行事”之用；三是品味之法所成，即论及之处，尽力考据，或史或哲，或农或医，或叙或议。

我在调研期间和写作过程中，安徽省乡村产业经济技术体系的诸位岗位专家、寿县农技推广中心戚士胜主任、宣城日报社王建玲书记、砀山县陈新启副县长、安徽社科院方英研究员，以及宣州区水东镇政府、铜陵市文旅局、怀远县委宣传部、歙县农业农村局、贵池区政府、休宁县农业农村水利局、怀宁县顶雪食品公司给予了大力支持，提供了相关照片，在此深表感谢！感谢安徽农业大学张士云教授、吴惠敏教授、黄小妹编审、方国武教授、刘鹏凌教授、王华君研究员、宁井铭教授、田涛教授、叶良均博士、曹祖兵博士给予的建议和帮助。感谢我的妻子——安徽中医药大学王丹菲副研究馆员给予的关心和支持，并提供和完善了书中第四部分“药材类”内容。感谢我的儿子孙小丹，花费了大量时间进行了资料的校对，点点滴滴，实为不易。也感谢年迈的父亲、母亲，给予我的鼓励。书中提及的“嘉菊护眼”“老子救母”“义门伯俞泣杖”“哭竹生笋”“黄田洋船屋”以及刻意着墨的皖西之霍邱、叶集，安庆桐城，皖南青阳、石台，也算是对父母、岳母的点滴孝义和多年前已逝岳父的一丝缅思。

最后，特别感谢中国农业出版社的支持和帮助，特别感谢贾彬同志花费了大量的时间，进行精心编辑，使本书能以及时出版。

孙　超

2022年2月于合肥

砀山酥梨

砀山酥梨园（陆方欢）

三潭枇杷

萧县葡萄

怀远石榴树

西山焦枣

徽州雪梨

相山黄里笆斗杏

六安篮茶

黄山毛峰

猴魁茶制作

猴魁红茶

安茶露茶

临涣茶饮

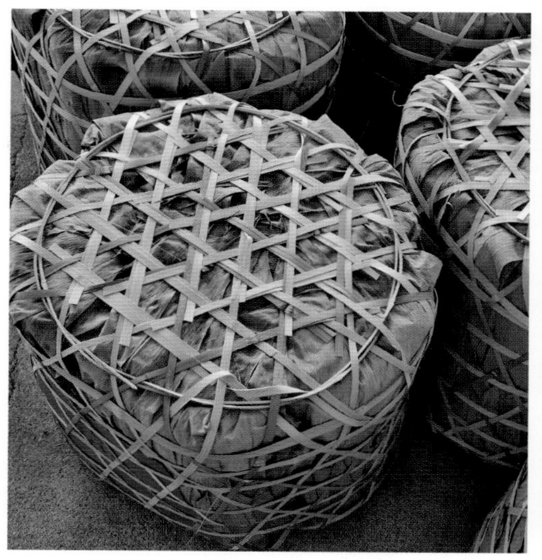

箬叶竹篓包装的安茶

霍山黄金茶

黟县石墨茶（李明智）

岳西翠兰

安徽乌菜

铜陵白姜鲜姜

桐城水芹

绩溪燕笋鲜笋

珍珠菜凉拌

徽菜一品锅

霍邱青烩

石耳

寿州香草

芍陂（安丰塘）

铜陵凤丹

宣木瓜切片

成熟的宣木瓜

霍山石斛

霍山石斛植株

黄山贡菊

滁菊

九华黄精鲜根

九华黄精干

八公山豆腐之“刘安点丹”

八公山珍珠泉

豆饼

黄栗豆腐

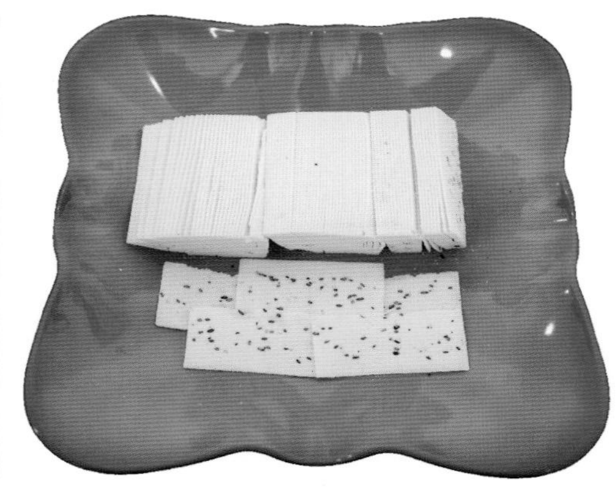

怀宁贡糕

水东蜜枣

割枣大赛

寿县八公山中国豆腐村

晒酱豆

宣州木榨油生产实景

歙县金竹岭菊花（吴惠敏）

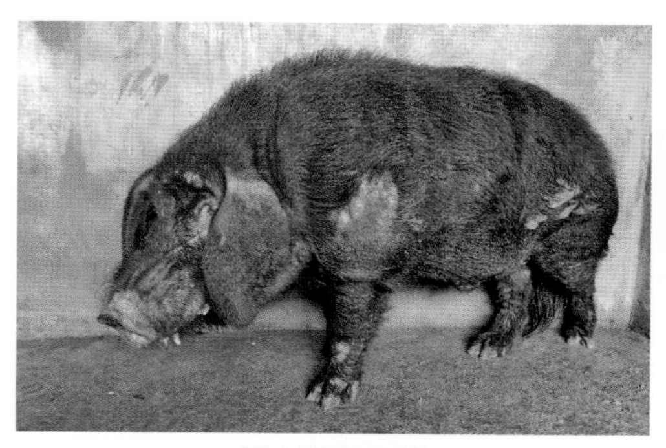

霍寿黑猪公猪

霍寿黑猪母猪

安庆六白猪公猪

安庆六白猪母猪

淮南麻黄鸡公鸡

淮南麻黄鸡母鸡

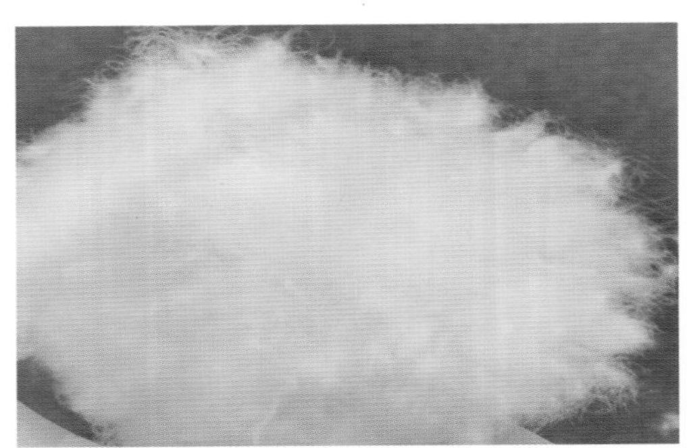

皖西白鹅鹅绒

秋浦花鳜

休宁山泉水养鱼

江淮水牛（农交会图片）